云南九大高原湖泊流域绿色生态农业发展模式研究

李学林　张跃彬　雷宝坤　著

科学出版社

北京

内 容 简 介

擦亮生态底色，推进云南高原湖泊流域绿色产业革命，是云南生态文明排头兵建设和作为国家西南生态安全屏障建设的基本保障和关键所在。本书通过大规模的现场调研、采样分析和试验研究，对云南省九大高原湖泊流域绿色生态农业发展模式进行了系统的分析和总结。本书内容包括云南九大高原湖泊流域总论、资源环境情况、农业经济发展情况和产业结构、种养业对湖泊水质的影响、农业面源污染、湖泊水质变化分析、绿色生态农业内涵和发展空间构架、绿色生态农业发展存在的问题及意见和建议等。本书获取了大量一线资料并真实还原了九大高原湖泊流域的原貌，深度剖析了农业绿色发展中面临的问题，有针对性地提出了农业绿色发展的措施和建议。

本书可为农业环境保护、农业生态、农业资源与利用等相关领域的研究人员、学生、环境管理人员等提供借鉴和参考。

图书在版编目（CIP）数据

云南九大高原湖泊流域绿色生态农业发展模式研究/李学林，张跃彬，雷宝坤著. —北京：科学出版社，2023.12

ISBN 978-7-03-074967-3

Ⅰ. ①云… Ⅱ. ①李…②张…③雷… Ⅲ. ①云贵高原-湖泊-生态农业-研究-云南 Ⅳ. ①S-0

中国国家版本馆 CIP 数据核字（2023）第 035898 号

责任编辑：吴卓晶 / 责任校对：赵丽杰
责任印制：吕春珉 / 封面设计：东方人华平面设计部

科学出版社 出版
北京东黄城根北街 16 号
邮政编码：100717
http://www.sciencep.com
天津翔远印刷有限公司 印刷
科学出版社发行 各地新华书店经销

*

2023 年 12 月第 一 版　　开本：B5（720×1000）
2023 年 12 月第一次印刷　　印张：15 3/4
字数：318 000

定价：156.00 元
（如有印装质量问题，我社负责调换〈翔远〉）
销售部电话 010-62136230　编辑部电话 010-62143239（BN12）

本书编委会

主 任

李学林　张跃彬　雷宝坤

副主任

朱红业　胡强　和加卫　刘其宁　史亮涛

委 员（以姓氏拼音为序）

陈 华	陈安强	陈骏飞	陈良正	陈艳林	刀静梅	伏成秀
付利波	高 凡	桂 敏	郭 淼	郭树芳	郭云周	侯志江
胡继芬	金 杰	康平德	李迪宇	李建增	李进学	李 坤
李孙宁	李文超	李文晶	刘本英	刘建香	刘晓冰	鲁 耀
罗心平	马 兰	毛妍婷	潘志贤	平凤超	冉隆珣	申时全
苏泽春	陶大云	王 晖	王春雪	吴茜虞	续勇波	杨从党
杨济达	杨若菡	杨艳鲜	杨正松	杨子祥	叶 松	岳学文
张 庆	赵宝义					

前　言

随着我国高质量发展要求及发展方式的根本变革，国家更加注重大江大河流域经济的发展，尤其是继长江绿色经济带建设纳入国家战略后，习近平总书记提出了黄河流域绿色发展和高质量发展的要求，为两条中华民族母亲河的持续发展指明了方向。2020年1月，习近平总书记在考察云南时指出，云南是我国西南生态的安全屏障，承担着维护区域、国家乃至国际生态安全的重大职责[①]。

云南具有特殊的地理区位和高原地貌特点，省内河流、湖泊众多，是我国水资源较为丰富的区域。洱海、滇池、抚仙湖、星云湖、阳宗海、杞麓湖、程海湖、异龙湖、泸沽湖是云南著名的九大高原湖泊，湖泊集水总面积约 1 055.1km²，约占全省面积的 0.27%。

长期以来，以九大高原湖泊为主的坝区，是云南省多民族居民最密集、人为活动最频繁、经济最发达的地区，也是全省粮食的主产区和主要高原特色农业产业集聚区，对全省经济和社会发展起着至关重要的作用。目前，多数河流流域产业以农业为主，由于历史原因，农业生产力水平低下，发展方式落后，对生产、生活过程中生态环境保护理念滞后，出现生态环境破坏严重、水土流失严重的现象。湖泊流域农田面源污染严重，不仅威胁着全省口粮安全及特色农产品生产，还将对农田土壤造成严重的生态性破坏，进一步造成更严重的湖泊富营养化等水环境生态的恶性循环。河湖流域水环境保护与绿色发展领域面临着重大理论和技术挑战。

为此，云南省农业科学院组织专家队伍，开展九大高原湖泊全流域的野外调查和研究，在云南省和地方相关部门的大力支持下，在相关领域专家学者的指导下，经过跋山涉水和艰苦努力，完成了云南九大高原湖泊流域的调查和研究工作，对云南九大高原湖泊流域的农业生产方式，以及对土壤地质条件、水质水体环境的影响等进行了全面系统的调查研究，以产业结构调整、特色产业发掘、绿色产业科学布局与生产、生活方式转变为切入点，构建了云南九大高原湖泊流域的绿色生态农业发展新模式和高原湖泊流域农业绿色经济发展的体系，在此基础上完成了本书的撰写。

本书详细介绍云南九大高原湖泊流域绿色生态农业发展模式、自然生态情况（地理位置、地形地貌、气候条件、水文条件、土地利用、植被与土壤）、农业经

① 王万春，2021. 云南：当好生态文明建设排头兵，打造中国西南生态屏障[EB/OL]. （2021-10-12）[2022-12-12].
　　https://www.thepaper.cn/newsDetail_forward_14866658.

济发展情况（农村人口、耕地及作物播种面积、畜禽养殖、农业经济产值）。本书内容囊括了云南九大高原湖泊流域产业结构，种植业、畜牧业对湖泊水质的影响分析，湖泊流域土壤养分的年际变化，湖泊流域农业面源污染空间分布特征；阐述了云南九大高原湖泊流域绿色生态农业内涵和发展空间构架，云南九大高原湖泊流域绿色生态农业发展的重要意义；同时提出了云南九大高原湖泊流域发展存在的问题，绿色生态农业的发展意见和建议等。

本书获得了云南省重大科技专项计划（项目编号：202102AE090011）、云南省财政预算重大专项（2021）、国家自然科学基金（项目编号：31960635）资助出版。

由于作者水平有限，本书难免存在不足和疏漏，敬请广大读者批评指正。

作　者

2023 年 4 月

目　　录

第1章 云南九大高原湖泊流域总论

云南是一个天然高原湖泊众多的省份,面积 30km² 以上的湖泊有 9 个,这些湖泊面积大,流域广,合称云南九大高原湖泊。九湖流域面积为 8 110km²,湖面海拔最低的为 1 414.13m,最高的为 2 690.8m。云南九大高原湖泊是指滇池、洱海、抚仙湖、程海湖、泸沽湖、杞麓湖、异龙湖、星云湖、阳宗海。从湖面面积来看,滇池>洱海>抚仙湖>程海湖>泸沽湖>星云湖>杞麓湖>阳宗海>异龙湖。从平均水深来看,抚仙湖>泸沽湖>阳宗海>程海湖>洱海>星云湖>滇池>杞麓湖>异龙湖。从总容水量来看,抚仙湖>洱海>程海湖>泸沽湖>滇池>阳宗海>星云湖>杞麓湖>异龙湖。九大高原湖泊流域是云南省粮食、蔬菜、水果等重要农产品的主产区,是云南省人口密度最大的区域,也是人为活动较频繁、经济相对发达的区域。九大高原湖泊就像一颗颗璀璨的明珠镶嵌在云南这片土地上,装饰着这片富饶而美丽的祖国边陲大地。

1.1 洱海流域概况

洱海流域地处澜沧江、金沙江和元江三大水系分水岭地带,属于澜沧江—湄公河水系,流域面积为 2 565km²。苍山是洱海的重要水源地,是苍山洱海国家级自然保护区、大理国家级风景名胜区和苍山世界地质公园的重要组成部分,也是滇西北生物多样性最丰富的地区之一。洱海是全国第七、云南省第二大高原淡水湖泊,是大理市主要饮用水源地,是苍山洱海国家级自然保护区和大理国家级风景名胜区的核心区域,具有供水、农灌、发电、调节气候,发展渔业、航业、旅游业等功能,是整个流域乃至大理经济社会发展的重要支撑,是大理人民的"母亲湖"。"十三五"期间,洱海全湖水质实现 32 个月的Ⅱ类水质,特别是 2020 年洱海全湖水质实现了 7 个月的Ⅱ类水质。

为了把洱海保护好,大理白族自治州(简称大理州)以洱海保护治理统领全州经济社会发展全局。2018 年以来大理推进"三禁四推"工作,即洱海流域禁止销售使用含氮磷化肥和高毒高残留农药、禁止种植以大蒜为主的大水大肥农作物,大力推行有机肥替代化肥、病虫害绿色防控、农作物绿色生态种植和畜禽标准化及渔业生态健康养殖。目前,洱海流域种植业正处于由绿色生态种植向有机化种植转型的关键期。2020 年,云南省农业科学院组织专家对洱海流域农业生产情况进行了调研，发现洱海流域优势农业产业不突出、规模化经营程度低、品牌效应弱，洱海流域还未形成与洱海保护相适应的农业产业结构，直接制约了当地农业产业的发展。结合当地农业产业发展实际和洱海保护的大局，经专家团队研究，洱海流域农业产业发展要坚持走产业生态化、生态产业化的"两化路"，适度发展流域有机农业产业，逐步形成符合资源节约和环境保护的空间格局、产业结构和生产方式。

洱海流域具有得天独厚的旅游资源，农旅结合农业产业发展优势明显，然而，洱海流域作物种类多，优势产业不突出，农业产业空间布局不合理。洱海流域种植业仍以农户分散经营为主，规模化经营弱，未形成品牌效应，产品价值低，带动效应小。洱海流域具备有机农业适度发展的优势，但技术储备不足，难以满足有机农业发展的迫切需要。因此，我们需要适度发展洱海流域有机农业产业，实现流域农业产业转型升级和农业面源污染防治协调发展，保护洱海水质安全，大力发展以农旅结合为主导的三产融合的田园综合体建设，优化流域农业生产区域布局，调整产业结构，逐步构建有机农业种植产业带，推动适度规模经营，加快社会化服务体系建设，促进规模化经营与社会化服务体系的有机融合，加快培育洱海流域绿色食品牌，提升洱海流域有机农产品竞争力，重视科技在洱海流域有机农业发展中的支撑作用。

1.2　滇池流域概况

滇池地理位置重要，是传承云南民族特色文化和文明的摇篮，为云南的生态资源、旅游资源和经济发展等提供了重要的保障。滇池流域地处亚热带季风气候区，属金沙江水系，属构造断陷湖泊。滇池主要入湖河流有 35 条，多发源于流域北、东、南山地，向心式注入滇池，具有入湖河流流程短、湖泊水体置换周期长的高原湖泊特点。

当前滇池流域农业生产存在大水大肥作物多、土壤养分积累高、化肥过量投入和不合理施用、农药的科学合理施用不足、农业生产固体废弃物较多等问题。滇池流域农业面源污染综合防控，始终坚持生态优先、绿色发展的理念，要从昆明未来领先西南地区、面向南亚东南亚开放的前沿发展定位来考虑滇池的保护及农业发展的形态。因而发展超前引领的都市化现代农业是保护滇池生态环境、流域农业转型版本升级的必然选择。由此，为促进滇池流域生态农业农村发展，应结合滇池流域的社会经济、人文及农业现状，分批推进滇池周边花卉向现代智能设施工厂近零排放，生产转型升级，打造滇池果蔬地理标志农产品品牌，打造都市型现代农业田园综合体农旅融合之路。

1.3　抚仙湖、星云湖流域概况

抚仙湖与星云湖合称为姐妹湖，通过隔河湖水相通，生境相连，水资源共享，两湖流域构成了一个紧密联系的整体。目前抚仙湖水质为Ⅰ类，星云湖水质为Ⅴ类。

两湖流域属滇中红土高原湖盆区，以高原地貌为主。种植的农作物主要有水稻、玉米、烤烟、蚕豆、花卉、蓝莓、油菜、蔬菜及特色作物。

目前两湖流域绿色生态农业产业存在一些问题。一是农业资源约束加剧。两湖流域生态环境敏感脆弱，长期稳定保持抚仙湖Ⅰ类水质和改善星云湖水质任重道远。抚仙湖周边土地流转休耕后，群众就业增收致富难度大，星云湖周边高耗水耗肥的蔬菜类作物规模较大。二是种植业结构亟待优化。目前，两湖流域内的蔬菜和粮食作物种植面积比例还比较大（分别占50%和20%左右）；烤烟占15%左右；特色经济作物占比较低，产值低。三是农作物品种、品质结构、区域布局尚须优化。星云湖周边高耗肥耗水耗药的蔬菜类规模较大，健康功能型食品原料生产规模不足，有机特色蔬菜、特色花卉和有净化水体功能的水生植物的发展有较大的空间。土地流转休耕，抚仙湖北部缺乏合理的种植业区域布局。四是农业面源污染依然存在。通过对两湖部分入湖河流河口水质分析可以看出，两湖流域化肥、农药过量使用较为普遍，畜禽粪便未得到有效利用，农资废弃物回收率不足。五是农产品质量安全风险。农业生产标准化、绿色化、规模化、品牌化有待提升，农产品质量安全监管有待加强。

为把抚仙湖周边发展成为云南省及全国著名的农业休闲观光区，把星云湖周边发展成为滇中有名的绿色生态农业区，建议重视两湖流域绿色生态农业发展规划与布局，充实两湖流域绿色生态农业发展类型，推进种植结构调整，推广绿色生态农业技术，完善绿色生态农业发展政策和服务。两湖流域的农业发展取得过显著的成就，烤烟、水稻、蔬菜、菜豆、油菜等作物名噪一时，至今还深刻影响着流域周边的农业生产。近年来，两湖流域在农业产业结构调整和优化方面形成了提质增效的格局。但传统农业增长模式面临土地资源透支、影响两湖水质、存在农产品质量风险等问题，成为制约农业可持续发展的关键因素。因此，两湖流域农业生产应进行转型升级，把抚仙湖流域发展成为云南省及全国著名的休闲康养农业带、把星云湖流域发展成为滇中有名的绿色有机农业产业带。

1.4　阳宗海流域概况

阳宗海是云南第三大深水淡水湖泊,湖泊汇水区面积为192km²,流域面积为286km²,属珠江水系南盘江流域,总蓄水量为 6.02 亿 m³,具有城镇供水、工农业用水、防洪、旅游景观、调节气候等多种功能。自 2016 年以来,阳宗海水质从劣Ⅴ类恢复到 Ⅲ 类,这不仅给农业发展提供了良好的生态环境,也提供了更多绿色生态产品,还为阳宗海的发展提供了新的动能。农业产业是湖泊周边区域重要的支柱产业。蔬菜、花卉、水果产业为特色优势产业。

阳宗海存在来自农业的面源污染,阳宗海流域周边农业绿色有机化发展不足,阳宗海流域生态空间格局基本形成。从农业产业调研的总体情况来看,农业农村生产、生活及养殖面源污染等对生态环境的影响压力在一定程度上客观存在。坚持绿色发展新发展理念,要不断拓展绿色生态内涵,构建农业、农村、生态相协调的高质量绿色农业发展体系,推动阳宗海生态环境保护,推动阳宗海绿色产业发展,夯实农业基础,做精做实高原湖泊农业功能区,完善农产品加工产业,构建绿色食品加工功能区,以乡村休闲旅游推动一二三产业融合发展。

1.5　杞麓湖流域概况

杞麓湖是云南九大高原湖泊之一,位于玉溪市通海县境内,湖泊最高水位为1 796m,其水域面积为37.26km²,容水量为1.676 亿 m³,占通海水资源总量的一半。杞麓湖灌溉着 14.5 万亩的耕地,被誉为通海县的"母亲湖"。流域内农业产业一直维持着长期快速发展,但是由于流域内人口的增加和长期不合理、掠夺式的农业生产方式,杞麓湖水质持续恶化,自 20 世纪 80 年代以来,杞麓湖开始出现富营养化,同时,"十二五"期间的连续干旱等原因加剧了流域内的生态安全风险,生态保护形势异常严峻,湖泊流域的社会经济可持续发展和生态环境受到制约。由生态环境部发布的《2019 中国生态环境状况公报》显示,杞麓湖水质处于劣Ⅴ类,是目前云南九大高原湖泊中唯一一个水质尚未"脱劣"的湖泊。

杞麓湖泊流域地形复杂,农业面源污染严重,对湖泊造成影响;湖泊流域污染不均衡,主要的入湖河流污染负荷量大,对湖泊水质造成影响;湖泊流域畜禽粪污对湖泊富营养化产生重要影响。转变农业生产方式,控制农业面源污染,大力提升湖泊水质势在必行。杞麓湖的主要污染源来自周边农田面源污染,且杞麓湖是封闭型湖泊,没有出湖河流,导致营养物质在湖泊中长期积累,治理难度大。对此要想改善水质,需要从源头解决入湖污染问题。

1.6　程海湖流域概况

程海湖，原名程河，是云南省九大高原湖泊之一，为内陆封闭型高原深水湖泊，在行政区划上属永胜县程海镇管辖。

目前，程海湖水资源明显不足。种植业是程海湖流域的主要农业产业和地方经济支柱产业，对生态环境产生了一定程度的影响。因此，需要改善程海湖农业生态环境，促进程海湖流域农旅融合发展，大力发展节水农业，有效缓解水资源不足问题，多措并举，有效控制农业种植业污染，以农业种植业为基础，突出独特区位优势和优美自然风光，促进程海湖流域农旅融合发展。

1.7　异龙湖流域概况

石屏县异龙湖是云南九大高原湖泊中面积最小的湖泊。近年来，各级政府特别是石屏县政府高度重视异龙湖的保护工作，在湖泊治理、污染消除、水体净化等方面做了大量工作，取得了显著成效。

异龙湖周边农业生产上复种指数高，化肥使用量大。湖泊周边农业土壤中氮、磷含量高，对湖泊生态造成安全隐患。山地坡度较大，生态覆盖不足，雨季容易将农业生产上过量施入的氮、磷元素带入湖中。异龙湖湖面小，水容积少，进水少，出水也少，自我净化能力十分脆弱，保护异龙湖任务十分艰巨。在异龙湖周边农业发展上，要以保护湖泊为基础，调整农业种植结构，转变农业生产方式，打造以异龙湖为地理标志的绿水青山田园综合体和绿色有机生态农产品。我们需要制定实施减少流域农业面源污染的生产技术规范，开展异龙湖流域防护林体系建设和小流域综合治理，打造绿水青山的田园综合体农旅融合之路，将有机生态农产品与地理标志相结合，打造世界一流的异龙湖地理标志有机生态农产品。

1.8　泸沽湖流域概况

泸沽湖是我国第三大深水湖泊，也是云南省海拔最高的湖泊。泸沽湖的湖水清澈，湖体透明度可达 12m，水体常年保持在 I 类水质，目前是云南省九大高原湖泊中水质最好的。自 20 世纪 80 年代云南实施旅游开发后，泸沽湖秀美的湖光山色和独特的人文风情吸引着国内外游客纷至沓来。旅游业的发展改变了原住居民的生活和生产方式，也使泸沽湖生态环境遭受越来越大的压力，尤其是随着泸沽湖机场的建成通航，湖泊和周边地区面临被污染的风险越来越大。为了坚决守护好泸沽湖这片净水，需要把生态文明思想贯彻落实到泸沽湖保护治理工作中，

　　探寻出一条生态保护和农业发展相辅相成的新路子,将泸沽湖建设成为云南高原湖泊生态文明建设的排头兵。泸沽湖位于云南省宁蒗彝族自治县(简称宁蒗县)与四川省盐源县交界处,为川滇共辖,湖东为盐源县泸沽湖镇,湖西为宁蒗县永宁镇。湖泊略呈北西—东南走向,面积 50.1km²,湖水库容量为 22.52 亿 m³。泸沽湖为高原断层溶蚀陷落湖泊,属长江上游干流金沙江支流雅砻江支流理塘河水系,为小金河上源,经雅砻江流向金沙江。泸沽湖以其典型的高原湖泊自然风光和独特的摩梭母系民族文化形成了特色突出的自然景观与人文景观。

　　泸沽湖主要入湖河流水质对泸沽湖产生不良影响,湖泊周边土壤中氮、磷含量高,造成潜在威胁,交通发展可能对泸沽湖承载能力造成影响。随着今后不断完善的交通网,在旅游高峰期,游客数量极有可能超过景区最大日承载量。我们需要保护生态,推进泸沽湖农旅融合绿色发展,推行绿色农业发展模式,切断面源污染,转变生产方式。泸沽湖是云南省旅游的一块金字招牌。如果我们充分利用好泸沽湖这张名片,以摩梭文化为主题,擦亮生态底色,在泸沽湖流域发展休闲观光农业,营造山水林田湖的优美生态画卷,实现村庄田园化、产品生态化、生活方式绿色化,就能全面推进当地的农旅融合发展,打造世界一流旅游目的地。

第2章 洱海流域绿色生态农业农村发展模式研究

2.1 洱海流域自然生态情况

2.1.1 地理位置

洱海流域位于云南省大理州境内。洱海因湖形南北狭长、形如人耳、风浪大如海而得名。洱海位于 99°32′～100°27′E，25°25′～26°16′N。洱海流域地跨大理市的下关镇（现下关街道）、大理镇、银桥镇、湾桥镇、喜洲镇、上关镇、双廊镇、挖色镇、海东镇、凤仪镇 10 个镇和 1 个经济开发区及洱源县的右所镇、邓川镇、凤羽镇、三营镇、茈碧湖镇、牛街彝族乡（简称牛街乡）6 个乡镇。

2.1.2 地形地貌

洱海流域内地形起伏，地势从西北到东南逐渐倾斜，海拔为 1 852～4 122m。不同区域坡度差异明显，51%的流域面积坡度在 13°以上，坡度较缓的区域主要分布在海南、海西与海北的坝区，海西苍山山脊、海北、海东与海南远山地形坡度较大。最高区域位于洱海西岸的苍山山脉，由 19 座山峰由北而南组成，北起洱源邓川，南至下关天生桥，南北绵长 48km，东西宽约 10km，最高峰为苍山山脉的马龙峰，海拔达 4 122m。最低区域位于洱海的出水口——西洱河口，海拔仅 1 852m。大理坝子是一片西北—东南走向的小平原，它北起今洱源县下山口，南抵大理市凤仪镇，东有洱海，西依苍山，长约 60km，面积为 601km²。洱海流域东部地形为中山谷地湖滨复合地形，海拔为 1 974～2 800m；西部地形为高山分水岭冰成坝地形，海拔为 1 974～4 122m；南部地形为中山宽谷及盆地复合地形，海拔为 1 852～3 300m；北部地形为中山冲积坝地形，海拔为 1 974～3 000m。

2.1.3 气候条件

洱海流域气候属于典型的低纬高原亚热带西南季风气候，干湿气候明显，气候温和，日照充足。每年 11 月至翌年 4、5 月为干季，5 月下旬至 10 月为湿季。年平均气温 15℃左右，最冷月（1 月）平均气温 5℃左右，最热月（7 月）平均气温 25℃左右，气温随海拔增高而降低；年平均日照时数 2 250～2 480h，年平均相对湿度 66%，主导风向为西南风，平均风速 2.3m/s；年均降水量 1 048mm，雨季降水量占全年的 85%～95%。由于受特殊的地理气候条件影响，降水量随海拔增高而增多，雨量在时间、空间上的分布呈现较大的差异，实测最大年降水量为 2 145.4mm（苍山站 1992 年），最小年降水量为 370.5mm（银桥站 2003 年），最大年降水量是最小年降水量的 5.8 倍。湖面年平均蒸发量为 1 208.6mm，最大蒸发量为 1 520mm（1968 年），最小蒸发量为 932mm（1952 年）。

2.1.4　水文条件

洱海流域境内有弥苴河、永安江、波罗江、罗时江、西洱河、凤羽河及苍山十八溪等大小河溪共 117 条，有茈碧湖、海西海、西湖等湖泊水库。洱海主要补给水为降水和入湖河流，洱海北有茈碧湖、西湖和海西海，它们分别经弥苴河、罗时江、永安江等穿越洱源盆地、邓川盆地进入洱海。其中弥苴河为最大河流，汇水面积为 1 389km^2，多年平均来水量为 5.1 亿 m^3。根据当地监测部门数据，弥苴河、罗时江、永安江 3 条河流多年平均径流量占洱海入湖河流年总径流量的 50% 左右。"北三江"（罗时江、永安江和弥苴河）水系洱海西岸分布有苍山十八溪，包括霞移溪、万花溪、阳溪、茫涌溪、锦溪、灵泉溪、白石溪、双鸳溪、隐仙溪、梅溪、桃溪、中和溪、白鹤溪、黑龙溪、清碧溪、莫残溪、葶溟溪、阳南河，入湖水量占洱海多年平均径流量的 23%。洱海东岸为丘陵山地，加之降水稀少，发育的河流不多，较大的仅有凤尾箐和石碑箐。洱海南部分布有金星河，东南部分布有波罗江，入湖水量占洱海总入湖径流量的 7.4%。在西南部地区，天然出湖河流仅有西洱河，该河全长 23km，总落差 610m，至漾濞县平坡镇汇入黑惠江，流向澜沧江，注入湄公河。人工引水的"引洱入宾"工程，由海东镇出水口引流至宾川县，进入金沙江流域。

洱海湖面的面积为 252km^2，库容为 29.59 亿 m^3（水位为 1 966m），湖岸线全长 129km，洱海南北长 42km，东西宽 3～9km，最大水深 21.3m，平均水深 10.8m，岛屿面积为 0.748km^2。1990 年以来，1993 年的洱海最高水位为 1 974.45m（图 2.1），1997 年水位最低，为 1 972.11m。近年来连续干旱，洱海流域水资源短缺，洱海水量呈减少趋势，供需矛盾突出。特别是 2023 年以来，洱海流域内干旱严重、蒸发量大，水资源异常紧张。大理州人民政府综合研判后认为，洱海运行水位预计在 2023 年 5 月底降至法定最低运行水位 1 964.30m。到 5 月 31 日，洱海实际水位 1 964.33m。2023 年得到有效降雨补给前，将洱海法定最低运行水位 1 964.30m 调整在 1 964.10m（下调 0.20m 以内）以上运行。

2000 年以来，洱海蓄水量变化较大，2003 年蓄水量最低，为 25.24 亿 m^3；2008 年蓄水量最高，为 29.66 亿 m^3（图 2.2）。多年的平均入湖水量为 7.349 亿 m^3，多年平均出湖水量为 7.370 亿 m^3，入湖水量比出湖水量少 0.021 亿 m^3（湖泊蓄水变量）。

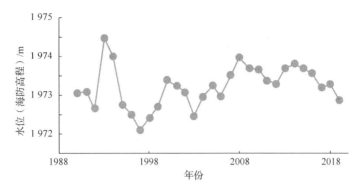

图 2.1　洱海水位年际变化

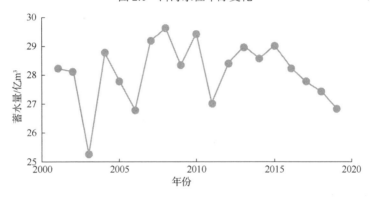

图 2.2　洱海蓄水量年际变化

近几年来，洱海流域水资源开发利用程度较高，达 90.7%，水利化程度为 80%。其中，发电用水量为 6 亿 m^3，农灌用水量为 1.4 亿 m^3，鱼塘养鱼用水量约为 0.05 亿 m^3，生活及其他用水量为 0.23 亿 m^3，引洱入宾水量为 1.62 亿 m^3。然而，由于近年来洱海流域降水量减少，加之上游水库扩建增加库容，水资源需求量也越来越大，洱海蓄水量逐年减少。

2.1.5　土地利用

洱海流域土地利用类型主要分为林地、旱地、水田、草地、建设用地和水域。2014 年，洱海流域林地面积最大，为 775.82 km^2；其次是耕地和草地，面积分别为 929.92 km^2（旱地面积为 566.79 km^2，水田面积为 363.13 km^2）和 317.58 km^2；再次是建设用地面积，为 40.76 km^2；其余的为水域面积。

2.1.6　植被与土壤

洱海流域有林地覆盖率为 10.84%，灌木林地覆盖率为 24.79%，森林总覆盖率为 35.63%。有林地和灌木林地的覆盖面积占全流域林业用地面积的 79.92%。

洱海流域活立木总蓄积量为 157.95 万 m³，其中北部流域为 72.72 万 m³，占 46%；东部流域为 9.98 万 m³，占 6.3%；南部流域为 19.80 万 m³，占 12.5%；西部流域为 55.79 万 m³，占 35.3%。湖东丘陵山地由于人为长期干扰破坏，森林植被已寥寥无几。植被主要为耐旱禾本科草类组成的草本植物群落，以黄茅、刺芒野古草、黄背草、芸香草等为主。

流域区内土壤类型有红壤、紫色土、棕壤、暗棕壤、水稻土、石灰岩土、亚高山草甸土等。大理州各土壤类型所占面积与比例见表 2.1。

表 2.1　大理州各土壤类型所占面积与比例

项目	红壤	棕壤	黄壤	黄棕壤	暗棕壤	紫色土	燥红土	石灰岩土	冲积土	亚高山草甸土	水稻土
面积/万亩	1 180.80	479.67	17.63	460.59	139.51	1 352.10	28.19	77.06	11.40	4.84	196.89
比例/%	26.7	10.9	0.4	10.4	3.2	30.6	0.6	1.7	0.3	0.1	4.5

2.2　洱海流域农业农村经济发展情况

2.2.1　农村人口

洱海流域包括 16 个乡镇，2018 年统计的洱海流域乡村人口数为 79.517 万人，农业从业人员为 17.195 万人，农业从业人员所占比例为 22%（表 2.2）。大理市 10 个乡镇乡村总人口数为 57.804 万人，农业从业人员 8.965 万人，农业从业人员所占比例约为 16%。洱源县 6 个乡镇乡村总人口数为 21.714 万人，农业从业人员 8.232 万人，农业从业人员所占比例约为 38%。

表 2.2　2018 年洱海流域农村人口及农业从业人员人数　　　　单位：万人

市（县）	乡镇	乡村人口数	农业从业人员
大理市	下关镇	19.916	0.524
	大理镇	7.135	1.236
	凤仪镇	6.464	1.028
	喜洲镇	6.848	1.052
	海东镇	2.662	0.614
	挖色镇	2.331	0.758
	湾桥镇	2.724	0.675
	银桥镇	3.285	0.911
	双廊镇	1.956	0.416
	上关镇	4.483	1.751

续表

市（县）	乡镇	乡村人口数	农业从业人员
洱源县	茈碧湖镇	4.726	1.593
	邓川镇	5.593	0.458
	右所镇	1.659	2.825
	三营镇	4.091	1.570
	凤羽镇	3.316	0.989
	牛街乡	2.328	0.796

2.2.2　耕地及作物播种面积

2018年末洱海流域常用耕地面积为23 702hm²，其中大理市10个乡镇的常用耕地面积为11 668hm²，洱源县6个乡镇常用耕地面积为12 034hm²（表2.3）。洱海流域全年作物种植面积为745 099亩，大理市10个乡镇全年作物种植面积为349 749亩，洱源县6个乡镇全年作物种植面积为395 350亩。洱海流域全年复种指数为2.10。洱海流域水稻、玉米、豆类、薯类、烤烟、药材、蔬菜和油菜的播种面积分别为162 953亩、129 360亩、125 693亩、38 628亩、42 432亩、14 871亩、180 062亩和21 000亩。其中，大理市10个乡镇的水稻、玉米、豆类、薯类、烤烟、药材、蔬菜和油菜的播种面积分别为69 243亩、73 669亩、45 683亩、16 524亩、14 852亩、8 358亩、113 410亩和9 370亩。洱源县6个乡镇的水稻、玉米、豆类、薯类、烤烟、药材、蔬菜和油菜的播种面积分别为93 710亩、55 691亩、80 010亩、22 104亩、27 580亩、6 513亩、66 652亩和11 630亩。

表2.3　2018年洱海流域常用耕地及作物播种面积

市（县）	乡镇	常用耕地面积/hm²	全年总播种面积/亩	水稻	玉米	豆类	薯类	烤烟	药材	蔬菜	油菜
大理市	下关镇（现下关街道）	740	17 736	8	3 364	1 552	652	—	354	16 112	—
	大理镇	1 549	50 082	15 100	9 000	2 800	2 800	—	200	28 389	1 500
	凤仪镇	1 095	39 021	5 062	5 337	8 301	1 047	1 150	3 654	6 824	171
	喜洲镇	1 736	42 838	12 293	7 184	5 762	685	1 722	—	9 205	4 299
	海东镇	687	28 969	5 003	9 302	3 344	3 010	1 150	240	4 026	400
	挖色镇	1 699	29 190	3 220	6 500	3 767	2 000	2 400	800	8 135	—
	湾桥镇	1 052	53 625	12 500	8 500	7 200	2 000	4 500	180	15 925	1 500
	银桥镇	1 297	26 454	3 105	3 128	8 850	1 770	2 380	280	8 611	1 500
	双廊镇	562	23 671	200	13 746	2 362	2 460	1 550	—	3 125	—
	上关镇	1 251	38 163	12 752	7 608	1 745	100	—	2 650	13 058	—

续表

市(县)	乡镇	常用耕地面积/hm²	全年总播种面积/亩	主要作物种植面积/亩							
				水稻	玉米	豆类	薯类	烤烟	药材	蔬菜	油菜
洱源县	茈碧湖镇	2 308	76 446	23 472	9 012	26 481	3 000	1 680	200	8 001	2 700
	邓川镇	560	18 269	7 819	2 000	3 900	—	140	300	4 410	—
	右所镇	2 074	84 169	22 264	12 270	11 706	10 460	1 470	4 211	20 028	150
	三营镇	3 581	112 734	15 455	15 975	21 773	1 820	18 720	1 300	18 395	128
	凤羽镇	2 010	55 645	18 440	9 680	5 730	1 390	3 380	—	1 180	8 400
	牛街乡	1 501	48 087	6 260	6 754	10 420	5 434	2 190	502	14 638	252

2.2.3　畜禽养殖

2018 年末，洱海流域猪存栏头数为 18.61 万头，其中母猪的存栏数为 1.91 万头。大理市养猪数量为 12.40 万头，洱源县 6 个乡镇的养猪数量为 6.21 万头。50 头以上的规模化养殖场，大理市有 80 家，洱源县有 6 家，规模化养猪量占总养殖量的 75%左右。洱海流域牛存栏数量为 4.04 万头，其中奶牛 2.88 万头，肉牛 1.16 万头。大理市奶牛和肉牛养殖数量分别为 0.62 万头和 0.75 万头，洱源县 6 个乡镇奶牛和肉牛养殖数量分别为 2.26 万头和 0.41 万头。存栏 50 头以上的规模牧场，大理市有 4 家，洱源县有 5 家，规模化养牛量占总养殖量的 30%～40%。洱海流域羊存栏数为 5.07 万头，其中，大理市为 1.02 万头，洱源县为 4.05 万头。洱海流域家禽存栏数为 197.41 万羽，其中，大理市为 173.03 万羽，洱源县为 24.38 万羽。存栏 2 000 羽以上的规模养殖场，大理市有 87 家，洱源县有 6 家。

2.2.4　农业经济产值

2018 年，洱海流域农林牧渔总产值为 58.70 亿元，其中大理市 30.53 亿元，洱源县 28.17 亿元（表 2.4）。农业总产值为 33.61 亿元，其中大理市 17.27 亿元，洱源县 16.34 亿元。林业总产值为 1.31 亿元，其中大理市 1.21 亿元，洱源县 0.095 亿元。牧业总产值为 21 亿元，其中大理市 10.7 亿元，洱源县 10.3 亿元。渔业总产值为 1.53 亿元，其中大理市 0.52 亿元，洱源县 1.01 亿元。农林牧渔服务业产值为 1.18 亿元，其中大理市 0.79 亿元，洱源县 0.39 亿元。

表 2.4　2018 年洱海流域农林牧渔总产值　　　　　　　单位：万元

项目	大理市	洱源县
农林牧渔总产值	305 274	281 737
农业产值	172 668	163 370
林业产值	12 126	946

项目	大理市	洱源县
牧业产值	107 404	103 334
渔业产值	5 218	10 141
农林牧渔服务业产值	7 858	3 944

2.3　洱海流域农业农村产业结构、种养业对湖泊水质的影响分析

2.3.1　洱海流域河流湖泊水质变化分析

1. 近 25 年洱海水质变化

在 1999 年以前洱海湖水中的化学需氧量（chemical oxygen demand，COD）保持在地表水Ⅰ类水质标准，总磷（total phosphorus，TP）保持在湖库水Ⅰ、Ⅱ类水质标准，2003 年以前总氮（total nitrogen，TN）保持在地表水Ⅰ、Ⅱ类水质标准。自 2003 年洱海爆发藻华事件以来，洱海保护进入了一个全新的强化时期，洱海流域污染治理速度明显加快，特别是近年来，洱海总体水质逐渐好转。洱海全湖水质"十一五"期间有 21 个月为Ⅱ类，"十二五"期间有 30 个月为Ⅱ类，2016年有 5 个月为Ⅱ类，2017 年有 6 个月为Ⅱ类，2018 年有 7 个月为Ⅱ类，2019 年有 7 个月为Ⅱ类。

从图 2.3 中可以看出，高锰酸盐指数（COD_{Mn}）处于地表水Ⅰ、Ⅱ类水质标准，除 2003～2008 年高锰酸盐指数保持较高水平外，近 10 年，高锰酸盐指数呈总体下降趋势。2003 年以前 TN 基本上在地表水Ⅱ类水上限值以下，之后，TN保持在地表水Ⅱ、Ⅲ类水质标准，控制 TN 浓度是保证洱海水质为地表水Ⅱ类水的关键因素（图 2.4）。1999～2008 年洱海水中 TP 浓度升高，保持在地表水（湖库标准）Ⅱ、Ⅲ类水质标准，2008 年后，洱海水中的 TP 浓度总体上低于地表水（湖库标准）Ⅱ类水上限值（图 2.5）。

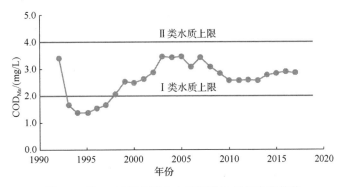

图 2.3　近 25 年洱海湖水中高锰酸盐指数变化趋势

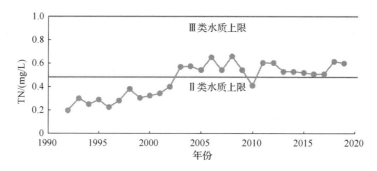

图 2.4　近 25 年洱海湖水 TN 变化趋势

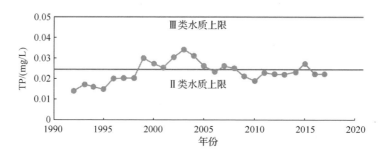

图 2.5　近 25 年洱海湖水 TP（湖库标准）变化趋势

2. 主要入湖河流水质变化

　　洱海流域"北三江"（罗时江、永安江和弥苴河）是洱海水量的主要补给河流，该河流的流程长，沿途遍布农田、村庄，在降雨径流作用下大量的氮、磷等污染物进入河流。苍山十八溪河流的流程短，水力坡降大，水流速度快，沿程途径村庄密集，是洱海清水补给的重要水源地。南部的波罗江水系，流经区域处在城镇化快速转型期。对 2014 年洱海流域主要水系"北三江"、苍山十八溪、波罗江等主要入湖河流 86 个监测点的数据进行分析，结果表明（图 2.6）：COD、TN、TP 的浓度分别为 4.51～27.69mg/L、1.10～4.81mg/L、0.049～0.357mg/L，COD 月均值处于地表水Ⅲ类水质的水平，TN 和 TP 月均值分别达到地表水劣Ⅴ类和Ⅴ类水质的水平，3 个指标均超Ⅱ类水质保护目标，其中 TN、TP 是主要污染指标。洱海主要入湖河流水质空间差异显著，波罗江 3 项指标最高，水质最差。苍山十八溪的氮指标仅次于波罗江，"北三江"氮、磷指标最低，但 COD 最高。可见，波罗江有机物和氮、磷污染均较重，苍山十八溪以氮、磷污染为主，"北三江"的 COD 污染较重（项颂 等，2018）。

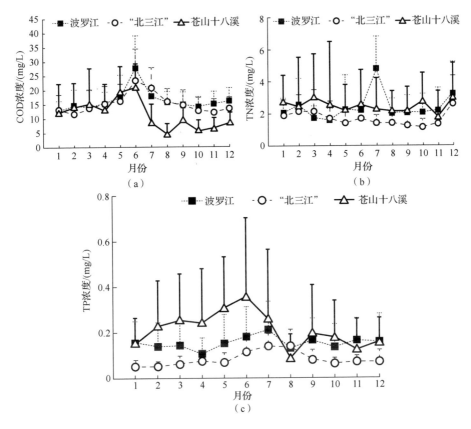

图 2.6　洱海流域主要入湖河流水质变化（项颂 等，2018）

3. 主要入湖河流水质对洱海水质的影响

洱海湖水与入湖河流水质浓度基本一致，COD 在入湖河流及湖内的分布均表现为南部（下关镇和大理市区）最高，其次是北部，湖心及周边区域较低；TN 在湖内的分布为海西片区的湾桥至喜洲附近区域最高，其次是下关镇和上关镇附近区域，入湖河流 TN 与湖水中 TN 浓度呈现出区域性差异。TP 在入湖河流及湖内的分布也基本一致，均表现为南部区域较高，北部及湖心区域较低。可见，除 TN 外，入湖河流与湖体污染物空间分布规律基本一致，说明洱海入湖河流水质对洱海水质影响很大，入湖河流治理是防治洱海富营养化的关键。海西片区除了入湖主要河流治理外，氮、磷等污染物随浅层地下水迁移入湖也是重点治理途径。

2.3.2　洱海流域产业结构对湖泊水质的影响

1. 洱海流域经济发展指标的年际变化

对洱海流域 1990—2012 年主要经济发展指标的分析表明，在 2003 年以前，洱海流域经济增长较慢，处于低速缓慢增长阶段，洱海水质较好，整体呈Ⅰ类水质和Ⅱ类水质标准。在 2003 年以后，洱海流域的经济发展呈现出高速增长，流域每年的 GDP（gross domestic product，国内生产总值）增长速率由 2 亿～8 亿元/年上升至 12 亿～45 亿元/年（图 2.7），第一产业的农业和第三产业服务业，特别是旅游业增长迅速。第一产业中畜牧业和种植业从 2000 年之后迅速增长，种植业产值年增长率达到 30%～40%，是 2000 年之前的年增长率的 4%～15%。畜牧业的年增长率达到 27%～34%，是 2000 年之前的年增长率的 5%～20%。由于种植业和畜牧业的发展，流域内化肥用量呈线性增长趋势，畜牧业中由于传统的奶牛、生猪养殖区及牛奶价格较好，奶牛养殖数量持续增加，导致种植业和养殖业产生的面源污染物对湖泊水环境造成了巨大的压力。

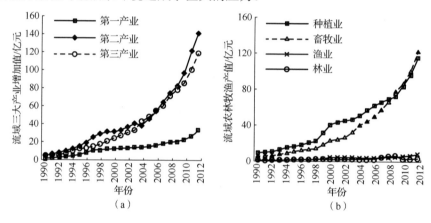

图 2.7　洱海流域主要经济指标的年际变化（陈小华 等，2018）

　　洱海流域旅游业发展迅速，2005 年洱海流域接待海内外游客数量为 520.47 万人（图 2.8）；2010 年流域接待海内外游客数量达 654 万人，实现旅游收入 50.69 亿元；2014 年，流域接待海内外游客数量达 1 078.17 万人。洱海流域旅游业在促进经济、社会和文化发展的同时，对流域水环境的负面影响也在增大。

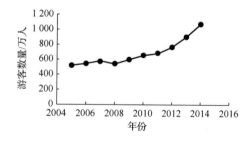

图 2.8　2005～2014 年洱海流域接待国内外游客数量年际变化

2. 洱海流域经济发展指标对洱海水质的影响

洱海富营养化指标与流域经济发展指标的关联分析表明：第一产业对水质影响最大，其次是第三产业，影响最小是第二产业。第一产业和第三产业及第一产业内部的种植业和畜牧业快速发展时期与洱海水质逐渐恶化时期比较吻合。研究表明：在第一产业内部种植业产值对湖水中 TP 的影响较大，TN 和 COD$_{Mn}$ 受畜牧业产值和肉类产量的影响较大（陈小华 等，2018）。另外，旅游业带来的吃、住、行、游等相关行业的快速发展，导致污染物产生量激增，增加了环境压力。加之旅游业整体上粗放经营，发展层次低，住宿、餐饮配套的环保措施跟进速度较慢，特别是较多的农家客栈临湖修建，压缩了湖滨带污染物消纳空间，污水直排现象时有发生，一定程度上加速了洱海的水质恶化。

2.3.3 洱海流域种植业对湖泊水质的影响

1. 洱海流域主要种植作物的施肥量

由表 2.3 可知，以 2018 年为例，洱海流域主要作物的种植面积从大到小依次为蔬菜＞水稻＞玉米＞豆类＞烤烟＞薯类＞油菜＞药材，其种植面积分别占总播种面积的 24.17%、21.87%、17.36%、16.87%、5.69%、5.18%、2.82%和 2.00%。2018 年 8 月 28 日，大理州委、州政府正式出台"三禁四推"政策。该政策出台后，洱海流域的施肥类型、结构和施肥量发生了很大转变，因此，分别对 2017 年和 2019 年洱海流域 16 个乡镇的施肥量进行调研。

2017 年通过对 16 个乡镇、60 个行政村 359 个农户、合作社或新型经营主体的 12 种不同种植作物 5 409 亩典型地块的氮、磷化肥施用量进行随机调查，得到不同作物种植平均氮、磷化学肥料施用量（表 2.5）。2017 年洱海流域化肥氮、磷肥料总共施用量约为 9 968t 和 4 255t，单位耕地面积氮、磷平均施用量分别为 26.7kg/亩和 11.75kg/亩。其中，蔬菜单位耕地面积氮、磷平均施用量最高，达 30.66kg/亩和 12.54kg/亩；其次是大蒜（22.58kg/亩和 12.28kg/亩）、玉米（16.38kg/亩和 4.64kg/亩）、烤烟（11.68kg/亩和 11.68kg/亩）；水稻、蚕豆、马铃薯、水果的氮、磷化肥施用量较低；最小的为花卉，氮、磷化肥的平均施用量分别为 0.27kg/亩和 0.58kg/亩。

表 2.5　2017 年洱海流域不同作物化学肥料氮、磷施用量统计表

作物名称	样本量/份	调查面积/亩	氮施用量		磷施用量		2017 年流域播种面积/亩
			施用范围/（kg/亩）	平均施用量/（kg/亩）	施用范围/（kg/亩）	平均施用量/（kg/亩）	
蔬菜	36	69.1	6.3～51.1	30.66	4～17.6	12.54	94 706
水果	20	3 208	0～22.5	1.67	0～22.5	1.67	70 444
花卉	14	760	0～6.8	0.27	0～6.8	0.58	4 949
水稻	224	439	0～22.4	4.64	0～8.5	1.75	196 216
玉米	53	112	4.6～44.0	16.38	0～15.0	4.64	143 180
烤烟	13	100	0～21.0	11.68	0～21	11.68	52 367
大蒜	144	365	3～47.2	22.58	0～32.4	12.28	82 500
蚕豆	127	246	0～11.65	1.13	0～8.0	0.91	127 800
马铃薯	8	89	4.2～6.2	1.28	2.1～7.2	1.25	39 100
其他（油菜、大麦、小麦等）	9	21.2	0～23.08	12.8	0～7.2	2.65	56 300

通过对 16 个乡镇、60 个行政村 359 个农户、合作社或新型经营主体的 12 种不同种植作物 5 409 亩典型地块的有机肥施用量进行随机调查，得出有 54.39%的调查面积至少有一季施用农家肥，有 86.23%的调查面积至少有一季施用商品有机肥。从 2017 年洱海流域不同作物农家肥施用量统计表（表 2.6）可以看出，农家肥的平均施用量以蔬菜最高，达 2.57t/亩；其次是大蒜、蚕豆、烤烟、水稻、玉米、水果；花卉农家肥施用量最低，为 0.32t/亩。商品有机肥的平均施用量以水果最高，达 0.675t/亩；其次是马铃薯、花卉、蔬菜、大蒜、烤烟、水稻；玉米有机肥施用量最低为 0.003t/亩。2017 年洱海流域农家肥总施用量约为 45.39 万 t，商品有机肥 8.46 万 t，单位耕地面积农家肥和商品有机肥的平均施用量分别为 2.30t/亩和 0.28t/亩。

表 2.6　2017 年洱海流域不同作物农家肥施用量统计表

作物名称	样本量/份	调查面积/亩	农家肥		商品有机肥	
			施用范围/（t/亩）	平均施用量/（t/亩）	施用范围/（t/亩）	平均施用量/（t/亩）
蔬菜	36	69.1	0～5.0	2.57	0～0.615	0.18
水果	20	3 208	0～3.2	0.65	0～1.6	0.675
花卉	14	760	0～0.1	0.32	0.2～4	0.26
水稻	224	439	0～3.0	0.75	0～0.5	0.05
玉米	53	112	0～3.3	0.67	0～0.2	0.003
烤烟	13	100	0～3.5	0.84	0～0.8	0.058
大蒜	144	365	0.5～4.0	0.94	0～0.8	0.103

续表

作物名称	样本量/份	调查面积/亩	农家肥		商品有机肥	
			施用范围/（t/亩）	平均施用量/（t/亩）	施用范围/（t/亩）	平均施用量/（t/亩）
蚕豆	127	246	0～3.0	0.88	0～0.3	0.02
马铃薯	8	89	0～2.0	0.12	0～0.6	0.35
其他（油菜、大麦、小麦）	9	21.6	0～3.0	1.1	0	0

2019 年在洱海流域大理市的大理、下关、凤仪、银桥、湾桥、喜洲、上关、双廊、海东、挖色 10 个镇和洱源县的邓川镇、右所镇、牛街乡、三营镇、茈碧湖镇、凤羽镇 6 个乡镇，调查大春和小春主要作物的肥料施用类型及施用量（表 2.7）。大春主要调查作物为水稻、玉米、蔬菜、烤烟、马铃薯、花卉、中药材、水果。小春主要调查作物为蚕豆、麦类、蔬菜、大荚豌、马铃薯、花卉、油菜、水果（含蓝莓）等。按照流域各乡镇耕地面积，结合作物种植结构，每个乡镇优选 10 户以上农户作为标准化样本基本调查点，农户主要种植作物（种植面积最大田块）作为样本基本调查点，有下关镇 24 个、大理镇 30 个、凤仪镇 30 个、喜洲镇 50 个、海东镇 20 个、挖色镇 20 个、湾桥镇 30 个、银桥镇 30 个、双廊镇 18 个、上关镇 48 个、邓川镇 12 个、右所镇 42 个、牛街乡 32 个、三营镇 44 个、茈碧湖镇 40 个、凤羽镇 34 个。大理市洱海流域总样本点 300 个，洱源县洱海流域总样本点 204 个。

2019 年，主要种植作物全部用有机肥替代氮、磷化肥，洱海流域水稻种植面积为 111 724 亩，农家肥平均施用量为 810.36kg/亩，有机肥平均施用量为 194.91kg/亩，K_2O（氧化钾）平均施用量为 0.73kg/亩。洱海流域玉米种植面积为 123 962 亩，农家肥平均施用量为 921.17kg/亩，有机肥平均施用量为 215.85kg/亩。洱海流域蔬菜种植面积为 63 001 亩，农家肥平均施用量为 1 972.00kg/亩，有机肥平均施用量为 127.23kg/亩，K_2O 平均用量为 10.87kg/亩。洱海流域烤烟种植面积为 50 407 亩，农家肥平均施用量为 375.77kg/亩，有机肥平均施用量为 320.70kg/亩，K_2O 平均施用量为 7.59kg/亩。洱海流域马铃薯种植面积为 37 839 亩，农家肥平均施用量为 574.35kg/亩，有机肥平均施用量为 372.47kg/亩。洱海流域花卉种植面积为 12 600 亩，农家肥平均施用量为 126.785kg/亩，有机肥平均施用量为 314.285kg/亩。洱海流域水果种植面积为 29 194 亩，农家肥平均施用量为 695.385kg/亩，有机肥平均施用量为 335.01kg/亩。洱海流域中药材种植面积为 1 200 亩，有机肥平均施用量为 450kg/亩。洱海流域蚕豆种植面积为 135 010 亩，农家肥平均施用量为 973.93kg/亩，有机肥平均施用量为 81.37kg/亩。洱海流域大荚豌种植面积为 20 530 亩，农家肥平均施用量为 533.33kg/亩。洱海流域麦类种植面积为 51 833 亩，农家肥平均施用量为 744.98kg/亩，有机肥平均施用量为 67.39kg/亩。洱海流域油菜种植面积为 16 843 亩，农家肥平均施用量为 290.97kg/亩，有机肥平均施用量为 173.69kg/亩。

表 2.7　2019 年洱海流域不同作物肥料施用类型及施用量统计表

大理市作物

项目	水稻	玉米	蔬菜	烤烟	马铃薯	花卉	水果	中药材	蚕豆	大荚豌	麦类	油菜
播种面积/亩	47 060	54 518	46 704	14 676	17 595	12 600	11 200	1 200	49 300	12 300	21 100	8 000
调查户数/户	67	38	36	15	11	5	4	3	104	1	11	4
调查面积/亩	117.68	55.62	52.7	29.7	16.04	6.6	5.05	5	180.01	1.5	14.8	4.6
农家肥施用量/(kg/亩)	868.46	738.94	2 117.67	303.03	578.1	126.785	0	0	1 003.11	0	534.635	108.7
有机肥施用量/(kg/亩)	312.03	352.21	151.665	552.86	731.61	314.285	421.605	450	104.94	533.33	104.91	300
水溶肥施用量/(kg/亩)	1.46	0	22.21	25.4	0	0	0	0	—	0	0	—
K₂O 施用量/(kg/亩)	3.67	9.91	10.27	8.6	6.915	0	5	0	4.36	0	0.945	4.35

洱源县作物

项目	水稻	玉米	蔬菜	烤烟	马铃薯	水果	杂豆	蚕豆	大荚豌	麦类	油菜
播种面积/亩	64 664	69 444	16 297	35 731	20 244	17 994	5 870	85 710	8 230	30 733	8 843
调查户数/户	35	30	12	15	6	20	2	57	2	14	8
调查面积/亩	39.98	35.05	15.46	29.1	8.1	46.77	1.8	78.45	2.5	24.96	15.92
农家肥施用量/(kg/亩)	752.25	1 103.4	1 826.325	448.5	570.6	695.385	388.89	944.74	—	955.32	473.24
有机肥施用量/(kg/亩)	77.78	79.49	102.785	88.54	13.335	248.405	—	57.79	—	29.87	47.37
水溶肥施用量/(kg/亩)	—	—	0	0	0	0	2.593	4.54	3	7.42	—
K₂O 施用量/(kg/亩)	1.85	3.12	11.475	6.57	2.49	5.735					4.47

2. 洱海流域主要种植作物的施药量

2019 年，对洱海流域大理市 10 个镇 9 种主要农作物杀虫剂、杀菌剂、除草剂用药情况进行调查，结果表明（表 2.8）大小春作物农药使用水平有差异，大春作物农药平均亩用商品量从高到低依次是蔬菜（0.416kg/亩）、烤烟（0.344kg/亩）、花卉（0.210kg/亩）、玉米（0.195kg/亩）、水稻（0.177kg/亩）、水果（0.121kg/亩）、核桃（0.101kg/亩）、中药材（0.072kg/亩）。小春作物农药平均亩用商品量从高到低依次是马铃薯（0.366kg/亩）、油菜（0.31kg/亩）、蔬菜（0.282kg/亩）、大荚豌（0.27kg/亩）、大麦（0.225kg/亩）、蚕豆（0.204kg/亩）、花卉（0.14kg/亩）、大蒜（0.106kg/亩）、小麦（0.083kg/亩）、水果（0.031kg/亩），大春的马铃薯和小春的中药材没有施用农药。

表 2.8　2019 年洱海流域不同作物农药施用量统计表

大理市				洱源县			
	作物名称	播种面积/亩	平均亩用商品量/kg		作物名称	播种面积/亩	平均亩用商品量/kg
大春	水稻	47 060	0.177	大春	水稻	64 664	0.134
	玉米	54 518	0.195		玉米	69 444	0.298
	烤烟	14 676	0.344		马铃薯	17 687	0.467
	马铃薯	6 595	—		烤烟	35 731	0.850
	蔬菜	20 104	0.416		蔬菜	7 900	0.461
	水果	5 600	0.121		水果	8 997	0.243
	花卉	6 300	0.210		中药材	911	0.230
	中药材	600	0.072				
	核桃	0	0.101				
	作物名称	播种面积/亩	平均亩用商品量/kg		作物名称	播种面积/亩	平均亩用商品量/kg
小春	蚕豆	4 930	0.204	小春	蚕豆	85 710	0.261
	马铃薯	11 000	0.366		大麦	30 733	0.138
	蔬菜	26 600	0.282		大蒜	16 909	0.520
	大麦	18 500	0.225		油菜	8 843	0.117
	油菜	8 000	0.310		马铃薯	2 557	0.367
	花卉	6 300	0.140		蔬菜	4 797	0.570
	水果	5 600	0.031		大荚豌	3 570	0.477
	小麦	2 600	0.083		水果	15 777	0.189
	大荚豌	12 300	0.270				

2019 年，通过对洱海流域洱源县 6 个乡镇 12 种主要农作物杀虫剂、杀菌剂、除草剂用药情况进行调查，结果表明各作物平均亩用商品量为蚕豆 0.261kg/亩、大麦 0.138kg/亩、油菜 0.117kg/亩、马铃薯 0.417kg/亩（小春 0.367kg/亩，大春 0.467kg/亩）、蔬菜 0.516kg/亩（小春 0.570kg/亩，大春 0.461kg/亩）、大荚豌 0.477kg/亩、水果 0.216kg/亩（小春 0.189kg/亩，大春 0.243kg/亩）、水稻 0.134kg/亩、玉米 0.298kg/亩、中药材 0.230kg/亩。

3. 洱海流域主要种植作物的氮、磷流失负荷

农田面源污染氮、磷流失负荷根据作物种植面积、施肥强度、本底流失量和氮、磷流失系数核算，其核算公式为

$$F_N = S \times (1.112 + N \times I_N) + 1\,000 \tag{2.1}$$

$$F_P = S \times (0.037 + P \times 0.002\,8 \times I_P) \div 1\,000 \tag{2.2}$$

式中，F_N 为农田面源氮污染负荷量（t/年）；S 为种植面积；F_P 为农田面源磷污染负荷量（t/年）；1.112 和 0.037 常数项分别代表农田土壤氮、磷本底流失量（kg/亩）；I_N 为化肥氮流失系数；I_P 为化肥磷流失系数；N 和 P 分别表示氮和磷的施用量。

根据 2017 年作物播种面积，氮、磷施肥量，本底流失量和化肥氮、磷流失系数，核算洱海流域农田氮、磷流失量。核算结果表明（表 2.9），洱海流域不同作物的种植面积与农田 TN 和 TP 的流失负荷基本一致，洱海流域不同作物种植农田 TN 和 TP 流失负荷分别为 1 090.28t 和 43.89t。由于水稻的种植面积最大，其 TN 和 TP 流失负荷最大，分别为 223.26t 和 8.27t，分别占总种植面积 TN 和 TP 流失负荷的 20.48%和 18.83%。接下来是玉米的 TN 流失负荷（193.01t）和蔬菜的 TP 流失负荷（7.91t），分别占总种植面积 TN 和 TP 流失负荷的 17.70%和 18.03%。花卉的种植面积较小，仅为 5.51 万亩，TN 和 TP 的流失负荷仅为 5.51t 和 0.19t，分别占总种植面积 TN 和 TP 流失负荷的 0.51%和 0.43%。不同作物 TN 的流失负荷从大到小为水稻＞玉米＞蔬菜＞蚕豆＞大蒜＞水果＞烤烟＞其他（油菜、大麦、小麦等）＞马铃薯＞花卉。TP 的流失负荷从大到小为水稻＞蔬菜＞大蒜＞玉米＞蚕豆＞水果＞烤烟＞其他（油菜、大麦、小麦等）＞马铃薯＞花卉。

表 2.9　2017 年洱海流域不同作物农田氮、磷流失负荷

作物名称	氮流失负荷/t	占总流失负荷的比例/%	磷流失负荷/t	占总流失负荷的比例/%	化肥氮流失系数/%	化肥磷流失系数/%
蔬菜	148.87	13.65	7.91	18.03	1.500	0.850
水果	79.13	7.26	2.75	6.28	0.676	0.289
花卉	5.51	0.51	0.19	0.43	0.676	0.289
水稻	223.26	20.48	8.27	18.83	0.557	0.671
玉米	193.01	17.70	6.08	13.85	1.441	0.270
烤烟	67.05	6.15	2.66	6.06	1.441	0.270
大蒜	119.68	10.98	6.81	15.52	1.500	0.850
蚕豆	142.92	13.11	5.07	11.55	0.557	0.671
马铃薯	44.23	4.06	1.63	3.71	1.500	0.850
其他(油菜、大麦、小麦等)	66.62	6.11	2.52	5.74	0.557	0.671

注：大理州农业局统计汇总 2017 年洱海流域耕地面积为 362 132 亩，播种面积为 867 562 亩。

根据洱海流域的作物种植面积和土壤本底流失系数，核算了 2018 年洱海流域禁用化肥后不同作物的氮、磷流失负荷（表 2.10）。2018 年，洱海流域不同作物的种植面积与农田 TN 和 TP 的流失负荷一致，洱海流域不同作物种植农田 TN 和 TP 流失量分别为 795.07t 和 26.46t。不同作物 TN、TP 的流失负荷为蔬菜＞水稻＞玉米＞豆类＞烤烟＞马铃薯＞油菜＞药材。水稻、玉米、豆类、马铃薯、烤烟、药材、蔬菜、油菜的氮、磷流失负荷分别为 181.20t 和 6.03t、143.85t 和 4.79t、139.77t 和 4.65t、42.95t 和 1.43t、47.18t 和 1.57t、16.54t 和 0.55t、200.23t 和 6.66t、23.35t 和 0.78t，各作物流失负荷分别占总流失负荷的 22.79%、18.09%、17.58%、5.40%、5.93%、2.08%、25.18%、2.94%。

表 2.10　2018 年洱海流域不同作物农田氮、磷流失负荷

作物名称	流域播种面积/亩	氮流失负荷/t	磷流失负荷/t	占总流失负荷的比例/%
水稻	162 953	181.20	6.03	22.79
玉米	129 360	143.85	4.79	18.09
豆类	125 693	139.77	4.65	17.58
马铃薯	38 628	42.95	1.43	5.40

续表

作物名称	流域播种面积/亩	氮流失负荷/t	磷流失负荷/t	占总流失负荷的比例/%
烤烟	42 432	47.18	1.57	5.93
药材	14 871	16.54	0.55	2.08
蔬菜	180 062	200.23	6.66	25.18
油菜	21 000	23.35	0.78	2.94

4. 洱海流域主要种植作物的农药流失负荷

2019 年洱海流域农药使用总量为 177.01t/年，农药流失总量为 74.90kg/年（表 2.11）。不同作物的农药流失量大小依次为烤烟>玉米>蚕豆>蔬菜>水稻>马铃薯>大蒜>麦类>水果>大荚豌豆>油菜>花卉>中药材。烤烟的农药流失量最大，为 14.98kg/年，占流失总量的 20.00%；其次是玉米，农药流失量为 13.26kg/年，占流失总量的 17.70%；中药材的农药流失量最小，为 0.11kg/年，占流失总量的 0.15%。

表 2.11　2019 年洱海流域不同作物农药流失负荷

作物名称	农药总使用量/（t/年）	农药流失量/（kg/年）	占总流失量的比例/%
水稻	17.00	7.19	9.60
玉米	31.34	13.26	17.70
烤烟	35.42	14.98	20.00
马铃薯	13.22	5.59	7.46
蔬菜	22.23	9.41	12.56
水果	6.02	2.55	3.40
花卉	2.21	0.93	1.24
中药材	0.25	0.11	0.15
蚕豆	23.38	9.89	13.20
麦类	8.62	3.65	4.87
油菜	3.51	1.49	1.99
大荚豌豆	5.02	2.13	2.84
大蒜	8.79	3.72	4.97
合计	177.01	74.90	

注：农药施用量来自洱海流域大理市和洱源县种植业调查数据，农药流失系数来自大理市农业面源污染普查报告。

5. 洱海流域作物种植对洱海水质的影响

作物种植过程中化肥用量影响着洱海的水质变化，洱海富营养化指标与流域化肥总量的年际变化表明：由于种植业的快速发展，洱海流域氮肥、磷肥和复合肥呈持续的线性增长，氮肥上升幅度大于磷肥和复合肥，氮肥、磷肥和复合肥的用量在 1994～1996 年出现大幅增长，又在 2006～2008 年出现大幅增长，化肥用量的增长期和洱海水质变化期基本吻合。说明近 20 余年，洱海流域种植业的快速发展带来的化肥用量持续增加（图 2.9），对湖泊水质造成了巨大压力。

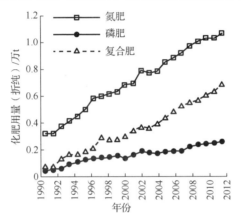

图 2.9　洱海流域化肥用量的年际变化

2.3.4　洱海流域畜牧业对湖泊水质的影响

1. 洱海流域畜禽养殖粪污产生量和流失负荷

2018 年，洱海流域的畜禽养殖中猪、牛和家禽的粪便产生量为 51.77 万 t/年（表 2.12），其中，牛的粪便量为 38.30 万 t，分别是猪和家禽粪便量的 4.2 倍和 8.9倍。尿液产生量为 41.43 万 t/年，其中，牛的尿液产生量为 19.53 万 t/年，猪的尿液产生量为 21.90 万 t/年。COD、TN 和 TP 等污染物产生总量分别为 106 752.71t/年、4 561.01t/年和 830.76t/年，牛的养殖粪污 COD 产生量分别是猪和家禽产生量的 2.5 倍和 7.4 倍，TN 产生量是猪和家禽产生量的 2.0 倍和 5.3 倍，TP 产生量是猪和家禽产生量的 1.3 倍和 10.3 倍。COD、TN 和 TP 等污染物流失总量分别为13 137.42t/年、1 214.74t/年和 97.55t/年，牛的养殖粪污 COD 排放量分别是猪和家禽排放量的 1.7 倍和 1.4 倍，TN 产生量分别是猪和家禽产生量的 2.0 倍和 13.3 倍，TP 产生量分别是猪和家禽产生量的 1.9 倍和 8.2 倍。规模化养殖占比和清粪工艺是影响畜禽粪污排放量的关键因素，在洱海流域规模化养猪量占总养殖量的 75%左右，规模化养牛量占总养殖量的 30%～40%，规模化养家禽量占总养殖量的 90%左右。因此，提高养牛和养猪的规模化养殖比例，降低农户散养的比例，改进清粪工艺，能有效减少畜禽粪污的排放量。

表 2.12 2018 年洱海流域畜禽养殖污染物产生量和流失量

种类	养殖量/（万头或万羽）	粪便量/（万 t/年）	尿液量/（万 t/年）	产生量				流失量		
				COD/（t/年）	TN/（t/年）	TP/（t/年）		COD/（t/年）	TN/（t/年）	TP/（t/年）
母猪	1.91	0.98	3.12	3 105.79	153.20	45.57		463.49	49.88	4.87
生猪	16.70	8.17	18.78	24 612.48	1 203.58	295.10		2 871.16	339.00	26.22
肉牛	1.16	5.13	3.53	9 473.67	441.22	43.10		598.25	111.09	8.56
奶牛	2.88	33.17	16.00	60 157.49	2 251.41	403.76		5 090.14	657.13	50.69
家禽	197.41	4.32	—	9 403.27	511.60	43.23		4 114.38	57.64	7.21

注：养殖量来自 2018 年末洱海流域大理市和洱源县统计数据。粪便、尿液产生量，COD、TN 和 TP 的产生量，COD、TN 和 TP 的流失量根据《第一次全国污染源普查畜禽养殖业产排污系数与排污系数手册》（简称《手册》）中西南地区的系数计算。流失量中的排污系数也来自《手册》，养殖场、养殖专业户的排污系数选择干洱海流域畜养殖的规模化率确定。牛选择养殖小区的干清粪排污系数，猪选择养殖场的干清粪排污系数，家禽选择肉鸡的干清粪排污系数，家禽选择养殖场的干清粪排污系数，羊未计算在内。

2. 洱海流域畜禽养殖对洱海水质的影响

畜禽养殖过程中粪污产生的 COD、TN 和 TP 等污染物流失，显著影响着洱海水质。2002~2014 年，洱海流域主要畜禽养殖量持续增长（表 2.13），2002~2010 年是洱海水质持续恶化的主要时期。随着洱海流域面源污染治理力度的加大，2017 年以来，洱海流域划定了畜禽养殖禁养区和限养区，禁养区内畜禽规模养殖场迁出，严格控制限养区的养殖规模，并加快奶牛养殖产业向流域外转移。在这一时期，奶价市场低迷，因此，2018 年整个洱海流域的畜禽养殖规模显著下降，特别是奶牛养殖量从 2014 年的 11.55 万头下降到 2018 年的 2.88 万头，这一时期，洱海水质也持续好转，总体水质保持在地表水Ⅱ类水质水平。

表 2.13　洱海流域主要畜禽养殖量的年际变化

年份	牛/万头	奶牛/万头	生猪/万头	羊/万只
2002	8.72	6.98	39.88	8.43
2006	11.40	7.99	42.80	7.14
2010	13.53	11.13	36.49	8.26
2014	15.33	11.55	43.40	7.43
2018	4.04	2.88	18.61	5.07

2.3.5　洱海流域土壤养分的年际变化

洱海流域 2011~2018 年土壤 pH、有机质和养分含量有一定变化（图 2.10），土壤 pH 总体呈中性，略微增加，2011 年土壤 pH 为 4.58~8.11，平均值为 6.98；2018 年土壤 pH 为 4.53~8.30，平均值为 7.10，与 2011 年相比，土壤 pH 增长了 1.72%。

土壤有机质含量呈增加趋势，2011 年土壤有机质含量为 19.72~107.14g/kg，平均值为 52.11g/kg；2018 年土壤有机质含量为 9.46~123.70g/kg，平均值为 54.53g/kg，与 2011 年相比，土壤有机质含量增长了 4.64%。

土壤 TN 含量呈增加趋势，2011 年土壤 TN 含量为 1.03~5.79g/kg，平均值为 2.68g/kg；2018 年土壤 TN 含量为 0.42~7.55g/kg，平均值为 3.22g/kg，与 2011 年相比，土壤 TN 含量增长了 20.15%。

土壤有效氮含量呈下降趋势，2011 年土壤有效氮含量为 104.51~439.49mg/kg，平均值为 223.88mg/kg；2018 年土壤有效氮含量为 49.90~452.98mg/kg，平均值为 211.03mg/kg，与 2011 年相比，土壤有效氮含量下降了 5.74%。

土壤 Olsen-P（采用碳酸氢钠浸提的方法测定的土壤有效磷）含量呈增加趋势，2011 年土壤 Olsen-P 含量为 10.73~142.21mg/kg，平均值为 45.43mg/kg；2018 年土壤 Olsen-P 含量为 1.01～145.37mg/kg，平均值为 58.28mg/kg，与 2011 年相比，土壤 Olsen-P 含量增加了 28.29%。

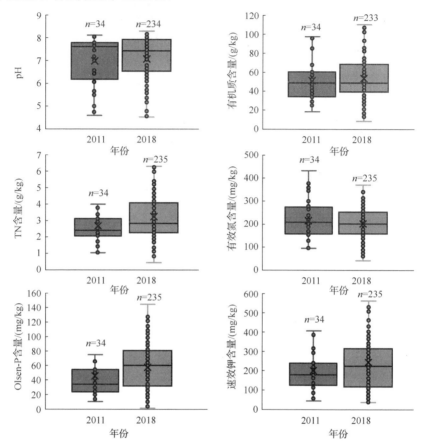

图 2.10　洱海流域 2011～2018 年土壤 pH、有机质和养分含量的年际变化

土壤速效钾含量呈增加趋势，2011 年土壤速效钾含量为 39.80～601.5mg/kg，平均值为 194.32mg/kg；2018 年土壤速效钾含量为 31.71～1 078mg/kg，平均值为 240.04mg/kg，与 2011 年相比，土壤速效钾含量增加了 23.53%。

2.3.6　洱海流域农业面源污染空间分布特征

分析 2018 年洱海流域农村生活、畜禽养殖业和种植业污染中 COD、TN、TP 的排放总负荷，结果发现，洱海北部区域是 COD、TN 和 TP 排放总负荷较大的区域，右所镇的 COD 排放负荷最高，其次是喜洲镇、上关镇、茈碧湖镇和三营镇；右所镇和三营镇的 TN 排放负荷最高，其次是上关镇、喜洲镇和茈碧湖镇；TP 排放负荷高的区域主要集中在洱源县 6 个乡镇及大理市的喜洲镇。洱海北部区域农田面积大，大量种植玉米、大蒜、露地蔬菜等资源高耗型作物，增加了农田中 TN 和 TP 的排放量。另外，该区域是传统奶牛养殖的主要区域，分散式的庭院养殖、粪污处理设施不配套，增加了畜禽养殖过程中农业面源污染物的排放量。

洱海流域 COD、TN 和 TP 排放强度高的区域重点分布在洱海北部的右所-邓川坝子及环湖区域，邓川的 COD、TN 和 TP 排放强度高，主要与人口密度大、耕地面积小有关。喜洲镇和上关镇的 TN 和 TP 排放强度高，且环湖区域污染物排放强度高于海北区域，主要与该区域特别是下关镇、挖色镇和大理镇等区域的露地蔬菜种植有关。环湖区域坡度较大，径流流速快，流程短，对污染物净化的时间短，高的污染物排放强度对洱海水质的威胁更大。

2.4　洱海流域绿色生态农业内涵和发展空间构架

2.4.1　洱海流域绿色生态农业发展的重要意义

1. 洱海流域绿色生态农业是生态文明建设的重要体现

生态文明建设纳入"五位一体"（包括经济建设、政治建设、文化建设、社会建设和生态文明建设五个方面）的中国特色社会主义事业总体布局，确定了生态文明建设的战略地位。生态文明建设上升为中华民族永续发展的千年大计。洱海流域绿色生态农业是生态文明建设的重要实践，符合生态文明建设中大力推进生态文明建设的要求，坚持节约优先、保护优先、以自然恢复为主的方针，着力推进绿色发展、循环发展、低碳发展，逐步形成节约资源和保护环境的空间格局、产业结构、生产和生活方式的要求。

2. 洱海流域绿色生态农业是乡村振兴的迫切需要

洱海流域绿色生态农业符合乡村振兴战略要求，实现乡村振兴也必须转变过去传统农业生产出现的高投入、高消耗、过度开发利用、农业资源利用结构不合理等问题，逐渐建立低投入、低消耗、资源高效利用、合理开发、避免环境污染的农业绿色生产方式。绿色生态农业是实现乡村振兴中产业振兴和生态振兴的重要支撑，为人才振兴、文化振兴和组织振兴提供坚实的物质基础。

3. 洱海流域绿色生态农业是山水林田湖草生命共同体构建的重要组成部分

农田是洱海流域人类生产、生活的重要载体，流域的绿色生态农业发展必须以农田为基础。洱海流域坝区农田是云南农业主产区和大理农业生产基地，担负着为流域居民提供绝大部分基本生活资料及为流域加工业提供基本原材料的重任。近十几年来，由于作物种植过程中资源的高投入，造成了以农田为载体的种植业在整个山水林田湖草生命系统中失衡，从而引起了水生态的恶化。绿色生态农业能很好地解决洱海流域农田生态系统的失衡问题，为流域山水林田湖草生命共同体的构建提供强力支撑。

4. 洱海流域绿色生态农业是解决农业产业发展和洱海水质保护的必由之路

绿色生态农业要求生态优先、布局合理、资源节约、稳产高值和产品优质，实现农业生产和环境保护的和谐统一。洱海流域农业发展过程中种植业水、肥、药等资源过量投入，畜牧业养殖过程中畜禽粪污等废弃物种养脱节，随意堆置浪费流失，导致种植业和养殖业引起的面源污染问题突出，成为洱海主要入湖河流水质的污染源，严重威胁着洱海的水质安全。因此，基于绿色生态农业的具体要求，发展绿色生态农业是实现流域农业产业发展和洱海水质保护的必由之路。

2.4.2　绿色生态农业定义

"生态农业"一词最早是由美国土壤学家阿尔伯韦奇（Albreche）在 1970 年提出的。生态农业被定义为体现环境、伦理和审美等方面的小规模农业系统。1981年，英国农学家沃辛顿（Worthington）描述了生态农业自适应性、低投入和高经济活力的特征。西方的生态农业是一种替代性农业，其核心思想是尝试以生态学而不是化学的方式来经营农业。"生态"指的是支配自然环境的原则和过程。西方的生态农业是在农业生产过剩和环境污染严重的背景下建立起来的；一些支持者认为，土壤和水污染实际上威胁着人类的健康和生存。

绿色生态农业是以生态学原理和经济学原理为基础，遵循整体、和谐、循环、高效的理念，充分利用传统的农耕智慧和经验，以及现代化的科学技术、装备和管理手段，建立的布局合理、资源节约、稳产高值、产品优质、环境友好的农业发展体系，能实现农业发展过程中的经济效益、环境效益、生态效益和社会效益的全面提升。

2.4.3　洱海流域绿色生态农业内涵

1. 生态优先和绿色发展

洱海流域农业产业的发展应坚持"绿水青山就是金山银山"的"两山论"，走产业生态化、生态产业化的"两化路"。依托洱海流域优良的生态底色，以生态优先和绿色发展为引领，科学布局农业绿色产业发展新模式，配套实施绿色投入品和清洁化生产新技术，加快资源节约型、环境友好型、生态保育型绿色农业生产体系的建设，强化农业生产全过程的污染控制。从洱海流域水质保护的全局和战略高度出发，把农业发展与洱海保护有机结合起来，实现农业发展与生态保护的协调统一。

2. 空间优化和重点突破

以水环境保护目标为纲领，根据区域的水环境敏感程度，优化洱海流域农业区域结构、生产结构和产品结构的空间布局，大力发展绿色高效的生态农业和种养结合的生态循环农业，建立与洱海保护相匹配的绿色生态农业发展新格局，重点解决好畜禽养殖污染和肥、药过量使用等突出问题，建成具有引领作用的示范区，建立可复制、可推广的流域"湖泊水质保护和农业产业发展双目标"的绿色生态农业成功模式，带动全流域生态农业整体发展，整体推进洱海流域的农业面源污染防治。

3. 资源节约和环境友好

资源节约是绿色生态农业的必然要求。遵循农田生态系统规律，培育节约、高效的种植模式，配套实施节水、节肥、节药技术和土壤培肥、作物秸秆综合利用，实现作物种植过程中的资源节约与高效利用。环境友好是人与自然和谐共处在绿色生态农业生产体系中的重要体现。绿色生态农业生产体系通过资源的高效利用解决了化学品高量投入造成的面源污染问题，造就了肥沃清净的农田环境，确保了优质清洁和可持续的农业生产。同时，通过清洁田园的实施，建设美丽田园，美化田园风光，使田园成为人们休闲娱乐和生态旅游的重要场所，从而实现了生产与生活、人与自然的和谐统一。

4. 稳定产量和保证品质

洱海流域坝区农田的绿色农业生产要保证产量稳定，满足流域内居民绝大部分基本生活资料的供给，以及为流域加工业提供基本原材料保障的需要，符合国家粮食安全的基本国策要求。通过绿色生态农业生产体系的构建及配套实施的绿色生产技术，解决化肥、农药过量施用造成的农产品质量安全问题，提高农产品品质。

5. 产业引领和融合发展

洱海流域绿色生态农业发展坚持产业带动，立足生态、人文、气候、旅游优势，在重点区域大力发展休闲农业、乡村旅游服务业、特色农业产业等市场前景好的农村新兴产业，探索建立融合发展新模式，打造融合发展新主体，构建利益联结新机制，稳一产、促二产、拓三产，建立农旅结合为主导的农业与二三产业交叉融合的现代产业体系，促进一二三产业融合发展。

2.4.4　洱海流域绿色生态农业发展构架

1. 构架思路

按照洱海水环境保护的需要，必须把绿色发展理念贯彻于农业发展全过程，实现农业发展与生态保护深度融合，大力发展绿色生态农业。按照区域功能目标定位和分区措施差异化策略，优化流域绿色生态农业的空间格局，促进流域农业的绿色健康发展，形成农业产业布局与其他生态空间布局合理配置、功能完善、保障措施健全的洱海流域绿色生态农业发展新格局。

2. 整体布局和措施

根据空间布局，洱海流域绿色生态农业发展重点分为海西区域、海北区域、海东区域、海南区域、邓川-右所区域和洱源区域，各个片区根据区域特点和功能，发展相应的农业产业或种植模式。

海西区域包括下关镇、大理镇、银桥镇、湾桥镇和喜洲镇。从苍山到洱海的区域范围内，按照洱海水环境保护的要求，以大丽路和大凤路为分界线，大凤路至苍山脚下为绿色生态高效农业带，大理路和大凤路中间为休闲观光生态农业带，大理路至洱海边为绿色生态种植带，距离洱海湖滨 100m 农田区域为农田缓冲带（生态廊道）。绿色生态高效农业带可种植效益高、有一定水肥投入的蔬菜、经果林、烤烟等；休闲观光生态农业带可建设休闲观光园、生态农场、田园综合体、采摘观光园，种植水稻、油菜、花卉、苗木等经济作物和有观光功能的作物；绿色生态种植带可种植水肥投入少、环境友好型的作物，如水稻、豆类、绿肥、牧草等；农田缓冲带（生态廊道）可种植具有休闲观光、涵养水源、拦截净化等作用的经果林、乔木林或草带。

海北区域包括上关镇和双廊镇，根据入湖和入河距离的远近，重点建设绿色生态高效农业带、绿色生态种植带、农田缓冲带。在上关镇和双廊镇的坝区，建设绿色生态种植带，主要种植水稻、豆类、绿肥、牧草等作物和建设稻渔共生示范基地；距离主要入湖河流和洱海湖滨100m 农田区域为农田缓冲带，种植休闲观光、涵养水源、拦截净化等经果林、乔木林或草带；其他区域为绿色生态高效农业带。

海东区域包括挖色镇和海东镇，根据入湖和入河距离的远近，重点建设绿色生态高效农业带、绿色生态种植带、农田缓冲带。特别是在山区半山区，大力发展花卉基地、经果林和中药材林下种植等农业产业。

海南区域包括凤仪镇，根据入湖和入河距离的远近，重点建设绿色生态高效农业带、绿色生态种植带，大力发展稻渔共生示范基地。

邓川-右所区域包括邓川镇和右所镇，根据入湖和入河距离的远近，重点建设绿色生态高效农业带、绿色生态种植带和农田缓冲带。坝区主要建设绿色生态种植带，距离"北三江"主要入湖河流 100m 实施农田缓冲带，坝区以上的山区半山区，可发展绿色生态高效农业带和种养结合的养殖小区、规模化养殖场，但要限制该区域的养殖规模，该区域大面积的湿地、生态塘可种植荷藕、海菜花等水生蔬菜和养殖鱼类水生动物，控制养殖数量，禁止投饵。

洱源区域包括凤羽镇、茈碧湖镇、三营镇和牛街乡。根据入湖和入河距离的远近，重点建设绿色生态高效农业带、绿色生态种植带和农田缓冲带。坝区主要实施绿色生态种植带，坝区以上的山区半山区，可发展绿色生态高效农业带和畜禽养殖种养结合的养殖小区、规模化养殖场，但要限制该区域的养殖规模。

洱海流域根据已划定的禁养区、限养区进行畜禽养殖，鼓励畜禽养殖向流域外转移，禁养区内控制好畜禽养殖规模，大力发展养殖小区、标准化养殖场，减少农户散养的比例。养殖小区和标准化养殖场鼓励实施畜禽养殖的种养结合措施，根据养殖场规模，配备一定面积的农田进行粪污消纳，农田可种植青贮玉米、牧草等作物，解决畜禽养殖的饲料问题。

2.5　洱海流域绿色生态农业农村发展意见和建议

2.5.1　洱海流域绿色生态农业农村发展中存在的问题

1. 洱海流域农业产业结构和空间布局不合理，具有环境风险

洱海流域农业生态功能区定位不够明晰，农业区域空间布局不够合理，种植业和养殖业的生产布局缺乏科学、整体的规划，农业产业结构与面源污染防治统筹不足，农户农业生产随意性较强，尚未建立起与洱海保护相适应的农业生产区域布局，农业生产造成的污染问题不容忽视。农作物以水稻、玉米、蚕豆、大麦、薯类、蔬菜、烤烟、油菜、马铃薯为主，种类多、效益低、规模化程度不高、产业链短，特色产业优势不明显，农产品价格易受市场波动冲击，农业产业结构须进一步优化。

2. 农业面源污染防治措施点多、面广，缺少系统调控

目前，洱海流域积极采取措施开展了退耕还林、退房还湖、退塘还湿的"三退三还"工作和"三禁四推"工作。但由于农业面源污染成因复杂，点多面广，治理难度大，既要关注环保，又要考虑民生，需要从全局和战略的高度统筹协调、科学规划，工程与农艺多措并举，确保农业面源污染综合防治取得较好效果。

3. 农田沟塘系统的氮、磷拦截，净化及循环利用能力不足

农田沟塘系统是农田系统的重要组成部分，承担着农田灌溉、贮存及排水的功能，在农田生产中发挥着重要的作用。随着农田水利工程的建设和发展，三面光的硬化排水系统越来越多，虽然提高了农田排灌的效率，但也丢失了农田沟塘的贮水能力和净化效率。近年来，洱海流域实施了退田还湖、退田还湿工程，修建了大量的生态塘，但很多生态塘水生植物配置较少，不合理，塘内水流动性差，生态塘净化能力弱；生态塘管理跟不上，枯萎植物打捞不及时，造成二次污染；修建的生态塘进行尾水循环利用的泵站、管道等配套设施跟不上，拦蓄的农田尾水难以循环利用。

4. 分散式传统养殖粪污环境风险高

洱海流域分散养殖率偏高,特别是奶牛分散式养殖量占总养殖量的70%以上。长期以来,分散式养殖圈舍以传统养殖圈舍(圈舍下垫面以原土、草料一体化,垫圈材料即粗饲料)为主,粪便在圈舍存储周期较长,在每年5月和10月清理养殖粪便,与农田需求紧密结合。随着社会经济、农村居民生活水平的提高,农村居民对生活环境要求也越来越高。近年来,传统圈舍向水冲洗圈舍转变的步伐也逐渐加快,养殖粪便清理频率加大,圈舍对养殖粪便的存储功能明显降低,甚至丧失储存能力,造成养殖废水的排放量增加、养殖固体废弃物随意堆置,加大了氮、磷流失的风险。

5. 农村居民区缺乏初期暴雨径流收集调控措施

农村居民区和城镇差别较大,农村居民区不仅是居民居住、娱乐等场所,还是养殖的主要场所(人均养牛0.3头,人均养猪0.45头)。农村居民区没有完善的清污分离设施,生活废水和养殖废水难以分开,村庄污水具有典型的养殖废水特征。旱季蒸发量大,大量养殖污水、生活污水中的氮、磷沉积在村庄沟渠中,被初期暴雨地表径流冲刷进入水环境。目前洱海流域所有的农村污水处理设施针对的是农村生活污水,对农村初期暴雨地表径流的收集调控措施基本处于空白。

6. 农村居民区缺乏清水产排管理机制

清水在这里指山泉水、溪水、林地地表径流等水质较好的地表水。清水是洱海补给水的主要水源,大量清水通畅入湖是保证洱海Ⅱ类水质标准的根本。近年来,大理州政府高度重视苍山十八溪和主要入湖河道的清水直接入湖问题,对其入湖通道进行多次整顿,并取得了良好效果。农村居民区是污染负荷高产区,氮、磷产生源强是其他土地利用类型的数十倍。洱海流域农村居民区缺乏清水排放管理,很多村庄清水直接穿村而过,造成清水被污染问题。

7. 农业产业化程度有待深化

洱海流域农业产业化经尚处于起步阶段,产前、产中、产后连接不够紧密,农业龙头企业带动力不够强、新型经营主体实力较弱、产业分散、规模小,一二三产融合不够。农产品加工程度低,产业融合链短,产业链不完整,水稻、豆类、蔬菜等优势农产品主要以初级产品形式销售,尚未形成区域特色的农业主导产品和支柱产业,农产品附加值低。牛奶是流域比较完整的特色产业,但受近年来奶价较低和洱海保护的需要,流域内的奶源供应不足,限制了牛奶产业的发展。当地旅游资源十分丰富,但是农业休闲观光功能挖掘不够,与全市丰富的文化传承、民俗特色、人文历史融合不足,缺乏差异化竞争和深度开发。

2.5.2 洱海流域绿色生态农业农村发展的意见和建议

1. 优化流域农业生产区域布局和产业结构调整

根据洱海流域各个区域特点和功能定位，发展相应的农业产业和种植模式，着力减少污染物负荷。

一是扩大水稻、玉米、蚕豆、油菜等低耗作物的种植面积，稳定蔬菜等需肥用药较高的作物面积，优先发展需肥用药少、效益高的苗木、花卉、水果、烤烟等高效作物面积。根据区域功能定位，大力建设绿色稻米、绿色蔬菜、烤烟种植基地和稻渔综合种养示范基地，特别是环洱海区域，大力发展休闲观光园、采摘观光园、生态农场等以水果、花卉、观光旅游等为一体的休闲观光农业。二是坚持以规模化、生态化为目标，调整养殖结构。流域内限制畜禽养殖的总体规模，划定限养区和禁养区范围。禁养区内禁止规模化畜禽养殖，限养区内限制畜禽养殖数量，转变畜牧业发展，加快转型升级，重点发展养殖小区、养殖场、养殖专业合作社和养殖大户，开展种养结合，发展粮改饲，促进粮食、经济作物、饲草料三元种植结构协调。采用一定的政策支持和资金补助方式，鼓励畜禽养殖向流域外转移。

2. 转变经营方式，推动农业适度规模经营

逐步转变家庭分散经营模式，打破现有土地田块零散、路埂沟渠凌乱无序、难以机械化作业的格局，统一进行农田标准化整理改造，健全、完善农田排灌体系与农田道路系统，使之符合机械化作业要求，优化配置农田生态沟塘系统、农田生态廊道与缓冲带，完善农田的生产和生态功能。加快发展现代农业庄园、家庭农场、农民专业合作社、种养大户、新型职业农民等新型经营主体，进行规模化农业种植。

逐步转变人畜混居家庭散养模式，推进人畜分离，畜禽出村，有效改善农民居住环境和村容村貌；科学选址，异地重建标准化畜禽养殖场、养殖小区，配套建设粪便污水贮存、处理、利用设施，促进畜禽养殖污染减排；农民以奶牛入股、托管、加入合作社等多种形式参与监督。

3. 水肥药减量施用，从源头控制面源污染

大力发展节水农业，结合农作物结构调整，实施节水灌溉工程，大力推广滴灌、膜下滴灌、中心支轴式喷灌、平移式喷灌、微喷灌等节水灌溉技术，减少化肥农药由于漫灌、沟灌、冲灌等带来地表径流而造成水体污染的问题。结合生态沟塘的系统布局，科学规划设计农田尾水回用系统，农田灌溉尾水用于再次灌溉，实现循环利用。

按照"控、调、改、替"的路径，控制肥料投入数量，调整肥料使用结构，改进施肥方式，推进有机肥部分替代化肥行动。大力推广测土配方施肥，推广适用施肥设备，改表施、撒施为机械深施、水肥一体化、叶面喷施等精准施肥方式，促进有机养分资源的合理利用，提升耕地基础地力。

大力推广绿色防控技术，控制病虫害的发生危害，推广生物防治、轮作换茬等技术；用高效低毒低残留农药替代高毒高残留农药；用大中型高效药械替代小型跑冒漏落后低效药械，推行对症适时适量的精准科学施药，推行病虫害统防统治；建立高毒农药可追溯体系，完善农药使用追溯体系，开展低毒农药示范补贴试点。

4. 控制流域畜禽养殖总量，发展规模养殖，粪污科学处理

按照总量控制、只增不减的原则，全面关停禁养区规模化养殖场，促进畜禽养殖逐步向周边县份转移、环洱海坝区畜禽养殖逐步向山区和半山区转移、分散式养殖向规模养殖场和专业示范村转移。控制和减少农户分散饲养规模，严格畜禽粪便和排污管理。对限养区规模化养殖场重点配套完善废水收集储存利用设施，建设输送管道，推进种养结合，发展种养结合型生态农业。继续开展畜禽粪便集中收集，资源化利用。无法配套农田消纳粪污的养殖散户，通过建设污水收集处理设施，而后统一进入村落污水收集管网。

5. 作物秸秆、河湖塘水生植物等废弃物资源化利用

秸秆等废弃物资源的综合利用方式主要有饲料化、肥料化、燃料化。洱海流域作物秸秆、尾菜等农业废弃物产生量大，每年生态塘和洱海中打捞的枯萎水生植物量也很大，但是近年来蔬菜尾菜、烟秆和打捞的水生植物被随意丢弃，堆放在田间地头、房前屋后、河湖塘岸边，甚至出现露天焚烧，造成的环境污染问题日益突出。因此，洱海流域要继续推进农作物饲料化、肥料化、燃料化利用，提高秸秆综合利用率。对蔬菜生产的尾菜，要建立尾菜收集储运站，新建或利用现有的有机肥生产设施，以秸秆、尾菜、水生植物等农作物秸秆为原料生产有机肥。对产生的烟秆，要建立烟秆收储运体系，采用热解炭技术，建设生物炭生产工程，以烟秆为原料生产生物炭，生物炭作为高值化能源和肥料。建立田间废弃物收集池，开展农膜等废弃物回收利用工作。

6. 完善村落污水收集管网建设，实施雨污分流，建设清水分流通道，多途径利用再生水

进一步完善环湖截污工程，沿河、沿湖村落污水并入城镇污水管网，集中处理污水跑冒漏和污水溢流问题，全面排查网管错接、漏接、破损、堵塞等问题，全面提高城镇污水处理厂管网收集率。偏远地区村落建设生态型污水设施，加强

村落连片综合整治，减少入湖污染负荷。加快推进农村的雨污分流工程改造，减少村落污水的产生量，提高污水处理效率。大力推进城市污水的再生和回用，同步减排和节约水资源，工业园区、高耗水行业、城镇景观绿化、道路冲洒等优先利用再生水。以苍山十八溪和"北三江"为重点，严控主要河流经过村庄时清水变污水的现象，构建主要入湖河流生态屏障，确保清水入湖量。

7. 构建流域内完善的社会化服务体系

要进一步完善农业生产社会化服务体系，以完善服务内容、提高服务能力为目标，以提供生态农业发展和农业面源污染防治的全程社会化服务为重点，建立以政府公共机制为主导，以农民合作经济组织为主体，以农业产业化龙头企业和其他社会力量为补充，公益性服务和经营性服务相结合，服务范围逐步向种植、养殖、加工一体化生产发展，建立产前、产中、产后一条龙服务的农业生产社会化服务体系。

第3章 滇池流域绿色生态农业农村发展模式研究

滇池是云南最大的淡水湖、全国第六大淡水湖，有着重要的地理位置。然而，由于社会人文环境的意识薄弱与近代工业的污染，滇池已经变为世界上富营养化最严重的三个湖泊之一，显著特征之一就是藻类水华暴发。在整个滇池污染环境体系中，农业面源污染占了很大比例，因此开展农业生产方式、土壤地质条件、水质水体环境的全面系统的调查评价，摸清滇池流域的生态覆盖、产业配套、农业农村自然条件状况及农业生产发展对水体生态的影响很有必要，从而为构建绿色生态农业发展模式和绿色经济发展体系提供依据，促进在保护好滇池水环境的基础上，推进高原特色农业农村的高质量发展。

3.1 滇池流域自然生态情况

3.1.1 地理位置

滇池流域位于云贵高原，地处亚热带季风气候区，雨季旱季分明，而且大多数降雨主要分布在 5~10 月。地理坐标为 102°29′~103°01′E，24°29′~25°28′N，流域呈南北向分布，地处长江、红河、珠江三大水系分水岭地带，属金沙江水系。流域面积 2 929km²，南北长而东西窄，以滇池湖体为中心，形成由滇池水域、湖滨平原、山前台地、中山山地逐级抬升和独具特色的不对称阶梯状同心椭圆高原盆地地貌格局。滇池流域山地和丘陵面积达到 2 030km²，湖滨平原面积 590km²，湖水面积 309.5km²，山地、平原、水面面积比为 7：2：1。流域内土地类型以林地为主，面积为 991.9km²，占整个流域面积的 34%，主要分布在松华坝水源保护区范围内；耕地面积为 636.4km²，占流域土地总面积的 22%，主要分布在滇池盆地、嵩明县的白邑坝子内海拔 2 300m 以下的中山、丘陵地带。流域内面山地带可以分为 12 个小流域分区（柴河水库流域、小河流域、甸尾河流域、松花坝水库流域、宝象河水库流域、果林水库流域、洛龙河上游流域、横冲水库流域、松茂水库流域、大河水库流域、双龙水库流域、西山散流）。目前滇池流域涉及 7 个行政县区、44 个乡镇及街道办事处、338 个村委会及居委会、1 321 个自然村。

3.1.2　水文条件

滇池属构造断陷湖泊，湖体狭长，略呈弓形，南北长 40.2km，东西宽 12.5km，湖岸线长 163km。集水面积大于 $100km^2$ 的入湖河流有 7 条，分别是盘龙江、宝象河、洛龙河、捞鱼河、晋宁大河、柴河、东大河。滇池正常高水位为 1 887.5m，平均水深 5.3m，湖面面积为 $309.5km^2$，湖岸线长 163km，湖容为 15.6 亿 m^3，多年平均入湖径流量为 9.7 亿 m^3，多年地下水补给量为 2.35 亿 m^3，湖面蒸发量为 4.4 亿 m^3。滇池分为外海和草海，由人工闸分隔，外海为滇池的主体，面积约占全湖的 96.7%，草海位于外海北部。外海正常高水位为 1 887.50m，平均水深 5.3m，湖面面积为 $298.7km^2$，湖岸线长 140km，湖容为 15.35 亿 m^3，注入外海的主要河流有 28 条，多年平均入湖径流量为 9.03 亿 m^3，湖面蒸发量为 4.26 亿 m^3；草海正常高水位为 1 886.80m，平均水深 2.3m，湖面面积为 $10.8km^2$，湖岸线长 23km，湖容为 0.25 亿 m^3，注入草海的主要河流有 7 条，多年平均入湖径流量为 0.67 亿 m^3，湖面蒸发量为 0.14 亿 m^3。滇池水经外海西南端海口中滩闸和草海西北端西园隧道两个人工控制出口，经螳螂川、普渡河流入金沙江。

3.1.3　植被条件

滇池流域森林植被区系属亚热带半湿润常绿阔叶林带，可划分为温凉性针叶林、温暖性阔叶林、温热性河谷灌丛、滇中高原湖泊水生植物 4 种类型，现有 167 个科、900 多种植物，以云南松、油杉、华山松、栎等大型乔木为主要树种。滇池流域暖性常绿阔叶林常与亚热带暖性针叶林构成不大稳定的混交林，亚热带暖性常绿阔叶林分布在滇池流域海拔 1 885～2 500m 的范围。经过多年的绿化造林，滇池流域森林覆盖率从 2012 年的 45.05%逐年增加到 2019 年的 49.56%，是全国平均水平（21.63%）的 2.3 倍。植被类型主要以亚热带常绿阔叶林、云南松及华山松为主，截至 2018 年，滇池北部、南部和西部的面山造林面积增加，补植和幼林抚育超过 2 万亩。

流域内作物宜种性广，农作物种植区海拔一般为 1 900～2 000m，绝大部分村落及耕地分布在山间小盆地及河道两旁。据水利部门统计，流域内农业区水土流失面积为 $453.6km^2$，占总面积的 36.8%。其中，轻度流失面积为 $188.0km^2$，占流失面积的 41.5%；中度流失面积为 $67.6km^2$，占流失面积的 14.9%；强度流失面积为 $198.0km^2$，占流失面积的 43.6%，平均侵蚀模数为 2 890t/（km^2·年），农业种植区属滇池流域水土流失较为严重的区域。通过提升滇池水质、修复滇池生态环境，滇池流域水生态环境大幅改善，动植物数量、种类都有了较大幅度的提升。截至 2019 年，滇池流域植物物种比 2014 年增加了 49 种，苦草、轮藻、海菜花等植物群落重新出现。

3.1.4　气候条件

从气候区划的角度看，滇池流域的气候，水平分布为中亚热带半湿润季风气候，垂直分布包括中亚热带、北亚热带、暖温带。流域大部属低纬北亚热带高原季风气候，冬无严寒、夏无酷暑、四季如春、干湿分明，有着得天独厚的地理优势。全年主导风向为西南风，气温日差较大，年差较小。年平均气温为15.7℃，年平均降水量为907.1mm，年平均相对湿度为74%，年日照时数为2 316h，年平均风速为3.5m/s，年合计蒸发量为1 633.9mm，全年无霜期为313d，曾经是昆明市花卉蔬菜主产区。据相关研究（吕亚光 等，2016）结果显示，滇池流域年降水量总体呈下降趋势，但与季节变化并不一致。春季和冬季的降水量呈增加趋势，夏季和秋季的降水呈减少趋势；滇池流域的年平均气温、最高气温和最低气温均呈明显的上升趋势，其中最低气温增温幅度远高于年平均气温和最高气温。在季节变化中，冬季增温的幅度最大，春季最小。

3.1.5　水体水质条件

滇池流域自20世纪80年代末开始，由于城市和工农业生产的快速发展，流域周边区域工农业废水、生活污水向滇池大量排放，氮、磷污染物不断在滇池中积累，造成了滇池水体严重富营养化，如今滇池水体明显浑浊，已被严重污染，主要表现为两个方面：一是水质恶化，滇池水的色度增加并表现为浑浊，水中的污染物质浓度不断升高，且氮、磷浓度严重超标，溶解氧浓度不断下降；二是物种贫化，典型表现为滇池维管植物物种数减少了近60%，现仅余12科、20个种，大型水生植物的覆盖面积由80%降为不足5%。

从滇池水质的多年监测结果（表3.1）可以看出，1980年COD_{Mn}、TN、TP 3项水质指标，草海分别为7.08mg/L、2.91mg/L 和0.14mg/L，外海分别为5.12mg/L、0.65mg/L 和0.032mg/L，草海水质为Ⅴ类，外海水质为Ⅲ类，水体透明度为1.4m。1990年，草海的COD_{Mn}为13.32mg/L、TN为4.14mg/L、TP为0.50mg/L，水体透明度为0.52m，水质为劣Ⅴ类；外海的COD_{Mn}为6.33mg/L、TN为1.08mg/L、TP为0.08mg/L，水体透明度为0.68m，水质为Ⅳ类。2000年，草海的COD_{Mn}为16.59mg/L、TN为12.36mg/L、TP为1.16mg/L，水体透明度为0.44m，水质为劣Ⅴ类；外海的COD_{Mn}为9.30mg/L、TN为2.19mg/L、TP为0.27mg/L，水体透明度为0.49m，水质为Ⅴ类。自1980年以来外海水质平均每10年下降一个水质等级。按1980年入湖污染物量推算，COD_{Mn}为10 850t、TN为2 660t、TP为290t；1990年COD_{Mn}为20 877t、TN为4 703t、TP为456t；2000年COD_{Mn}为43 960t、TN为10 940t、TP为1 320t；2010年COD_{Mn}为50 105t、TN为12 588t、TP为1 467t；2000年入湖污染物COD_{Mn}、TN、TP分别为1980年的4.05倍、4.11倍和4.55倍；

2010 年入湖污染物 COD_{Mn}、TN、TP 分别为 1980 年的 4.62 倍、4.73 倍和 5.06 倍。滇池外海和草海的 COD_{Mn}、TP、TN 浓度自 20 世纪 80 年代以来一直呈上升趋势，到 2005 年达到最高，2010 年有所下降；透明度则越来越小，2005 年达最小值，2010 年有所恢复。总体来说，滇池水质自 20 世纪 80 年代以来一直不断恶化，一直到 2011 年滇池的污染情况才得到一定程度的遏制，水质逐步趋于好转。

表 3.1　1980～2017 年滇池水质监测统计表

年份	COD_{Mn}/（mg/L）		TN/（mg/L）		TP/（mg/L）		叶绿素 a/（mg/m³）		透明度/m	
	草海	外海	草海	外海	草海	外海	草海	外海	草海	外海
1980	7.08	5.12	2.91	0.65	0.14	0.032	—	—	—	1.4
1985	8.32	5.87	3.25	0.98	0.41	0.064	73.9	15.5	0.62	0.70
1990	13.32	6.33	4.14	1.08	0.50	0.08	98.9	31.5	0.52	0.68
1995	15.98	8.47	5.43	1.65	0.58	0.16	91.1	25.0	0.51	0.54
2000	16.59	9.30	12.36	2.19	1.16	0.27	148.0	164.2	0.44	0.49
2005	19.86	11.06	13.94	2.68	1.28	0.33	219.2	261.2	0.25	0.29
2010	18.25	10.60	12.89	2.52	1.17	0.30	196.1	197.6	0.31	0.33
2011	10.23	12.51	6.11	2.804	0.23	0.17	105.0	71.0	0.809	0.478
2012	8.47	12.62	6.292	1.957	0.201	0.18	115.0	88.0	0.679	0.407
2013	8.96	11.4	4.441	2.16	0.27	0.153	83.0	72.0	0.657	0.429
2014	9.84	9.63	4.72	1.92	0.21	0.13	171.0	58.0	0.457	0.491
2015	7.10	7.35	5.09	1.84	0.18	0.11	118.0	50.0	0.493	0.466
2016	4.41	5.37	3.42	1.83	0.14	0.09	85.0	64.0	0.576	0.399
2017	5.4	6.8	3.595	1.956	0.151	0.134	108.0	85.0	0.759	0.386

2019 年，滇池全湖水质为 Ⅳ 类，营养状态为轻度富营养。其中，草海全年平均水质类别为 Ⅳ 类，主要指标中的 COD 年均浓度为 13.13mg/L，TN 年均浓度为 2.53mg/L，TP 年均浓度为 0.08mg/L，氨氮（ammonia nitrogen，NH_4^+）年均浓度为 0.22mg/L；外海全年平均水质类别为 Ⅴ 类，主要指标中 COD 年均浓度为 32.04mg/L，TN 年均浓度为 0.95mg/L，TP 年均浓度为 0.07mg/L，氨氮年均浓度为 0.13mg/L。从近 5 年滇池湖体水质变化看，主要指标 COD、氨氮、TP 呈改善趋势。滇池外海 COD 呈波动变化，2018 年最优，达到 Ⅳ 类水标准；滇池草海 COD 逐年改善，2016 年以来，COD 优于 Ⅳ 类水标准；滇池草海和外海氨氮均优于 Ⅳ 类水标准；滇池草海和外海 TP 呈波动改善趋势，2018 年、2019 年优于 Ⅳ 类水标准。

对 31 条主要入滇河流断面污染情况监测（表 3.2）结果显示，河流断面监测平均值为 TN 7.90mg/L、氨氮 3.71mg/L、TP 0.40mg/L、COD 24.77mg/L，各入滇河流水质基本为Ⅲ、Ⅴ类，且绝大部分为Ⅴ类。入滇河流由于分布区域广，流域区域类型复杂，生产、生活情况多样化等原因，面源污染物的排放量差异明显，跨度范围大，其中 TN 为 1.00～38.02mg/L，氨氮为 0.21～33.72mg/L，TP 为 0.04～2.88mg/L，COD 为 7.11～105.78mg/L。总的来看，各入滇河流均存在不同程度的污染，污染程度由流经区域的自然和生产特点所决定，污染成因复杂多样，且受季节影响较大。

表 3.2　各入滇河流断面污染情况监测

入滇河流	TN/（mg/L）	氨氮/（mg/L）	TP/（mg/L）	COD/（mg/L）
白鱼河	4.56	0.74	0.13	15.33
宝象河	4.92	1.81	0.23	15.50
采莲河	5.26	2.80	0.31	21.93
船房河	4.78	0.50	0.06	20.10
茨巷河	3.87	0.68	0.11	13.67
大观河	2.53	0.89	0.11	10.63
大清河	7.91	0.71	0.21	19.11
东大河	2.22	0.88	0.11	21.56
古城河	2.49	0.21	0.25	8.33
广普大沟	38.02	33.72	2.88	105.78
海河	21.13	17.67	1.86	47.56
护城河	8.53	1.40	0.48	24.67
金家河	2.23	0.36	0.18	12.78
金汁河	9.33	2.78	0.79	23.67
捞鱼河	3.39	1.16	0.14	20.47
老宝象河	5.81	1.17	0.24	19.63
冷水河	1.81	0.30	0.04	7.11
梁王河	9.52	0.62	0.07	11.93
洛龙河	2.54	0.66	0.08	10.17
马料河	5.15	0.43	0.18	24.93

续表

入滇河流	TN/（mg/L）	氨氮/（mg/L）	TP/（mg/L）	COD/（mg/L）
马溺河	6.46	0.59	0.16	21.75
牧羊河	1.00	0.29	0.04	7.33
南冲河	10.04	1.05	0.35	32.92
盘龙江	2.27	0.36	0.08	13.19
王家堆渠	24.36	12.55	0.69	28.33
乌龙河	14.50	4.96	0.20	21.33
西坝河	2.75	0.59	0.11	12.88
虾坝河	2.77	1.62	0.24	35.38
小清河	3.81	1.06	0.13	25.33
姚安河	20.35	18.01	1.46	75.22
正大河	2.80	0.78	0.16	15.45
均值	7.65	3.59	0.39	24.00

2019 年的监测结果显示，35 条入湖河道中，水质达到或优于Ⅲ类的有 17 条：枧槽河、西坝河、金家河、船房河、马料河、大观河、新宝象河、洛龙河、盘龙江、金汁河、茨巷河、古城河、王家堆渠、老运粮河、柴河、冷水河、牧羊河；水质类别为Ⅳ类的有 14 条：采莲河、乌龙河、新运粮河、白鱼河、东大河、中河、南冲河、捞鱼河、大清河、海河、小清河、虾坝河、老宝象河、淤泥河；水质类别为劣Ⅴ类的 2 条：姚安河和广普大沟；断流的有 2 条：五甲宝象河和六甲宝象河。与 2015 年相比，达到Ⅲ类及以上水质的河流从 5 条增加到 17 条，提高了 34.3 个百分点。

2020 年 9 月，对滇池流域农地土壤、湖边水体进行取样及样品理化分析检测，得到的数据见表 3.3。通过初步分析，滇池经过长期综合的水体污染治理、流域周边生产、生活的有效治理、农业生产的农田管理水平提升、农耕地合理科学化的使用、投入品的安全监管等，水体水质有了明显的改善。

表 3.3　2020 年滇池流域水体取样点检测表

样品	海拔/m	经度	纬度	TN/（mg/L）	TP/（mg/L）	COD/（mg/L）
1	1 917.8	102°40′35.90″	24°39′21.30″	24.10	0.13	2.45
2	1 920.8	102°40′02.70″	24°39′11.10″	13.30	0.27	15.90
3	1 911.7	102°40′17.60″	24°38′58.10″	77.10	1.31	69.60
4	1 910.8	102°40′34.60″	24°39′15.90″	29.80	0.06	8.57

续表

样品	海拔/m	经度	纬度	TN/（mg/L）	TP/（mg/L）	COD/（mg/L）
5	1 906.1	102°41′45.90″	24°38′51.40″	35.20	0.67	15.50
6	1 916.1	102°4′07.60″	24°37′27.30″	72.80	0.20	8.98
7	1 920.4	102°36′03.70″	24°36′43.70″	37.40	0.93	9.79
8	1 888.1	102°42′10.20″	24°41′22.90″	41.20	0.05	8.57
9	1 890.6	102°41′48.10″	24°42′00.30″	3.60	1.38	26.10
10	1 888.7	102°41′00.00″	24°42′31.90″	33.30	0.30	20.40
11	1 887.4	102°42′05.60″	24°43′18.30″	115.00	0.06	21.20
12	1 895.8	102°44′08.50″	24°43′37.00″	8.31	0.96	23.70
13	1 895.8	102°44′02.70″	24°41′54.50″	14.80	0.02	9.49
14	1 891.7	102°43′09.00″	24°45′49.20″	6.64	0.02	7.38
15	1 885.4	102°43′04.80″	24°44′41.80″	8.80	0.02	9.91
16	1 892.7	102°45′26.00″	24°44′52.10″	35.00	0.02	4.85
17	1 907.7	102°45′52.40″	24°46′15.70″	165.00	0.02	3.16
18	1 915.6	102°46′12.90″	24°45′51.70″	9.58	0.02	6.96
19	1 908.5	102°47′11.50″	24°45′58.60″	18.70	0.37	18.80
20	1 930.6	102°47′41.60″	24°44′45.10″	13.40	0.008	1.48
21	1 902.1	102°46′30.90″	24°47′52.90″	3.31	0.09	4.85
22	1 917.5	102°48′06.90″	24°48′21.20″	31.90	0.03	6.53
23	1 895.2	102°46′57.00″	24°50′16.03″	84.10	0.01	5.27
24	1 907.8	102°48′23.70″	24°50′05.90″	69.50	0.12	7.38
25	1 890.3	102°47′45.30″	24°52′43.50″	56.40	0.20	20.00
26	1 885.8	102°45′26.70″	24°55′37.30″	7.52	0.05	7.38
27	1 892.5	102°39′o7.66″	24°52′54.90″	42.00	0.05	9.06
28	1 860	102°39′38.26″	24°49′56.81″	1.22	0.07	23.40
29	1 896	102°36′30.11″	24°47′09.82″	9.68	0.01	3.16
30	1 856.16	102°35′37.55″	24°46′57.83″	101.00	0.15	6.53
31	1 890	102°35′59.02″	24°44′42.89″	91.80	0.33	4.01
32	1 863.16	102°36′31.74″	24°43′26.33″	2.84	0.06	11.60
33	1 866.42	102°35′24.67″	24°40′56.00″	25.20	0.01	5.69
34	1 859.72	102°40′15.66″	21°40′15.66″	4.68	0.01	11.60

续表

样品	海拔/m	经度	纬度	TN/（mg/L）	TP/（mg/L）	COD/（mg/L）
35	1 863.79	102°35′35.97″	24°38′32.38″	11.90	1.68	7.38
36	1 872.95	102°35′12.13″	24°37′34.58″	40.80	5.70	4.01

3.1.6　土壤条件

滇池流域土壤母质呈多样化，流域农业区地质构造较为复杂，地处亚欧板块和印度板块碰撞带边缘，扬子板块西部。各地质时代基岩出露齐全、层次清晰，生物化石丰富，区内有目前世界上已知的唯一标准地质剖面——中国震旦系—寒武系梅树村剖面，以及中国闻名的夕阳中华双嵴龙化石。区内出露地层有元古界昆阳群、震旦系下统、古生代寒武系下统筇竹寺组、中生代三叠系上统一平浪群、侏罗系及白垩系、新生界古近—新近系及第四系冲积湖积层。滇池流域农业区内矿藏资源丰富，种类较多，分布广泛，尤其磷矿石居多，故有磷都之称。除磷矿外，其他种类的矿产还有铁矿、锰矿、铜矿、铅矿、锌矿、铝土矿、黏土、煤炭、石英砂、石灰岩、白云岩。现已探明磷矿储量 8.4 亿 t，主要分为两个矿带，即西北翼的昆阳磷矿带和东南翼的晋宁磷矿带，占滇池地区总储量的 18.3%；铁矿 760 万 t、硅矿 375 万 t、铅矿 260 万 t、大理石 450 万 m³、石灰石矿约 7 亿 t，沿滇池一带还有丰富的地下草煤。

滇池流域土壤类型复杂多样，主要有红壤、黄棕壤、紫色土、冲积土、石灰岩土、水稻土 6 个土壤类型，9 个亚类、16 个土属、27 个土种。滇池流域地带性土壤为红壤。在地带性土壤的基础上，受气候、植被垂直分布的影响形成棕壤、黄棕壤、红壤的垂直分布；受沉积基底的影响形成紫色土、冲积土、沼泽土的非地带性分布；长期人工水耕熟化形成了大面积的水稻土。滇池流域总面积为 2 920km²，除去滇池水面、河流、道路、石山裸岩、工矿居民用地，土壤面积约为 2 092km²。其中，红壤主要分布于海拔 1 600～2 100m 的地区，占滇池流域农业区土壤面积的 82.6%；紫色土分布于海拔 1 346～2 000m 的沟谷，多与红壤交错分布，土层不厚，占滇池流域农业区土壤面积的 5.9%；水稻土主要分布在平坝区，占滇池流域农业区土壤面积的 11.0%。

根据近年来在滇池流域范围内土样的分析化验结果显示：耕地土壤中 34.9% 为酸性土壤，59.6% 为中性土壤，5.5% 为碱性土壤。根据土壤分析样本量估计，土壤 pH 为 3.5～4.5 的占 5.8%（以花卉为主），pH 为 6.5～7.5 的占 59.5%（其中 pH 为 6.5～7.0 的占 35.4%，pH 为 7.0～7.5 的占 24.1%）。耕地的有机质含量比较丰富；土壤有机质含量为 1%～2% 的占 5.2%，2%～3% 的占 28.5%，3%～4% 的占

45.6%，4%～5%的占 13.4%，5%～6%的占 4.7%，6%以上的占 2.6%。耕地土壤养分有机质全部在四级以上，其中，四级占 5.2%，三级占 28.5%，二级占 45.6%，一级占 20.7%；土壤 TN 含量总体较高。按昆明市耕地土壤养分分级标准，耕地土壤养分 TN 六级占 0.9%，五级占 0.6%，四级占 1.5%，三级占 15.1%，二级占 37.2%，一级占 44.7%；滇池流域农业区耕地 TN 含量在 0.25%以上的占 13.4%。土壤速效氮含量丰富，67.5%的耕地速效氮含量在二级以上，全部耕地速效氮含量在五级以上，其中五级占 1.2%，四级占 7.8%，三级占 23.5%，二级占 30.9%，一级占 36.6%；滇池流域农业区耕地速效氮含量在 200mg/kg 以上的占 11.6%。耕地速效磷含量丰富；74.1%的耕地速效磷含量在二级以上。土壤速效钾含量总体较高，其中，耕地土壤养分速效钾六级占 0.6%，五级占 2.9%，四级占 50.9%，三级占 11%，二级占 9.9%，一级占 24.7%；滇池流域农业区耕地速效钾含量在 300mg/kg 以上的占 10.5%。表 3.4 为滇池流域各县区土壤养分情况调查统计平均值，数据显示，各县区土壤养分含量都较高，土壤 TN 含量相对较高的有五华区、西山区和呈贡区，有效磷含量相对较高的为西山区和呈贡区。

表 3.4　滇池流域各县区土壤养分情况调查统计平均值

县（区）	pH	有机质/（g/kg）	TN/（g/kg）	有效磷/（mg/kg）	速效钾/（mg/kg）
盘龙区	6.18	42.83	1.91	33.95	237.09
五华区	6.42	39.67	2.00	38.17	269.43
西山区	6.69	46.54	2.59	58.86	189.42
官渡区	6.01	35.29	1.86	36.23	198.95
呈贡区	6.23	35.69	2.08	78.91	280.71
晋宁区	6.15	32.10	1.98	39.43	191.12
嵩明县	6.06	35.03	1.70	37.32	179.87

对 2020 年 9 月滇池流域农耕地采样点土壤理化检测结果（表 3.5）初步分析发现，滇池流域周边农业生产及产业化强度较大，由于强有力的流域农业生产管控、监管及有机肥替代技术、湿地防控技术、绿色植保技术、资源高效利用新品种推广、农化投入品减量技术、工厂化生产等农业技术的应用，加之农业生产经营主体和广大种植户环境保护、耕地保护意识的提高，耕地利用得到进一步有效的保护。与多年的土壤理化性状指标相比，土壤农业理化性状 pH、有机质、TN、有效磷等指标值表现总体稳定。

表 3.5　2020 年滇池流域农耕地采样点土壤理化检测结果

样品	海拔/m	种植作物	经度	纬度	土壤类型	pH	有机质/(g/kg)	TN/(g/kg)	水解性氮/(mg/kg)	TP/(g/kg)	有效磷/(g/kg)	硝氮/(g/kg)	氨氮/(g/kg)	鲜样水分/%
1	1 921	玫瑰花	102°40'03.30"	24°39'11.60"	水稻土	6.80	28.10	1.83	131.00	4.33	166.40	23.52	7.04	21.80
2	1 922	玫瑰花	102°40'03.30"	24°39'11.60"	水稻土	6.80	11.00	0.86	51.00	3.05	42.30	14.41	4.57	19.90
3	1 923	玫瑰花	102°40'03.30"	24°37'27.30"	水稻土	6.70	9.37	0.60	6.00	0.84	86.00	11.03	5.54	21.29
4	19 161	玉米	102°41'07.60"	24°37'27.30"	红壤	7.40	28.10	1.98	132.00	4.84	79.00	20.45	5.81	22.30
5	1 917.1	玉米	102°41'07.60"	24°37'27.30"	红壤	7.40	23.70	1.51	101.00	4.51	67.80	22.81	6.36	23.51
6	1 918.1	玉米	102°41'07.60"	24°37'27.30"	红壤	7.70	242.00	1.57	103.00	5.44	8.40	20.50	8.12	23.12
7	1 890.3	玉米	102°41'42.50"	24°42'44.70"	红壤	8.00	18.20	1.86	127.00	2.21	50.60	23.90	5.45	22.75
8	1 891.3	玉米	102°41'42.50"	24°42'44.70"	红壤	8.20	9.36	1.16	75.00	1.70	15.40	12.13	4.61	25.03
9	1 892.3	玉米	102°41'42.50"	24°42'44.70"	红壤	83.00	31.10	0.65	31.00	1.40	12.80	9.97	4.49	23.27
10	1 884.1	菜	102°44'02.30"	24°44'31.40"	红壤	83.00	18.20	2.03	135.00	2.28	103.10	22.75	4.95	23.83
11	1 885.1	菜	102°44'02.30"	24°44'31.40"	红壤	82.00	10.50	1.20	82.00	1.35	16.80	12.12	7.60	25.13
12	1 886.1	菜	102°44'02.30"	24°44'31.40"	红壤	83.00	38.50	0.75	42.00	1.25	15.80	8.51	5.84	21.82
13	1 912.1	青菜	102°47'10.60"	24°45'56.10"	水稻	7.00	16.00	2.41	175.00	1.60	127.10	30.35	5.21	29.75
14	1 913.1	青菜	102°47'10.60"	24°45'56.10"	水稻	7.10	27.00	0.91	66.00	1.63	10.70	12.47	5.86	29.84
15	1 914.1	青菜	102°47'10.60"	24°45'56.10"	水稻	7.30	13.20	0.62	6.00	1.11	13.10	12.58	5.31	24.70
16	1 903.2	带菜	102°46'32.70"	24°47'51.20"	水稻	8.00	42.90	244.00	149.00	6.55	74.70	16.76	5.65	22.23
17	1 904.2	青菜	102°46'32.70"	24°47'51.20"	水稻	7.90	24.30	1.50	93.00	5.22	70.90	13.60	5.78	25.13

续表

样品	海拔/m	种植作物	经度	纬度	土壤类型	pH	有机质/(g/kg)	TN/(g/kg)	水解性氮/(mg/kg)	TP/(g/kg)	有效磷/(g/kg)	硝氮/(g/kg)	氨氮/(g/kg)	鲜样水分/%
18	1 905.2	青菜	102°46′32.70″	24°47′51.20″	水稻	7.80	19.30	1.21	75.00	5.15	45.10	14.50	5.48	24.20
19	1 903.1	白菜	102°48′18.30″	24°50′13.60″	水稻	74.00	35.30	2.10	168.00	2.58	134.70	36.48	6.03	24.45
20	19 041	白菜	102°48′18.30″	24°50′13.60″	水稻	7.20	24.80	1.24	49.00	3.12	67.20	26.65	5.93	23.05
21	1 905.1	白菜	102°48′18.30″	24°50′13.60″	水稻	7.00	7.16	0.41	52.00	1.84	33.40	36.83	5.64	26.56
22	1 892.5	菜	102°47′43.90″	24°52′45.50″	水稻	67.00	43.60	2.83	215.00	2.60	181.30	61.90	6.94	29.96
23	1 893.5	菜	102°47′43.90″	24°52′45.50″	水稻	7.30	242.00	1.52	113.00	1.12	10.50	12.33	14.05	27.79
24	1 894.5	菜	102°47′43.90″	24°52′45.50″	水稻	7.30	13.80	0.80	62.00	0.65	6.50	25.53	3.51	21.91
25	1 892.8	菜	102°45′14.90″	24°54′48.90″	水稻	7.60	27.00	1.53	103.00	1.36	35.50	11.03	2.65	23.83
26	1 893.8	菜	102°45′14.90″	24°54′48.90″	水稻	7.60	13.80	0.87	66.00	1.17	10.30	2.68	6.57	23.13
27	1 894.8	菜	102°45′14.90″	24°54′48.90″	水稻	7.70	9.92	0.71	48.00	1.03	85.00	0.85	7.76	20.10
28	18 948	花椰菜	102°39′39.19″	24°50′06.82″	水稻	7.70	65.10	4.80	291.00	4.73	55.10	55.05	3.48	35.66
29	1 895.8	花椰菜	102°39′39.19″	24°50′06.82″	水稻	7.70	29.80	2.03	119.00	4.70	35.30	10.91	7.79	27.81
30	18 968	花椰菜	102°39′39.19″	24°50′06.82″	水稻	7.70	17.60	1.23	81.00	4.88	69.60	9.47	9.35	28.26
31	1 852.66	花椰菜	102°35′48.07″	24°44′32.30″	水稻	7.20	52.10	3.06	204.00	6.41	68.80	25.82	5.43	31.11
32	1 853.66	花椰菜	102°35′48.07″	24°44′32.30″	水稻	7.60	18.20	1.31	50.00	5.08	74.70	8.77	5.31	24.25
33	1 854.66	花椰菜	102°35′48.07″	24°44′32.30″	水稻	7.40	10.50	0.83	38.00	5.34	86.80	3.12	3.57	30.74

3.2　滇池流域农业农村经济发展情况

3.2.1　行政区划

滇池全流域均在昆明市辖区内，2000 年以来滇池流域包括昆明市五华区、盘龙区的 23 个街道，西山区、官渡区、呈贡区、晋宁区、嵩明县的 40 个乡镇、街道，合计 7 县、区，63 个乡镇、街道，其中涉农乡镇 38 个，非涉农街道、镇 25 个。

2015 年，滇池流域包括昆明市五华区、盘龙区、西山区、官渡区、呈贡区、晋宁区、昆明经济技术开发区、昆明滇池国家旅游度假区、昆明高新技术产业开发区 9 个区的 54 个街道、2 个镇，合计 56 个街道、镇。

随着外流域引水供水补水工程的建设，外流域引水地区已经成为昆明市水源地，包括掌鸠河引水供水工程涉及的禄劝彝族苗族自治县（简称禄劝县）云龙乡、撒营盘镇、马鹿塘乡、皎平渡镇、团街镇和茂山镇，清水海引水供水工程涉及的寻甸回族彝族自治县（简称寻甸县）六哨乡、甸沙乡、金所街道、先锋镇，滇池-牛栏江补水工程涉及的寻甸县仁德街道、塘子街道、河口镇、七星镇、羊街镇和嵩明县嵩阳镇、杨林镇、小街镇、牛栏江镇。

3.2.2　土地使用情况

滇池流域土地总面积 2 920km²，2019 年土地利用类型主要分为旱地、水田、园地、林地、建筑用地、水域及自然保留地，林地、城镇用地、旱地、湖泊水面及自然保留地面积分别占流域总面积的 35.77%、14.51%、10.60%、10.17%、7.65%。

2017 年滇池流域农业用耕地面积约为 80.16 万亩，种植粮食作物 41.59 万亩，蔬菜及瓜果 46.65 万亩，花卉 6.36 万亩，农用土地利用呈立体分布：水田和城乡居民点工矿用地集中分布在坝区；旱地、园地、林地分布在坝区周围及居民点附近低山丘陵地；森林、荒草地分布在中山、高山地带。坝区土地利用节约程度和生产率较高，方式多样，但用地矛盾突出；山区土地利用方式单一，经营粗放低效，用地矛盾相对缓和。

3.2.3　农业农村经济情况

目前，滇池流域农业生产活动主要集中在晋宁区、嵩明县、官渡区和呈贡区，以晋宁区和嵩明县居多。农业农村经济包含农牧渔业，产业结构以农业为主。随着经济的发展，城乡人民生活水平不断提高，近年来，加大了产业结构的调整力度，逐年增加了经济作物的种植面积，形成了以蔬菜、水果和花卉为主的产业结构。另外，依托矿石资源，形成以工业矿石加工为主，以食品加工、建筑、光学仪器、铸造、橡胶等为辅的产业。能源消耗主要以煤炭为主，其次是电、柴油、液化石油气、薪柴、农作物秸秆和沼气等，现已形成多能源的结构。农业生产呈逐年稳步增长态势，根据昆明市统计结果得出，2018 年全年全市农林牧渔业及农林牧渔服务业总产值为 374.84 亿元，按可比价计算，比 2017 年增长 6.2%（图 3.1）。其中，农业产值为 209.44 亿元，增长 7.6%；林业产值为 17.02 亿元，增长 8.4%；牧业产值为 125.99 亿元，增长 4.4%；渔业产值为 9.11 亿元，下降 0.5%；农林牧渔服务业产值为 13.28 亿元，增长 6.4%。其中，滇池流域农林牧渔业及农林牧渔服务业总产值为 107.05 亿元（昆明市统计局，2018）。

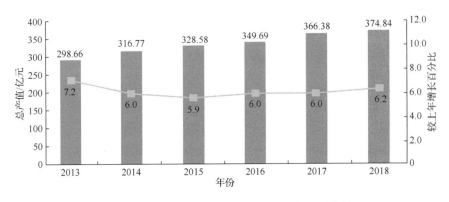

图 3.1　2013～2018 年农林牧渔业及服务业总产值

3.3　滇池流域产业结构对生态环境的影响分析

3.3.1　滇池流域产业结构分析

1. 种植业结构分析

滇池流域农业生产蔬菜和花卉面积较大，粮食作物种植以玉米为主，原因是经济作物效益较好。滇池流域农作物总播种面积为 19.78 万 hm^2，其中粮食作物播种面积为 11.07 万 hm^2，占总播种面积的 55.97%；油料作物播种面积为 0.44 万 hm^2，占总播种面积的 2.22%；蔬菜播种面积为 4.93 万 hm^2，占总播种面积的 24.92%；花卉播种面积为 6.57 万 hm^2，占总播种面积的 33.22%；烤烟播种面积为 1.43 万 hm^2，占总播种面积的 7.23%。

　　近几年随着滇池流域产业结构和行政区划的调整，粮食作物主要集中在盘龙区、嵩明县和寻甸县，蔬菜主要集中在呈贡区和晋宁区，花卉主要集中在官渡区和晋宁区。蔬菜、花卉生产是高投入、高产出和高度集约化的栽培模式，单位面积化肥的使用数量，无论是氮肥还是磷肥，都高于全国平均水平。但是目前滇池流域总体化肥施用量有逐年减少的趋势，原因是通过测土配方施肥技术推广及水肥一体化技术应用，科学施肥的理念逐渐得到农户认可，提高了肥料利用率，降低了施肥用量。

　　流域农作物播种面积、农作物产量大幅度缩减，出现供给侧不足的情况，农业生产资料投入有增有减，流域种植业布局发生了变化，各区县状况悬殊。

　　随着产业结构的调整，滇池流域农业区逐年增加了经济作物的种植面积，集约化设施农业面积越来越大、分布越来越广，形成了以蔬菜、花卉为主的产业结构。近年来，随着农业产业结构的调整，一些农户在滇池流域靠近河道及水源区内把原来种植水稻、小麦等粮食作物的农田改成大棚设施种植蔬菜和花卉等高产经济作物。仅就滇池南岸晋宁区而言，全年农作物种植面积为 3.08 万 hm²，设施农业面积达 1.36 万 hm²，占全年总耕地面积的 44.16%，但其产值占农业总产值的 85%。设施农业在晋宁区 9 个乡镇、129 个村委会、617 个村民小组和 539 个自然村都有种植。其中，蔬菜播种面积 1.104 万 hm²，产量 32.54 万 t，产值 5.04 亿元，综合平均单价为 1.55 元/kg，外销蔬菜达 27.954 万 t，占生产总量的 85.91%。

　　在滇池流域人多地少、农田仍然是农民生活基本依托的条件下，提高集约化程度是一种必然趋势，因此集约化农业面源污染削减将是今后面临的重大挑战。流域化肥施用量和氮肥施用量呈减、增、减跳跃趋势，磷肥施用量减少，复合肥施用量逐年递增。化肥施用量（折纯，下同）由 2000 年的 4.207 4 万 t 减少到 2014 年的 4.162 2 万 t，减少 452t，减幅 1.07%。氮肥施用量由 2000 年的 1.991 1 万 t 减少到 1.890 3 万 t，减少 1 008t，减幅 5.06%。磷肥施用量由 2000 年的 1.019 4 万 t 减少到 2014 年的 0.714 2 万 t，减少 3 052t，减幅 29.94%。复合肥施用量由 2000 年的 0.771 4 万 t 增加到 1.150 3 万 t，增加 3 789t，增幅 49.12%。以上数据显示，2014 年流域化肥投入，折合纯氮 2.062 8 万 t，纯磷 0.886 7 万 t。该化肥投入除用于农业种植业外，还包括了湖滨湿地、林木苗圃、农改林等的化肥投入。流域各区县化肥施用量悬殊。晋宁区化肥施用量最多，达到 1.825 6 万 t。五华区、盘龙区、呈贡区化肥施用量居中，分别为 0.606 4 万 t、0.550 7 万 t、0.601 万 t。官渡区、西山区化肥施用量最少分别为 0.254 1 万 t、0.326 2 万 t。滇池流域主要作物种植业结构见表 3.6。

表 3.6 滇池流域主要作物种植业结构

县（区）	总播种面积/hm²	粮食作物面积/hm²	粮食作物占总播种面积/%	油料作物面积/hm²	油料作物面积占总播种面积/%	蔬菜面积/hm²	蔬菜面积占总播种面积/%	花卉面积/hm²	花卉面积占总播种面积/%	烤烟面积/hm²	烤烟面积占总播种面积/%
五华区	3 645.0	2 141.0	58.74	37.8	1.04	1 133.3	31.09	14.9	0.41	274.7	7.54
盘龙区	16 448.6	10 467.0	63.63	2.5	0.02	3 443.9	20.94	457.5	2.78	1 791.8	10.89
官渡区	7 382.2	5 065.6	68.62	24.5	0.33	1 751.1	23.72	989.0	13.40	—	—
西山区	5 276.0	2 719.0	51.54	63.5	1.20	1 867.6	35.40	446.1	8.46	—	—
呈贡区	7 063.7	448.0	6.34	5.7	0.08	6 098.2	86.33	525.2	7.44	—	—
晋宁区	27 315.4	8 398.0	30.74	499.4	1.83	14 795.8	54.17	2 644.7	9.68	1 014.6	3.71
嵩明县	35 753.9	20 400.0	57.06	18.0	0.05	12 737.2	35.62	1 198.8	3.35	1 646.7	4.61
寻甸县	94 962.8	61 060.1	64.30	3 780.7	3.98	7 516.1	7.91	292.4	0.31	9 598.0	10.11
合计	197 847.6	110 698.7	55.95	4 432.1	2.24	49 343.2	24.94	6 568.6	3.32	14 325.8	7.24

2. 畜牧业结构分析

滇池流域畜禽年末存栏大幅度减少、畜禽产品产量仍在增加，畜产品供给侧布局发生了变化，各区县产量悬殊。

流域大牲畜年末存栏大幅度缩减，由 2000 年的 76.246 5 万头缩减到 2014 年的 46.830 1 万头，减少 29.416 4 万头，减幅 38.58%。按大牲畜种类分：猪减少 22.614 8 万头，减幅 42.42%；牛减少 4.594 8 万头，减幅 53.11%；马、骡、驴共减少 2.143 3 万只，减幅 82.69%，已很少养殖；羊减少 635 只，基本维持在 11 万只原数。至 2014 年，各区县按养殖数量多少排位，养殖大县仍然是晋宁区（17 万头）、西山区（11 万头）、五华区（9 万头）、盘龙区（7 万头），而官渡区、呈贡区均只在 1 万头左右。

流域家禽年末存栏大幅度缩减，由 2000 年的 469.130 6 万只缩减到 2014 年的 353.926 6 万只，减少 115.204 0 万只，减幅 24.56%。至 2014 年，按养殖数量多少排位，晋宁区养殖 242 万只，约占流域总养殖量的 2/3；其余各区县养殖 112 万只，约占流域总养殖量的 1/3。

流域养殖业肉类产量大幅度增加，由 2000 年的 5.243 8 万 t 增加到 2014 年的 6.972 3 万 t，增加 1.728 5 万 t，增幅 32.96%。产量增加与养殖数量减少相反，肉类生产力上升。肉类产量按不同肉类分：猪肉产量由 4.147 万 t 增加到 5.557 7 万 t，牛肉产量由 0.184 2 万 t 增加到 0.214 5 万 t，羊肉产量由 0.071 6 万 t 增加到 0.133 5 万 t，禽肉产量由 0.874 8 万 t 增加到 1.059 6 万 t。至 2014 年，晋宁区肉类产量约 3 万 t，五华区、官渡区、西山区达到 1 万余 t，盘龙区近 0.6 万 t，呈贡区不足 0.1 万 t。

随着滇池流域"四退三还一护"（退塘、退田、退人、退房、还湖、还水、还湿地、护水）的落实、区域内禁养的到位，2014～2020 年，流域内养殖业退出。在整个远离流域的极个别家庭小养殖场，在环境容量的消纳下，对环境负面影响小。

3.3.2 滇池流域产业结构对湖泊生态环境的影响分析

1. 滇池流域面源污染特点分析

滇池流域污染源主要包括点源污染、面源污染、内源污染 3 个方面。点源污染又分为生活源污染、工业源污染、第三产业污染；面源污染又分为地表径流源污染、大气降雨降尘源污染、农业源污染；内源污染主要指湖泊底泥的营养盐释放。随着滇池流域水污染防治"九五""十五""十一五""十二五""十三五"规划的实施，点源污染和面源污染的入湖量和占比不断变化，点源污染入湖量在减少，农业面源污染入湖量也在减少。

农业面源污染是非点源污染的一个重要方面，是滇池富营养化的原因之一。农业面源污染包括农业生产、农村环境、农民生活 3 个方面行为不当造成的污染。

农业生产污染主要指高集约化经营不当引起的化肥、农药流失污染及地膜残留污染、耕地利用强度不当引起的农田水土流失污染、农作物秸秆利用不当引起的农田固体废弃物污染、畜禽养殖粪便处理不当引起的粪便流失污染、农田排水不当引起的农田径流污染；农村环境污染主要指地理因素可能造成的地表径流污染、村庄小环境不洁引起的综合性污染；农民生活污染主要指农村生活垃圾污染和农村生活污水污染。农业面源污染种类繁多，产生量大，分布面广，分散弥漫，其产生和排放具有很大的随意性和不确定性，并随社会经济的发展而不断变化。

滇池周边是我国重要的鲜切花和特色反季蔬菜生产基地，也是滇池农业面源污染的来源，该区域以向滇池水体释放泥沙和氮、磷为主要污染形式。1999年，昆明市土壤肥料工作站按照昆明市科学技术协会的安排，开展了滇池农业面源污染调查，首次就滇池农业面源污染的种类、分布、产生量、排放量进行了直接调查，采取全面调查、典型调查相结合，实地踏勘、取样分析、资料分析、归纳汇总相结合，定量1998年农业面源污染负荷：TN为3 323.75t、TP为426.64t、五日生化需氧量（biochemical oxygen demand，BOD_5）为5 811t、COD_{Cr}为1 600t、TSS为12 170t。2014年再次对滇池流域农业面源污染物负荷进行估算，全流域化肥使用量为4.16万t，农药使用量为1 442t，农膜使用量为2 367t，农作物秸秆为16.10万t，畜禽粪便为134.97万t。农田化肥流失1 302t，农作物秸秆为3.22万t。总体上滇池流域农业面源污染主要由化肥、农药的不合理使用和秸秆废弃物的不合理处理造成。

2. 种植业对生态环境的影响分析

针对滇池流域面源污染情况，结合流域面源污染特点和特征，对滇池周边种植业农业面源情况分析如下。

化肥施用量过大、养分投入与作物携出比例失调，氮、磷肥施用过量，化肥利用率低，土壤氮、磷养分盈余过多。沿滇池周边农田养分调查与平衡的计算结果显示，农田施肥平均投入的氮素和磷素总量分别为作物生产消耗利用量的3.3～7.6倍和1.3～2.3倍，耕地氮素和磷素的盈余分别为711kg/hm²和66kg/hm²，最高达1 050kg/hm²和123kg/hm²。过量施用化肥不仅造成氮、磷流失量增大，而且导致土壤质量下降。造成氮素和磷素大量盈余的原因主要是过量施用氮、磷化肥，不合理的基追肥施用比例和肥料氮磷钾配比失调。

存在速效肥料品种使用过多的问题，速效肥料品种速效养分含量高，一些高活性、移动性强甚至含杀虫剂的氮、磷肥料品种的使用还存在过多或不合理使用问题，氮、磷含量均在10%以上，很多甚至在20%以上，并且制作复合肥的氮素原料往往是利用在土壤中移动性极强的硝态氮，存在氮、磷向环境排放的风险。

施用方法不当：①肥料混用不当，如尿素与碳铵混用容易造成尿素的流失和挥发损失；②施肥深浅不当，如尿素撒施在地表，常温下要经过 4～5 天转化过程才能被作物吸收，大部分氮素在氨化过程中被挥发掉，利用率只有 15%～20%，如果在碱性土壤和有机质含量高的土壤中撒施，氮素损失得更快更多；③施肥时间不当，如大雨前或高温时施用，大雨中肥料会随水而流失，特别是氮肥，高温时施用氮肥会使养分变成氨气挥发损失，并对大气造成污染。尿素是铵态氮肥，施用后必须转化成铵态氮才能被作物吸收利用。转化过程因土质、水分和温度等条件不同，时间有长有短，一般经过 2～10 天才能完成。

肥料养分利用率低，流域农田化肥施用量总体呈减少态势，施肥总减少量在 1 万 t 左右。多年来，氮肥施用量基本稳定地逐步减少，但养分利用率偏低依然存在。磷肥施用量也有所减少，复合肥施用量明显增加。根据昆明市统计局的统计数据，滇池流域及补水区 2015 年的年末耕地面积为 1 136 169 亩，各区县的化肥施用情况见表 3.7，2015 年滇池流域及补水区化肥（氮、磷、钾）施用总量为 93 136.1t（折纯），平均每亩施用量 0.082t，其中氮肥（N）施用量 45 411.1t，平均每亩施用量为 0.04t；磷肥（P_2O_5）施用量为 17 202.3t，平均每亩施用量为 0.015t；钾肥（K_2O）施用量为 7 161t，平均每亩施用量为 0.006t；复合肥（N、P_2O_5、K_2O）施用量为 23 361.8t，平均每亩施用量为 0.021t。

表 3.7　2015 年滇池流域及补水区化肥施用情况

县（区）	耕地面积/亩	化肥施用总量/t	化肥亩施用量/（kg/亩）	氮肥施用量/t	磷肥施用量/t	钾肥施用量/t	复合肥/t
五华区	24 039	1 653.9	68.8	827	330.8	82.7	413.5
盘龙区	97 657.5	5 227.6	53.5	2 565.3	966.9	257.7	1 437.7
官渡区	54 202.5	3 060.8	56.5	1 003.6	468.9	636.7	951.6
西山区	46 086	3 084.4	66.9	1 952.9	444.3	83.8	603.4
呈贡区	50 670	5 752.4	113.5	2 681.5	970.6	1 011.4	1 088.9
晋宁区	168 657	18 488.3	109.6	6 737.1	2 991.6	1 984.7	6 774.9
嵩明县	199 930.5	17 774.9	88.9	9 713.2	3 234.3	1 016.9	3 810.5
寻甸县	494 926.5	38 093.8	77.0	19 930.5	7 794.9	2 087.1	8 281.3
合计	1 136 169	93 136.1	634.7	45 411.1	17 202.3	7 161	23 361.8
平均	—	0.082		0.040	0.015	0.006	0.021

注：根据统计局数据整理，化肥以折纯量计算，每亩化肥用量=化肥施用总量/总耕地面积。

由表 3.8 可知，2016～2020 年滇池流域化肥施用量仍然呈降低趋势，2020 年全流域化肥施用总量 53 611.6t，比 2016 年减少 5 497.3t，减少 9.30%，其中五华区减少 16.86%，官渡区减少 21.24%，西山区减少 4.45%，晋宁区减少 8.93%，呈贡区减少 5.60%，嵩明县减少 10.43%，只有盘龙区稍有增加，增加了 1.54%。虽然化肥用量总量基本上逐年降低，但很大一部分原因是耕地逐渐减少等原因，亩均用量并未明显减少，据试验数据和相关文献报道，实际上氮肥的当季利用率仅为15%~20%，磷肥的当季利用率为25%~30%，钾肥的当季利用率为38%~42%。剩余的化学物质（特别是氮和磷）通过各种途径（如径流、淋溶）进入滇池水体。

表3.8　2016年与2020年滇池流域及补水区化肥施用情况对比表

项目	五华区	盘龙区	官渡区	西山区	晋宁区	呈贡区	嵩明县	合计
2020年	4 756.3	5 308.1	2 410.7	2 947.2	16 838.1	5 430.0	15 921.2	53 611.6
2016年	5 720.5	5 227.6	3 060.8	3 084.4	18 488.3	5 752.4	17 774.9	59 108.9
减少量/t	964.2	-80.5	650.1	137.2	1 650.2	322.4	1 853.7	5 497.3
减少比重/%	16.86	-1.54	21.24	4.45	8.93	5.60	10.43	9.30

根据全国农技推广中心和昆明市统计局的统计数据，除了水稻和小麦，滇池流域及补水区其他作物的施肥量均比全国平均水平高（表3.9）。全国耕地平均每年每亩施肥量是21.9kg，是欧盟的2.5倍，是美国的2.6倍，而滇池流域及补水区平均每年每亩施肥量是82.0kg，是全国平均施肥量的3.74倍（农业部，2015）。

表3.9　滇池流域及补水区主要作物施肥量与全国对比

作物名称	滇池流域及补水区作物施肥量/［kg/（亩·季）］	全国作物施肥量/［kg/（亩·季）］	滇池流域及补水区作物施肥量是全国作物施肥量的倍数
水稻	17	21.5	0.79
小麦	14	25.2	0.56
玉米	31	22.51	1.38
蔬菜	49	46.7	1.05
花卉（以玫瑰为主）	129	—	—

注：玫瑰以观赏玫瑰为主，一年采收4次。

随着滇池周边蔬菜、花卉种植面积的扩大，产量产值大量增加的同时，化肥施用量随之增加，促使流域TN、TP含量升高。据2007年统计，晋宁区设施农业使用化肥11 308.5t，其中复合肥4 036.5t，氮肥4 490.1t，磷肥1 486.8t，钾肥1 295.1t。化肥施用量从1995年以来增加了65.87%，平均每年增加5.06%。主要施用碳酸氢铵、尿素、普钙、硫酸钾和复合肥等化肥。按农作物播种面积计算，耕地平均每亩化肥施用量为71.98kg。

施用肥料种类多、不合理，滇池周边化肥种类有100多种，以速效性肥料为主，缓释肥较少（表3.10）。

表 3.10　滇池流域主要肥料品种及养分含量

品名	产地	养分含量/%
天天高	广东花都	N13K8
地奥杀虫金复肥	昆明	N13K7
龙王硫酸钾复肥	武汉天力	N15P15K15M
西洋硫酸钾复肥	辽宁锦州	N15P15K15S30M
芬兰含硫肥	广东	N15K5Ca8M12
多力硫复肥	广东	N13K7
科地硫酸钾复肥	深圳	N15K15M15
狮马牌硫酸钾型复肥	德国 BASF	N15P15K15
大庄园钾复肥	昆明	N15K8
大庄园高效钾复肥	昆明	N12K8
哈乐复肥	广东	N15P15K15
华丰复肥	山东	N16PK16S16M10
绿大地多元复肥	武定	N15K10
华丰硫酸钾复肥	山东	N15P15K15M5
惠满丰有机活性肥	昆明宜良	N10P5K23B0.075C8Hu24
花山复合肥	云南曲靖	N10P10K10
绿源复肥	山东绿源集团	N15P15K15M4SCa32
云河硫酸钾复肥	四川什都	N15P15K15M4S18
艳阳天硫酸钾复肥	山东红日集团	N15P15K15
奥宝硫酸钾复肥	山东	N15P15K15M6SCa32
田宝有机混配肥	云南田宝集团	NPK>20%, C>30%
云磷高浓度复肥	云南磷业公司	NPK>48%
洋丰硫酸钾复肥	湖北	N15P15K15
桂湖	成都	N13P5K7
桂湖高效复肥	成都	N20P15K25
稳得高活性生态肥	四川	C>30%
高宝含磷肥	广东东莞	N15K5

　　滇池周边土肥技术推广投入不足，土肥农技推广人员数量少、技术水平参差不齐，导致科学施肥技术普及率不高。测土配方施肥、秸秆还田、中微量元素应用和化肥深施等科学施肥技术有待普及推广。结合以上施肥量及施肥特点分析，在种植业生产过程中，化肥过量和滥用仍然是造成农业面源污染的重要因素。

3. 化肥不合理施用对生态环境的影响分析

（1）化肥不合理施用对水环境的影响分析。滇池周边是农业集约化程度较高的地区，农业生产水平较高、农业面源污染严重，特别是湖滨地区。该区域以释放大量泥沙和氮、磷及农药残留物为主要污染形式，对水体造成很大的威胁。通过对滇池流域的监测结果表明，因面源污染带入滇池的 TP 和 TN 已分别占到这些污染物入湖总量的 64.0% 和 52.7%，年均面源入湖的 TN 和 TP 分别为 2 955t 和 417t，其中，仅化肥流失而带入滇池的氮、磷一年就超过 1 600t，而 TP 和 TN 是造成滇池严重富营养化的主要污染物。控制流域面积达 2 920km^2 的农业面源污染已成为解决滇池富营养化的关键。

（2）化肥不合理施用对土壤环境的影响分析。滇池周边的花卉和蔬菜地存在不同程度的土壤富营养化的问题，据云南省农业科学院的调查，有 40% 的蔬菜地存在不同程度的氮、磷富营养化，35% 的花卉地存在氮、磷富营养化问题。"十三五"以来，随着两减技术、水肥一体化技术及投入品管理的监督检查等，花卉和蔬菜地土壤富营养化的比例大幅下降。

（3）化肥不合理施用对大气环境的影响分析。施用无机肥料，尤其施用氮肥是提高农田产量的主要手段之一。农田施肥被认为是最重要的人为 N_2O 直接排放源，约占全球人为直接排放源总量的 28%。N_2O 是仅次于 CO_2 的重要温室气体，它对全球变暖的贡献占全部温室气体总贡献 5%～7%，并且 N_2O 的单分子增温潜势大于 CO_2，约为 CO_2 的 280 倍。同时，它们也参与一些重要的大气光化学反应，如破坏平流层臭氧。因此，大气中 N_2O 浓度的日益增加引起了各国政府和科学家的关注。

（4）化肥不合理施用对农产品质量安全的影响分析。生产上片面过量使用无机氮肥，会导致农产品中硝酸盐含量超标。从云南省农业科学院的检测结果得知，目前滇池流域蔬菜硝酸盐含量普遍偏高，其中严重污染的蔬菜有 10 种，占总品种数的 27.78%；高度污染的蔬菜有 9 种，占 25%；中度污染的蔬菜有 2 种，占 5%；轻度污染的蔬菜有 13 种，占 36.1%。根据世界卫生组织（World Health Organization，WHO）和联合国粮食及农业组织（Food and Agriculture Organization of the United Nations，FAO）规定的每日允许摄入量（acceptable daily intake，ADI）值，超标率达 52.78%。农产品污染通过食物使人体健康受影响。随着绿色生产技术、绿色食品牌打造，经过生产单位、种植大户及农技、科技、行政管理人员的共同努力，域内的花卉、蔬菜生产总体达到抽查安全标准，农产品安全生产水平显著提高。

4. 农药使用残留污染分析

滇池流域农药使用量明显减少，个别存在一些使用性问题。农药使用利用率有待提高，生产上常用的杀虫剂、杀菌剂和除草剂品种数量类型多，常用的有功夫、敌杀死、多菌灵、甲基托布津、农达和威霸等。但农药的利用率仅为20%～30%，过量使用农药，虽然控制了病虫害，但未利用的农药残留于环境中，易对水体造成影响。10 年前，仅在晋宁区调查出的常用农药制剂就超过 2 000 个，其中主要的杀虫剂有效成分 113 种，占全国登记杀虫剂有效成分种类的 58.55%；杀菌剂 99 种，占登记杀菌剂的 67.81%；除草剂 21 种；生长调节剂 8 种。使用农药中杀虫剂商品名 258 个，杀菌剂商品名 305 个，有效成分种类占常用农药种类的90%以上。同一种有效成分的制剂，其商品名有多种表述。例如，10%吡虫啉可湿性粉剂，商品名有 123 个（怒斩、刺击、力围、大功臣、轰轰烈等）；75%三环唑可湿性粉剂，商品名有 29 个（振兴、稻娇、除瘟灵、比艳等）。与过去相比，现在的农药品种数量、品名概念、成分标注、功能表述等已经越来越规范，但存在农药品种多、杂现象，这对从事农技的专业人员来说都会是一个不小的考验，对广大农户而言，选择安全、低残留、高效的农药更是不易，因此加强科技服务指导，帮助农户了解农药显得十分必要，以便解决生产上盲目使用或重复使用等问题。

农药精准使用水平有待提高。滇池流域气候四季如春，蔬菜适于周年种植，但也易发生病虫危害。过去，滇池周边农田蔬菜集中产区菜田年均农药用量达75～120kg/（hm^2·年）；一季蔬菜田施药 5～8 次，最高的达 20 多次，无形中增加了农药的使用量。农药的精准使用技术涉及多方因素，在向当地企业、农户的访问交流过程中，已明显感觉到农药使用量大大减少，农户掌握农药的技能水平也越来越高，但仍须进一步普及和提高农药的精准使用方法。

农药施药器械更新换代。农药施用的方法有喷雾、喷粉、熏蒸、毒土、灌根等。农户普遍使用手动式喷雾器，喷头单一，使用过程中常采用大容量、大雾滴喷雾，存在严重的跑冒漏弊端，降低了农药的利用率，易造成环境污染。再者，施药以后，农药空瓶、空袋随地抛弃现象司空见惯。

5. 农药使用不合理对生态环境的影响分析

农药使用不合理会导致农产品农药残留超标。在农事生产中，农药使用不合理会导致生鲜农产品（如白菜、花椰菜、番茄、香蕉等蔬菜水果）农药残留检测超标，会对消费者身体健康带来伤害和影响。有害生物的抗药性增强，蔬菜、花卉等农作物上有小菜蛾、蚜虫、红蜘蛛、甜菜夜蛾、烟青虫、斑潜蝇等害虫，由于长期大量使用农药，有害生物的抗药性问题日益突出。例如，小菜蛾已对阿维菌素类农药产生了超高倍抗药性（$1.04 \times 10^3 \sim 4.06 \times 10^4$），其防控难度较大。农药残留也对水资源土壤、大气等造成不同程度的污染，杀伤大量有益生物，生态系统将受到破坏。由于不科学用药或滥用农药，大量的天敌生物、蜜蜂、鱼虾、鸟类等有益生物受到不同程度的伤害，生态系统逐步遭到破坏。

（1）农药使用不合理对水资源的影响。农药对水体的污染表现为：一方面，农药可造成鱼、虾等水生生物中毒甚至死亡；另一方面，农药可污染地下水、饮用水，威胁着人的身体健康。造成农药污染水体的主要原因是农药施用后散落在土壤中或用农药进行土壤处理和灌根等，残留的农药随着灌溉水或雨水冲刷流入水体。

（2）农药使用不合理对土壤的影响。农药残留对土壤的影响包括杀灭土壤中有益的生物，降低土壤中微生物和动物的种群数量，使土壤健康状况恶化，进一步影响农作物的健康生长和食品安全。

（3）农药使用不合理对大气的影响。这表现在 3 个方面：一是喷洒农药时农药直接挥发或漂移进入大气中；二是农药厂生产或加工农药时排出的废气中含有农药等有毒物质；三是农药从施用的作物或土壤及被污染的水面不断挥发进入大气中。农药对大气的污染将影响整个生态系统。

昆明农作物的秸秆利用率一般为 70%～90%。根据昆明市土肥站资料，2014年，滇池流域农作物秸秆产生量 16.10 万 t，主要以蔬菜、花卉废弃物为主。近些年，蔬菜与花卉田间生产、冷链物流过程中产生的废弃物，虽然产生量有所下降，但由于蔬菜和花卉秸秆等废弃物中各种营养元素及重金属含量都比较高（表 3.11），若秸秆处理不当，容易产生农业面源污染。

表 3.11　秸秆等废弃物各种营养元素及重金属含量

大中量元素		微量元素		重金属	
元素	含量	元素	含量	元素	含量
水分/%	9.33	锶/%	2.862	铅/（mg/kg）	3.335
氮/%	1.152	铁/%	0.071	铬/（mg/kg）	3.567
磷/%	0.163	钠/%	0.038	镍/（mg/kg）	3.118
钾/%	1.175	铜/（mg/kg）	6.762	镉/（mg/kg）	0.625
硫/%	0.199	锌/（mg/kg）	25.001	砷/（mg/kg）	0.641
钙/%	1.112	锰/（mg/kg）	138.026	汞/（mg/kg）	0.037
镁/%	0.253	硼/（mg/kg）	10.327		
粗有机物/%	80.924	钼/（mg/kg）	0.584		
灰分/%	9.654				
碳氮比	35.875				

6. 畜牧养殖业对生态环境的影响分析

由于近年来滇池治理力度加大，流域内养殖业都已退出。2014 年，流域畜禽粪便排放量有 134.97 万 t，现在流域内畜禽粪便排放量很少。总体情况是滇池流域养殖量很少，主要集中在滇池流域补水区的嵩明县。水产类以鲤、鲫、鲢、鳙、草鱼为主，大部分用市场商品饲料（少部分自己简单生产）投喂，投喂农副产品（苞谷、麦麸、酒糟、菜叶等）的较少，整个畜牧养殖业对污染造成的负荷较轻，没有形成明显危害。

7. 流域内农村生活污染分析

根据昆明市土肥站调查，流域农村生活污染包括农村生活垃圾污染和农村生活污水污染。2014 年，农村生活垃圾产生量为 12.14 万 t，农村生活污水产生量为 606.92 万 t。随着农村环境的长期治理和严格管理，现在农村生活垃圾大部分已被再利用，未被利用的少于 20%，农村生活污水排放量也大幅减少，并且排放均按照《滇池流域农村生活污水处理设施水污染物排放要求及限值》（DB 5301/T62—2021）标准执行。

8. 水污染总体排放情况分析

滇池流域水污染源主要为城镇生活源、第三产业源、工业源、农业农村面源、城市面源和水土流失。入湖污染负荷是指污染负荷产生量扣减源头消纳及污水处理厂等设施削减后的污染负荷排放量，再经过程衰减后的负荷量，2019 年滇池流域产-排-入湖污染负荷见表 3.12。

表 3.12　滇池流域产-排-入湖污染负荷

项目	COD$_{Cr}$	NH$_3$-N/t	TN/t	TP/t
产生量	186 686	16 852	27 341	3 118.96
排放量	37 873	2 157	8 355	731.37
入湖量	28 378	1 245	5 306	436

滇池流域 COD 主要来自城市面源和未收集点源，分别占污染负荷总量的 52% 和 13.4%；TN 主要来自污水处理厂尾水、牛栏江尾水和农业农村面源，分别占污染负荷总量的 40.2%、30.2% 和 16%；TP 主要来自未收集点源和农业农村面源，分别占污染负荷总量的 36.5% 和 34.2%。

从空间分布看，外海北岸污染负荷占比仍然保持最高，约占 57%；草海流域由于实施了东风坝前置库工程和西岸尾水导流工程，污染负荷入湖量大幅削减，约占 13%；外海东岸和外海南岸污染负荷分别占 12% 和 16%；外海西岸入湖污染负荷约占 1%。

3.4　滇池流域绿色生态农业内涵和发展空间构架

3.4.1　滇池流域绿色生态农业发展情况

为了解决滇池流域的富营养化问题，国家和云南各级政府组织相关部门对滇池流域的治理进行了多次调研，筹划治理方案，并启动了大批点源治理项目。常态和非常态农业面源污染综合治理，使滇池流域农业生产和农业面源污染状况发生了变化。滇池农业面源污染治理也形成了"综合治理、三级控制、点面结合、削减负荷"的总体思路；通过大量的调查研究、试验研究、示范推广、污染控制和治理工作，污染治理工作取得了明显成效。

在农业生产中，大力推行有机肥部分替代化肥技术，化肥用量大幅减少。根据 2019 年各县区上报统计，昆明市 1～12 月蔬菜播种面积为 176 万亩，花卉种植面积 39 万亩，粮食播种面积 330 万亩。按照昆明市统计局数据显示，昆明市 2016 年化肥使用量最高，为 20.52 万 t（折纯量）；从 2017 年开始，由于市场调节及加大测土配方施肥技术推广后，化肥使用总量及单位面积化肥使用强度开始逐年下降；2019 年昆明市化肥使用总量为 18.73 万 t（折纯量），单位面积化肥施用强度为 34.4kg/亩。根据对昆明市 1.1 万户农户施肥情况的调查显示，2019 年主要作物（水稻、玉米、小麦、大麦、蚕豆、油菜、薯类作物）的化肥平均每亩使用量为 5.8～28kg（折纯量）（蚕豆 5.8kg，玉米 28kg），蔬菜及花卉的平均每亩施肥量为 80～120kg（折纯量）。

对昆明市 1 680 个农户的施肥情况进行调查显示，2019 年，昆明市耕地的商品有机肥使用量为 287kg/亩（实物量），在昆明市复种指数比较高的情况下，这样的有机肥施用量是明显偏低的，据估算，昆明市商品有机肥年使用量约为 12.9 万 t。据调查，目前昆明市有机肥资源中秸秆还田及种植绿肥还田的量很少，农户生产上使用量比较大的以农家肥为主，主要来源是未经发酵的畜禽粪便；农家肥与企业生产的商品有机肥相比，有机质含量不足，而且病菌及其他重金属等污染物容易超标，危害很大。

针对农业面源污染实施了《滇池流域水污染防治"十二五"规划》的农业面源污染治理项目。滇池治理努力构建健康水循环体系，治理力度进一步加大。农业面源污染治理由昆明市农业局牵头，相关县区参加，按照《滇池流域水污染防治规划（2011—2015 年）实施方案》，完成了滇池补水区畜禽粪便资源化利用项目、农业面源污染综合控制示范工程、农村有机废弃物再利用工程、滇池流域及补水区有害生物综合治理工程、滇池流域及补水区测土配方施肥技术推广工程 5

个农业面源污染治理项目。在工程措施上提出了以环湖截污和交通、外流域引水及节水、入湖河道整治、农村农业面源治理、生态修复与建设、生态清淤"六大工程"为主线的综合治理思路，加大了对农村农业面源污染的治理力度。但在农村经济绿色发展中，存在着基础设施落后、集约化水平不高、产业链条不完整、现代农业生产特征不明显等问题，对农业绿色发展形成一定制约。现代农业生产设施化、集约化水平比较高，昆明市专业合作社、家庭农场基础设施整体投入仍偏低，依然是以劳动密集型为主的生产方式，小农生产方式明显，产品质量、成本都不具有市场竞争力。

2018 年，针对滇池水质企稳向好但水质波动较大等问题，昆明市委市政府研究出台了《滇池保护治理三年攻坚行动实施方案（2018—2020）》，着力解决"多龙管水"，总氮、总磷等关键性因子未能有效控制，治理与管理粗放，已有工程设施未能充分发挥效能等问题，明确了 2020 年之前滇池治理的创新思路：综合运用生物技术等 20 多种技术手段，实施各类水污染防治系统联动运行，实现精准治滇和科学治滇；构建截污治污系统、健康水循环系统、生态系统、精细化管理系统，实现系统治滇；通过优选低耗绿色高效技术、优化已建工程运行管理并提能增效、倡导全民绿色生活等方式实现集约治滇；通过深化河长制、推进排放标准法定化、加大环境联合执法力度等，实现依法治滇。

昆明市城镇污水处理厂曾执行国家《城镇污水处理厂污染物排放标准》（GB 18918—2002），但执行此标准难以满足控制滇池富营养化的要求。针对滇池富营养化敏感因子 TN 和 TP，昆明市研究制定了地方标准，提出了比国家一级 A 排放标准更严格的昆明市《城镇污水处理厂主要水污染物排放限值》（DB 5301/T 43—2020）。根据全市各区域的水环境功能区划、水环境功能目标及水质现状，实行分区分级的污染物排放限值。对于水环境质量改善需求迫切的滇池流域，执行全国最严的 A 级标准，其主要污染物除 TN 为 5mg/L 外，其余指标与地表水湖库Ⅲ类水质标准一致。这一标准的严格执行，对进一步提高污水处理厂的治污效益、改善河道补给水源水质、削减入湖污染负荷、降低滇池蓝藻暴发风险等起到了重要作用。

3.4.2　滇池流域绿色生态农业发展内涵和构架

在生态环境严重恶化、能源资源日益匮乏的大背景下，走绿色发展与生态文明建设之路是优化生活环境、推进社会可持续发展与促进人类文明延续的必要举措。滇池流域绿色生态农业发展要以生态环境保护、农业减量投入、资源循环利用和农业生态修复为手段，强化科技支撑、加大创新发展，坚决打好滇池流域农业面源污染防治攻坚战，加快推进农业生态文明建设，不断提升滇池流域农业可持续发展支撑能力，全力推进滇池流域内农业面源污染大幅削减，进一步增强广大人民群众的获得感、幸福感、安全感。滇池流域绿色生态农业发展是推动人、自然与社会之间和谐发展的动力；是促进正确处理好人、自然及社会经济发展之间的相互关系，实现三者之间共享共存、和谐共生的重要举措。

新常态下滇池流域农业面源污染综合防控，应该调整滇池农业面源污染治理的总体思路和对策，坚持生态优先、绿色发展。妥善处理污染治理与农业生产、农民增收的关系，始终将资源节约、清洁生产放在农业生产的优先位置，以最少的化肥、农药、地膜、农业用水等资源消耗支撑农业可持续发展，推动滇池流域农业提质增效、绿色发展。将原来的"综合治理、三级控制、点面结合、削减负荷"的污染治理总体思路，按照"创新、协调、绿色、开放、共享"新发展理念，提升到"创新转型做强现代农业、生态文明建设美丽乡村、控污减排绿色清洁生产、共享发展实现农民小康"的新高度上，并用这一新常态滇池农业面源污染治理总体思路，指导流域农业面源污染治理。

在滇池流域绿色生态农业发展过程中，要重点突破、统筹推进，通过测土配方施肥、绿色防控示范等工程，积极开展农业面源污染综合治理工程建设，总结经验，以点带面，统筹推进滇池流域农业面源污染防治；要坚持政府引导、综合防治，统筹农业、林业、水务等相关职能部门关于农业面源污染的防治，优化产业结构布局，大力削减现有农业面源污染物排放量；强化滇池保护治理监督管理，综合运用行政监督、法制监督、民主监督、社会监督等方式。

滇池流域绿色生态农业发展，要以乡村振兴为产业基础，培育农村新动能，加快农业供给侧结构性改革是发展的要求，随着新型工业化、信息化、城镇化进程的加快，发展新型农村经营主体很有必要。结合滇池流域微生态环境，区域土壤、水资源、养分资源、环境承载力和发展需要等因素，合理调整区域种植结构，构建与资源环境相匹配的生产格局，同时坚持农业面源污染治理与保持农业产能相统筹，大力发展资源节约型、环境友好型农业，通过合理减少农药和化肥的施用和清洁生产，争取以较少的农业资源消耗和环境代价获得较高的种植生产效益，确保农民收入稳步提高，这也是深化农村改革，加快农村农业产业结构调整的客观要求。

滇池流域绿色生态农业发展将使现代农业的发展进入新阶段，促进越来越多的农产品走向集约化、专业化、组织化、社会化生产，催生家庭经营、集体经营、合作经营、企业经营等各种新的农业经营主体，促进了农业发展方式的转变，带动了农业产业化的进一步发展。

3.5　滇池流域绿色生态农业农村发展建议

滇池流域位于昆明市，昆明市地处中国西南地区、云贵高原中部，具有"东连黔桂通沿海，北经川渝进中原，南下越老达泰柬，西接缅甸连印巴"的独特区位优势，处在南北国际大通道和以深圳为起点的第三座东西向亚欧大陆桥的交汇点，是中国面向东南亚、南亚开放的门户城市，位于东盟"10+1"自由贸易区经济圈、大湄公河次区域经济合作圈、泛珠三角区域经济合作圈的交汇点。昆明是国家历史文化名城，早在 3 万年前就有人类在滇池周围繁衍生息；公元前 278 年滇国建立，定都于此；公元 765 年南诏国筑拓东城，为昆明建城之始；明末时期，南明永历政权在昆明建都。昆明属北亚热带低纬高原山地季风气候，为山原地貌，三面环山，南濒滇池，沿湖风光绮丽，由于地处低纬高原而形成"四季如春"的气候，享有"春城"的美誉。中国昆明进出口商品交易会、中国国际旅游交易会、中国昆明国际旅游节使昆明成为中国主要的会展城市之一。昆明市位居 2018 中国大陆最佳商业城市排名第 23 名，并被重新确认为国家卫生城市（区）。2019 年 12 月，国家民族事务委员会命名昆明市为"全国民族团结进步示范市"。

昆明市不仅有着重要的地理交通位置和丰富的历史文化底蕴，近年来经济也得以快速发展。根据昆明市"十三五"农业发展规划，至 2025 年流域人口将达到430 万人，至 2020 年实现农林牧渔业总产值达到 450 亿元以上，农业增加值达到260 亿元以上，年均增长率达 6%。按照这一变化规律，滇池流域 2025 年、2030年和 2035 年农业产业总产值将分别达到 602.2 亿元、805.9 亿元、1 078.5 亿元；至 2020 年高新技术企业工业产值占工业总产值的比重为 40%；2030 年高新技术企业工业产值占工业总产值的比重将达到 50%，高新技术产业增加值将突破1 000 亿元，占工业增加值比重提高到 40%以上。按照规划，滇池流域 2025 年、2030 年和 2035 年工业产业增加值将分别达到 1 905.35 亿元、2 316.94 亿元、2 820.39 亿元。到 2025 年，全市 GDP 达到 1.19 万亿元，人均 GDP 达到 2 万美元。未来，昆明市基础设施将更加完善，基本建成区域性国际综合枢纽；开放型经济特征将更加明显，产业竞争力显著提高，基本形成在西南地区具有突出比较优势的现代产业体系；公共服务国际化水平持续提高，"世界春城花都、历史文化名城、中国健康之城"三大城市品牌具有较高知名度。到 2025 年，全市服务业增加值要占 GDP 比重 65%以上。

昆明作为新型都市，发展势头迅猛，前景广阔，但是作为昆明标志的滇池，其生态环境仍然不容乐观。"十三五"以来，尽管滇池水质总体好转，2018 年、2019 年滇池全湖水质达到 Ⅳ 类。但滇池水质依然不稳定，2019 年 6 月、8 月和

10 月滇池草海水质为Ⅴ类，外海区域水质为劣Ⅴ类。虽流域森林覆盖率高达53.5%，但生态状况依然脆弱，生态系统完整性与多样性尚不能满足流域生态安全需要。在"四退三还一护"工程后，虽恢复和保护了湖滨湿地面积约 33.3km²，但部分湿地布水系统不完善，尾水、河水、湖水连通不畅，湿地生态环境功能尚须提升。滇池湖体沉水植物盖度低，湖泊生物多样性低，生态状况不稳定。此外，流域内部分地区生态破坏严重，生境脆弱、敏感度高，水土流失严重，生物多样性低，修复难度大。在整个污染体系中，滇池流域农业农村带来的面源污染仍然不容小觑，其在污染物排放中占有较大份额。目前滇池流域农业以蔬菜、花卉种植为主，化肥施用量大，精细、绿色、生态的农业生产方式尚未形成，农业面源形成的径流污染治理尚未开展，环湖截污系统未形成良性、高效的运行，未发挥应有的作用；雨季面源污染是滇池流域主要污染源之一。柴河水库饮用水源地保护区内仍存在大面积的农田，农耕活动大量施用化肥、农药，造成农田尾水污染物直接排入水库；农耕活动和开荒种植对水源地水土保持造成严重干扰，水土流失日渐加剧。"十三五"期间农业发展很快，农业经济效益也得到了大幅提升，但随着农业农村经济的快速发展，带来的环境问题也日趋严峻。当前，农业农村还是制约滇池流域现代化建设的短板，要加快农村发展，必须要紧紧抓住发展现代农业、发展绿色生态农业的关键点，最终实现人与自然和谐发展，还老百姓清水绿岸、鱼翔浅底的景象。为促进滇池流域绿色生态农业发展，结合滇池流域社会、经济、人文及农业现状提出如下建议。

1. 打造高原特色都市型现代农业

昆明作为高速发展中的现代都市型大城市，为滇池流域发展都市型现代农业提供了充足条件，要充分发挥滇池流域高原特色的独特优势，利用昆明及周边城市现代工业技术物质装备及基础设施、社会化服务条件，加速滇池流域农业转向资本、科技密集和土地节约型方向发展；加强昆明和周边城市强大的工业技术物质装备和科学技术向农业渗透和支持，促使滇池流域现代农业拥有其他地区无法比拟的优越条件，更早实现集约化、设施化、工厂化、数字化和规模化；依托昆明及周边城市的辐射和按照都市的需求，将滇池流域都市农业建设成集生产性、生活性、生态性于一体的现代化大农业系统，建设成一种高度规模化、产业化、科技化、市场化、高端化的农业。

2. 积极发展高端农业农村现代服务业

滇池流域人口有 400 多万，新型都市昆明就位于滇池湖畔，周边还有较多中小城市，为滇池流域农业农村现代服务业发展提供了广阔空间。因此，要依托中心城市，优先发展绿色生态农业和符合绿色发展要求的现代服务产业，同时加大政策支持力度，优先发展节能节水型现代集约化农业生产模式，大力开发滇池流域特色文化、旅游产品、湿地生态游、养生度假游、珍禽观赏游、文化山水游、乡风民俗游等发挥滇池流域优势的文旅健康产品。通过旅游服务带动农业农村绿色发展，增加农业农村经济收益，促进农业农村由一线生产业向现代服务业转变。

3. 发展滇池流域农业农村绿色产业

滇池流域生态情况良好，生物多样性丰富，要发挥生态优势，积极发展符合绿色发展要求的先进生态产业，如绿色食品加工、中药材生产加工、新型环保材料、现代生物医药等产业。加快信息技术、智能技术、数字技术、制造业、物联网技术与生态农业融合发展，延伸农业产业链。鼓励企业采用先进节能、节水工艺，开展技术改造，积极创建一批循环经济示范生态农业项目。

4. 加快发展节约型生态农业

加大政策支持力度，鼓励农户、企业加快发展节水农业、清洁农业、生态农业，推动高消耗、高排放的畜牧、粮食、蔬菜和花卉产业逐步退出滇池流域；支持农户和农业生产基地加快发展无公害、绿色、节水、有机农产品；加大农业生产组织方式的调整力度，加快发展农民专业合作组织，推进农业生产的专业化、规模化、标准化；加快基层农业技术推广体系建设，培育农技推广服务组织；加快节水增效、良种培育、丰产栽培、生物有机、疾病防控、防灾减灾等领域的科技创新和推广应用。

5. 发展以田园综合体为导向的农旅结合产业

田园综合体将现代农业、休闲旅游和乡村社区融为一体，对于乡村振兴和发展、城乡结合和生态环境保护的进程都有重大的推进作用。统一规划，以零排放为目标，发展集约化、设施化农业，替代湖滨带露地农业，集山地田园风光、特色产业种植基地、特色小镇民族风情、休闲放松、绿色有机餐饮、现代农业展示于一体，实现滇池流域绿色农业增收增效。做到以"安全、优质、营养"的绿色食品标准来规范生产，减少化学肥料和农药投入，打造绿色风景和绿色食品。同时结合发展当地加工业，将当地农业产出进行深加工和精加工，推出新的农旅产品，提高农产品附加值，延伸产业链，为当地农业增收创造条件；结合流域内民族风情特色小镇、美丽乡村建设和当地区域性历史文化特点打造区域性旅游特色，推动和促进乡村旅游业的发展。

6. 加强创新，促进生态产业融合发展

创新是引领发展的第一动力，流域农业面源污染综合防控必须按照创新发展理念，从整个国民经济发展的高度，大力推进农业现代化。做好流域农业发展定位，加快循环型现代生态农业建设。通过创新农业发展方式，减少农业面源污染；通过稳固流域农业基础地位、转型升级流域现代农业发展模式和提高农业生产效益，增加农业面源污染治理实力，实现农业面源污染有效综合防控的目的。大力推进农业现代化，必须着力强化物质装备和技术支撑，着力构建现代农业产业体系、生产体系、经营体系，推动粮经饲统筹，农林牧渔结合，种养加一体，一二三产融合发展，让农业成为充满希望的朝阳产业。

第4章 抚仙湖、星云湖流域绿色生态农业农村发展模式研究

4.1 抚仙湖、星云湖流域自然生态情况

4.1.1 地理位置

抚仙湖与星云湖（简称两湖）流域位于云南省滇中盆地中心，属玉溪市辖区。流域地理位置优越，交通便利，经济发达，是大昆明经济核心区和滇中经济圈的重要组成部分。流域内有着从亚热带到高山气候的多种气候，拥有江、河、湖、山等自然资源。流域内农业发达，农耕水平享有盛誉，两湖流域被誉为"滇中粮仓"，是得天独厚的世界一流烤烟种植区。

抚仙湖，因湖水清澈见底、晶莹剔透，被古人称为"琉璃万顷"；是中国最大的深水型淡水湖泊，珠江源头第一大湖；位于云南省玉溪市澄江市、江川区、华宁县间，距昆明 70km。抚仙湖是一个南北向的断层溶蚀湖泊，形如倒置葫芦状，两端大、中间小，北部宽而深，南部窄而浅，中呈喉扼形。湖面海拔为 1 722.5m，湖面积为 216.6km^2，湖容积为 206.2 亿 m^3，湖水平均深度为 95.2m，最深处有 158.9m，相当于 12 个滇池的水量、6 倍的洱海水量、4.5 倍的太湖水量，占云南九大高原湖泊总蓄水量的 72.8%，占全国淡水湖泊蓄水量的 9.16%。抚仙湖水质为 I 类，是国家一类饮用水源地，也是我国水质最好的天然湖泊之一。

星云湖位于江川区城北 1km 处，与抚仙湖仅一山之隔，一河相连，俗称江川海。湖面海拔高出抚仙湖 1m，该湖南北长 10.5km，东西平均宽 3.8km，最窄处 2.3km，湖岸线长 36.3km，总面积为 34.71km^2；平均水深 7m，最大深度 10m，透明度约 1.5m。由于湖水碧绿清澈，波光妩媚迷人，月明之夜，皎洁的月光映照湖面，如繁星闪烁，坠入湖中，晶亮如云，故而取名为星云湖。星云湖属营养性湖泊，是发展水产养殖业的天然场所，也是云南省较早有专业部门繁殖和放养鱼类的湖泊。

星云湖为高原断层湖，呈肾形，淡水。1960 年前，因河流上游水土流失，下游出口处泥沙淤积严重，多形成三角形冲积洲，其中尤以螺蛳铺河、渔村河、西河突出。星云湖湖湾多，湾弧深，鱼草繁茂，岸边柳树芦草成行。星云湖水面十

分平静，湖湾垂钓十分便利，与抚仙湖同定为省级旅游度假区。周围有主要河流16条，均为季节河，河水主要靠雨水补给。因此，夏秋水位上升，春末夏初水位下降，升降幅度在1m左右。

4.1.2　地质地貌及气候气象

抚仙湖、星云湖流域属滇中红土高原湖盆区，以高原地貌为主，是群山环抱的流域内湖泊，湖积平原狭窄，由于受构造盆地影响，区域内地势周围高、中间低、相对高差大。

抚仙湖为古近纪后期喜马拉雅运动中形成的地堑式断陷盆地积水成湖，在地质构造上，位于小江断裂带西支。湖盆东西两侧为断层崖或断块山地，相对高度达 100～200m，湖泊北端有近 70km² 的冲积平原，是澄江市所在地和大面积的农作物集中种植区域，湖盆南面为湖积-冲积平原，面积约为 5km²。区内最高点为梁王山，海拔为 2 820m。山脉经东虎山（海拔为 2 628m）、黑汉山（海拔为 2 494m）、谷堆山（海拔为 2 648m）、老君山（海拔为 2 319m）等一系列山脉由北向南东延伸，形成金沙江水系与珠江水系的分水岭，这些山脉像一道屏障，屹立在抚仙湖西岸。

星云湖沿岸坡度平缓，北西南三面为冲积平原，村镇分布密集，农田纵横。江川区城就坐落在这块冲积平原上。星云湖流域处于滇东“山”字形构造体系前弧与脊柱之间的盾地范围，由于地壳局部下陷形成星云湖，周围为低山、丘陵地形，星云湖为滇中高原陷落性浅水湖泊。

抚仙湖、星云湖流域属中亚热带半干旱高原季风气候，冬春季受印度北部次大陆干暖气流和北方南下的干冷气流控制；夏秋季主要受印度洋西南暖湿气流和北部湾东南暖湿气流影响，因而形成冬春干旱、夏秋多雨湿热、干湿分明的气候特征。抚仙湖、星云湖流域常年平均气温为15.5℃，年降水量为 800～1 100mm，全年80%～90%的雨量集中在5～10月的雨季；蒸发量一般大于降水量，为 1 200～1 900mm，日照时数为 2 000～2 400h。

4.1.3　土壤与植被

流域内土壤分为红壤、紫色土、棕壤 3 个土类，其中以红壤面积为最大。流域内植被以草地、灌丛、针叶林等次生植被为主。流域现阶段分布面积最大的是云南松、华山松等形成的针叶林，其次是禾草灌丛及石灰岩灌丛。流域内森林植被垂直分布规律明显，分为暖温性植被、温凉性植被、冷凉性植被 3 种类型。在抚仙湖-星云湖流域的湖盆区，主要种植水稻、玉米、烤烟、蚕豆、花卉、蓝莓、油菜、蔬菜及特色作物。

4.1.4　湖泊与主要入湖河流

抚仙湖属南盘江流域西江水系，周边主要入湖河流有东大河、代村河、马料河、梁王河、沙盆河、山冲河、尖山河、路居东大河、大鲫鱼河、牛摩大河、青鱼湾新大河、兜底寺河、西大河、上村河、大沟河、白石头河、蒿枝箐、大龙潭河和世家大河等。星云湖属珠江流域南盘江水系的源头湖泊，除隔河外，星云湖周边主要入湖河流有学河、周德营河、大龙潭河、东西大河、螺蛳铺河、大寨河、旧州河、大庄河、大街河、小街河、周官河、渔村河，共 12 条河流。

4.2　抚仙湖、星云湖流域农业农村经济发展情况

近年来，抚仙湖流域严格按照"保护第一、治理为要、科学规划、绿色发展"的思路和"共抓大保护、不搞大开发"的战略导向，坚持以水定城、以水定产、以水定人，大力实施"四退三还一护"，流域禁止机动船、禁止捕鱼、禁止规模化养殖，对抚仙湖周边储量达 7 600 万 t、市场价值约 167 亿元的 14 个磷矿点实施了关停禁采，共关闭径流区 29 家企业、49 个砂石场，全力抓好抚仙湖保护和生态文明建设，"十二五"期间共投资 35 亿元对抚仙湖实施生态修复、截污治污、农业面源防治、入湖河道综合整治、管理体系与能力建设的五大类工程 30 个水污染防治项目，已全部建成投运；"十三五"期间，投资 190 亿元实施 54 个"十三五"水环境保护治理规划项目和抚仙湖山水林田湖草生态保护修复工程，相继获得国家卫生县城、省级园林县城等 11 个国家和省级荣誉称号，被列为国家级旅游度假区、全国农村生活污水治理示范县等国家和省级试点有 11 个。

星云湖流域强化保护治理，持续实施一级保护区生态修复及生态屏障构建项目建设，开展一级保护区"四退三还一护"工作，全面构建星云湖保护治理生态屏障。"十三五"期间星云湖治理总投资 31.76 亿元，实施了环湖截污治污、河道综合治理、农业面源污染控制、科学补水、湖滨带生态修复、蓝藻水华处置等 18 项水环境保护治理工程。2020 年以来，星云湖综合水质稳步迈向脱劣目标，诠释了"绿水青山就是金山银山"的内涵。

4.2.1　两湖流域农业发展基本情况

1. 抚仙湖流域

澄江市辖区国土面积为 984.60km^2，径流区涉及 6 镇（街道）40 村（社区）384 个村（居）民小组，总人口 17.3 万人。全市耕地面积为 26.16 万亩，其中，径流区种植作物面积为 19.15 万亩。

2. 星云湖流域

江川区国土面积为 850km²，径流区涉及 4 镇 2 乡 2 街道，江城镇 5 个村（社区）、路居镇 5 个村（社区）及路居镇建制于 2016 年 1 月统一托管至澄江市后，现辖 3 镇 2 乡 2 街道（分别为江城镇、前卫镇、九溪镇、雄关乡、安化彝族乡、星云街道、宁海街道），共有 66 个村委会（社区）。2022 年末，常住人口 25.6 万。全区耕地面积为 17.86 万亩，其中，径流区现有耕地面积 7.80 万亩，径流区全年平均农作物总播种面积为 24 万亩（包括复种面积）。

3. 两湖流域内农业产业结构调整演变情况

两湖流域内农业产业结构调整经历了如下几个阶段。第一阶段 1995 年前以畜禽养殖及高污染粮食作物、经济作物为主；第二阶段 1995～2008 年从以经济效益较低的水稻、小麦和玉米等粮食作物为主转变为以种植烤烟和大水大肥高物质投入、高污染、高收益的蔬菜、花卉等经济作物和畜产品为主；第三阶段 2008～2015 年发展以烤烟、水稻、蔬菜、经济林果、花卉为主的种植业和以生态生猪为主的畜牧业，开展减肥、减药、节水等农业环保措施，大力发展绿色农业、观光农业、休闲农业、立体农业；第四阶段"十三五"以来，结合休耕轮作、土地流转、畜禽规模养殖关闭搬迁和水产养殖退出、面源污染和生态工程治理，逐步调整种植业结构，发展和推广低水、低耗、低污染品种和技术，积极探索农业发展新模式。表 4.1 为 2020 年 11 月抚仙湖、星云湖流域土质分析数据。

表 4.1　2020 年 11 月抚仙湖、星云湖流域土质分析数据

	取样点	pH	有机质/（g/kg）	TN/（g/kg）	水解性氮/（mg/kg）	TP/（g/kg）	有效磷/（mg/kg）
抚仙湖	轮耕农田	7.1	23.2	1.11	77	3.85	92.4
	蓝莓基地土壤	4.4	32.0	1.23	132	1.59	39.5
	休耕 3 年土壤	7.9	29.3	1.64	113	2.64	59.0
	烤烟藜麦轮作	7.8	20.9	1.14	82	3.45	50.9
	烤烟蚕豆轮作	7.8	25.9	1.57	103	3.91	87.0
	路居镇休耕 3 年土壤	7.1	22.0	1.29	94	2.59	41.4
星云湖	江城镇 F22 县道旁大棚花菜	7.9	28.7	1.96	148	1.71	57.2
	江城龙街社区大棚辣椒	7.9	44.6	2.86	204	1.74	32.8
	前卫过街村青蒜	7.7	20.9	1.35	133	1.36	148.6
	前卫镇花圃	6.8	24.3	1.41	132	1.36	87.2
	大街街道上大河村蚕豆	7.7	36.9	2.12	152	2.67	94.7
	大街街道摆寨村大蒜	7.8	55.6	3.49	248	2.45	96.9

资料来源：皆为调查取样，云南省农业科学院农业环境资源研究所分析。

4.2.2　抚仙湖流域生态农业发展情况

抚仙湖流域按照"优一精二强三"的产业结构调整思路，突出"生态、宜居、旅游"三大特色，坚持以产业结构变"新"、发展模式变"绿"、经济质量变"优"为目标，以"一城三镇八村"为抓手，统筹规划，综合施策，积极探索抚仙湖保护治理和"三农"工作的结合点，坚决打好产业转型升级攻坚战，推进乡村振兴、产业融合发展。

1. 加大农业产业结构调整力度

实施土地流转休耕轮作。投入 6.8 亿元完成坝区 5.8 万亩土地流转、休耕轮作，签订合同 45 046 份，每亩每年租金 4 000 元，一次性青苗补偿和设施补偿亩均为 4 000 元，受益农户 4.3 万户 10 万人，惠及建档立卡低收入户 1 089 户 3 166 人，低收入户通过发展生产、土地流转、入股分红、基地务工等方式增加收入，低收入人口土地流转收入人均达 6 575 元。同时，大力发展生态苗木、荷藕、蓝莓、水稻、烤烟等高原特色农业。2018 年以来，建成 2 万亩绿色优质烤烟水旱轮作示范区、3.1 万亩油菜花田、1.5 万亩绿化苗木基地、0.8 万亩蓝莓基地、0.57 万亩绿色水稻种植基地、0.4 万亩香根草种植基地、0.35 万亩荷藕基地。截至 2019 年末，已完成 8.7 万亩休耕，对抚仙湖径流区主要入湖河道实现了全覆盖。2020 年种植烤烟 1.3 万亩、水稻 0.4 万亩、荷藕 0.42 万亩、蓝莓 0.9 万亩、经济果木林 0.15 万亩、香根草 0.4 万亩、环湖带生态修复和湿地建设 0.7 万亩、休耕 0.4 万亩。成功招商引进 8 个田园综合体项目，占地总面积约 1.2 万亩。

2. 开展了抚仙湖径流区畜禽规模养殖关闭搬迁和水产养殖退出工作

开展抚仙湖径流区畜禽规模养殖关闭搬迁和水产养殖退出工作，具体如下。一是划定抚仙湖径流区 674.6km² 作为畜禽养殖禁养区，完成径流区内 1 090 户畜禽规模养殖实施关闭退出，根据《畜禽规模养殖粪污产生量测算参数》测算，关闭搬迁畜禽 139.665 3 万头（只），减少粪污排量 11.397 万 t。二是推进径流区内水产养殖退出。截至 2020 年 6 月，体量认定面积 702.677 亩 12（户）座水库、体量认定面积 359.63 亩 36（户）个坝塘、体量认定面积 207.76 亩 99（户）个池塘关闭退出。全市共有 146 户水产养殖户，完成协议签订 141 户，关闭退出 138 户 1 222 亩养殖面积。

3. 强化抚仙湖农业面源污染治理

通过休耕轮作、耕作模式改革、退田还湖还湿地还林或直接休耕、调整种植结构、转变农业生产方式，有效减少了径流区化肥农药使用量，农业面源污染取得新突破。2019 年、2020 年分别在径流区推广测土配方施肥 15 万亩、11.86 万亩。2019 年化肥年用量 1.8 万 t，较 2015 年减少 0.89 万 t（减幅 33%）。2019 年，农药使用量 123t，较 2015 年减少 146t（减幅 54%）。

4. 大力发展庄园经济和田园综合体

以生态+种植标准+龙头企业+合作社+农户的模式推进田园综合体建设，围绕蓝莓、荷藕、大樱桃、核桃及水生作物、绿化苗木生产基地重点打造了玉溪庄园、木森庄园、抚仙湖大樱桃庄园等 10 个农业庄园（省级庄园 4 个、市级庄园 6 个），培育农业龙头企业 17 家，引进田园综合体项目 8 家，成立农业专业合作社等新型经营主体 346 家，创建家庭农场 45 家，培育助农车间 3 家，辐射带动农户 3.8 万户。制定了以蓝莓为主的经果类一县一业工作方案，建设了 7 个以蓝莓、荷藕为代表的"一村一品"专业村。开展了 4 个抚仙湖有机水产品（抗浪鱼、小虾、云南倒刺鲃、银鱼）的申报工作，当地特色资源"澄江藕""抗浪鱼"已获地理标志证书。2020 年澄江市重点突出抓有机、创名牌、育龙头、建平台、解难题五大类 20 项目标任务，全力打造绿色食品牌。

5. 实施抚仙湖现代标准化农业产业面源和土壤污染控制示范项目

在径流区北岸的右所镇、龙街镇、东岸海口镇、南岸路居镇实施 2.1 万亩农业产业面源和土壤污染控制示范项目，包括农田整理 2.1 万亩，增施生物炭 2.02 万亩，安装智能高效水肥一体化设施 1.86 万亩等，从根本上解决农业生产面源污染，确保抚仙湖水质为 I 类。2019 年以来承担的长江经济带农业面源污染治理项目建设内容已全部完工。通过实施休耕轮作，5.8 万余亩坝区常年种植蔬菜耕地产生的氮、磷肥料施入量，每年可以就地削减纯氮 0.45 万 t、减少 78.9%，削减纯 P_2O_5 0.07 万 t、减少 63.63%，从而达到抚仙湖水环境容量负荷削减要求。

4.2.3 星云湖流域生态农业发展情况

1. 加大农业产业结构调整力度

2020 年制定印发了《星云湖沿湖生态烟叶（水稻、荷藕）种植工作方案》，种植水稻 16 115 亩、荷藕 1 860 亩、烟叶 48 100 亩，比 2019 年增加种植水稻 2 615 亩、荷藕 360 亩、烟叶 5 100 亩，可调减蔬菜种植面积 16 510 亩，减少化肥施用量 512.8t，减少农药施用量 8.48t。以沿湖环翠大线、大铁线、晋思线（前卫段）以下至星云湖沿岸坝区为重点区域，实施生态烟叶、水稻、荷藕替代蔬菜绿色种植。

2. 开展了星云湖径流区畜禽规模养殖关闭搬迁和水产养殖退出工作

积极推进畜禽养殖污染治理。制定出台了《玉溪市江川区 2020 年星云湖流域畜禽养殖污染整治方案》，以长江经济带农业面源污染治理项目建设为契机，按照人畜分离的原则，全区规划新建 16 个规范畜禽散养户集中养殖点，截至 2020 年末，已开工建设 14 个，完成资金投入 6 423 万元。全面推进畜禽粪便资源化利用和无害化处理，畜禽规模养殖户粪污综合利用率达 95.88%。一是划定畜禽养殖禁养区 58 块 166.58km²，限养区 26 块 158.42km²，为规范农村畜禽养殖，保护生态环境提供了遵循原则；二是依托长江经济带农业面源污染治理项目，开展对 5 个乡镇（街道）畜禽散养户粪污处理，建立集中养殖点 16 个（大街 5 个、江城 4 个、前卫 3 个、九溪 2 个、雄关 2 个），搬迁散养户 1 246 户，实现人畜分离，畜禽粪污资源化、无害化处理。

3. 持续开展农业面源污染治理

2019 年、2020 年在径流区分别推广测土配方施肥 12.3 万亩、12.8 万亩。2020 年推广新型肥料 4.75 万亩，有机肥替代部分化肥 1.35 万亩，水肥一体化面积 2.44 万亩，推广大量元素水溶肥 1.86 万亩，推广各种绿色防控面积 28.99 万亩次，测土配方施肥技术覆盖率达 90% 以上；建立了 3 个绿色防控综合示范区，面积 500 余亩。2020 年化肥、农药施用量分别比 2019 年削减 901t、9.15t。

4. 开展农田污染综合治理

农田污染综合治理措施如下。一是 2020 年在大街、江城、前卫、雄关 4 个乡镇（街道）完成 0.16 万亩生物可降解地膜示范推广，新建农业废弃物收集池 36 个和废弃农药及包装弃物收集箱 415 个。二是推广秸秆肥料化、饲料化、基质化、能源化、原料化，秸秆利用率达 96.79%。三是开展高效节水灌溉工程建设，完成前卫社区、业家山村委会片区 0.26 万亩高标准农田建设。其中高效节水面积 0.2 万亩，水肥一体化示范 0.06 万亩。全年在星云湖领域累计开展农田喷滴灌设施面积 2.01 万亩。四是推广"水稻＋"绿色生态高效种植模式，在江城镇温泉村落实稻田养鱼示范面积 53 亩，开展种养循环农业试点，减少污染物排放，提高种养生态综合效益。

4.2.4　两湖流域总体水质情况

1. 两湖流域总体调查研究情况

对星云湖大河咀人工湿地、抚仙湖管理局第二大队基地、云蓝蓝莓科技开发有限公司、玉溪市农业科学院基地、江川泉溪蔬菜产销专业合作社、江川养猪场、江川区丽珍养殖场、江川区顺康养殖场、种植养殖户等进行了实地调研，对东大河、梁王河、路居河、马料河、清水河、大街河、玉带河、周德营河、大龙潭河、东西大河等入河口取水样，并进行分析。

2. 两湖部分入湖河流河口水质分析

从对抚仙湖部分入湖河流河口水质各项指标（表 4.2）看，TN 为 0.34～2.71mg/L，以梁王河口为最高；TP 为 0.02～0.09mg/L，以路居河为最高；COD 为 15.0～26.6mg/L，以马料河为最高。

从对星云湖部分入湖河流河口水质各项指标看（表 4.2），TN 为 1.15～14.20mg/L，以玉带河入湖口为最高；TP 为 0.06～1.36mg/L，以玉带河入湖口最高；COD 为 37.5～326.0mg/L，以玉带河入湖口最高。

表 4.2　2020 年 11 月星云湖、抚仙湖部分入湖河流河口水质分析数据

取水点	TN/（mg/L）	TP/（mg/L）	COD/（mg/L）
梁王河口（抚仙湖）	2.71	0.02	15.0
东大河（抚仙湖）	0.44	0.06	17.4
马料河（抚仙湖）	1.07	0.07	26.6
清水河（抚仙湖）	1.58	0.03	24.4
路居河（抚仙湖）	0.34	0.09	19.0
玉带河入湖口（星云湖）	14.20	1.36	326.0
东西大河流（星云湖）	2.36	0.11	45.2
学河河流（星云湖）	2.99	0.14	44.0
周德营河流（星云湖）	1.15	0.07	44.0
大龙潭河流（星云湖）	1.85	0.06	39.0
渔村河河流（星云湖）	1.25	0.11	56.0
大庄河河流（星云湖）	11.40	0.67	44.8
大寨河流域（星云湖）	4.19	0.10	37.5

根据云南省生态环境厅《九大高原湖泊水质监测月报》2019 年 6 月～2020 年 12 月资料显示，抚仙湖 9 个入湖口点 19 个月共 171 个点月中除断流的 42 个点月外，分析 129 个点月。其中劣Ⅴ类水质出现 9 个点月，占 7%；Ⅴ类水质出现 15 个点月，占 11.6%；Ⅳ类水质出现 42 个点月，占 32.6%；Ⅲ类水质出现 21 个点月，占 16.3%；Ⅱ类水质出现 30 个点月，占 23.3%；Ⅰ类水质出现 12 个点月，占 9.3%（表 4.3）。

表4.3　2019年6月～2020年10月抚仙湖、星云湖入湖河流水质状况表

名称	抚仙湖									星云湖		
河流名称	路居河	马料河	隔河	东大河	山冲河	代村河	梁王河	尖山河	牛摩河	东西大河	大街河	渔村河
断面名称	入湖口	入湖口	入湖口	入湖口	入湖口	入湖口	入湖口	入湖口	入湖口	入湖口	入湖口	入湖口
水环境功能类别	I类	I类	I类	I类	I类	I类	I类	I类	I类	III类	III类	III类
2019年6月	IV类	IV类	I类	II类	IV类	IV类	II类	III类	IV类	劣V类	V类	劣V类
2019年7月	V类	V类	I类	劣V类	V类	—	II类	IV类	V类	劣V类	劣V类	V类
2019年8月	IV类	劣V类	I类	IV类	IV类	—	I类	IV类	III类	劣V类	劣V类	V类
2019年9月	IV类	IV类	II类	IV类	IV类	—	II类	IV类	IV类	劣V类	V类	V类
2019年10月	IV类	IV类	II类	III类	IV类	—	II类	IV类	IV类	劣V类	劣V类	V类
2019年11月	V类	IV类	I类	IV类	IV类	—	II类	III类	IV类	劣V类	劣V类	V类
2019年12月	IV类	IV类	II类	—	IV类	—	II类	IV类	IV类	劣V类	劣V类	V类
2020年1月	IV类	IV类	III类	—	—	—	II类	IV类	IV类	劣V类	劣V类	V类
2020年2月	III类	V类	I类	II类	劣V类	—	II类	IV类	III类	V类	V类	—
2020年3月	III类	劣V类	I类	—	—	—	II类	IV类	—	劣V类	—	IV类
2020年4月	V类	劣V类	I类	—	—	IV类	II类	III类	—	—	—	IV类
2020年5月	V类	IV类	II类	—	—	V类	II类	—	—	V类	V类	V类
2020年6月	IV类	IV类	II类	—	—	劣V类	III类	III类	—	V类	V类	V类
2020年7月	IV类	劣V类	IV类	III类	IV类	IV类	III类	III类	—	劣V类	V类	V类
2020年8月	IV类	劣V类	IV类	IV类	—	—	I类	III类	—	劣V类	IV类	V类
2020年9月	IV类	劣V类	IV类	—	IV类	—	—	—	III类	—	—	—
2020年10月	V类	III类	III类	III类	II类	—	I类	III类	III类	—	劣V类	劣V类
2020年11月	IV类	IV类	I类	—	II类	—	II类	III类	—	劣V类	V类	V类
2020年12月	III类	IV类	I类	—	II类	—	II类	III类	—	劣V类	V类	V类

资料来源：云南省生态环境厅《九大高原湖泊水质监测月报》。

注：“—”为断流。

　　路居河入湖口出现V类水质8次，占42.1%；IV类水质8次，占42.1%；未出现II类以下水质。马料河入湖口出现劣V类水质6次，占31.6%；V类水质3次，占15.8%；IV类水质8次，占42.1%。隔河入湖口未出现劣V类和V类水质，IV类水质4次，占21.1%；III类水质2次，占10.5%；II类水质7次，占36.8%；

Ⅰ类水质 6 次，占 31.6%；未出现Ⅱ类以下水质。梁王河入湖口水质未出现劣Ⅴ类、Ⅴ类和Ⅳ类，Ⅲ类水质仅出现 1 次；Ⅱ类水质出现 12 次，占 63.2%；Ⅰ类水质出现 6 次，占 31.6%。代村河、山冲河、东大河断流时间长（表 4.3）。

　　根据云南省生态环境厅《九大高原湖泊水质监测月报》2019 年 6 月～2020年 12 月资料显示，星云湖 3 个入湖口点 19 个月共 57 个点月中除断流的 4 个点月外，分析 53 个点月。其中劣Ⅴ类水质出现 23 个点月，占 43.4%；Ⅴ类水质出现27 个点月，占 50.9%；Ⅳ类水质仅出现 3 个点月，占 5.7%（表 4.3）。

　　3. 两湖总体水质情况分析

　　根据云南省生态环境厅《九大高原湖泊水质监测月报》2019 年 6 月～2020年 12 月资料显示，抚仙湖总体水质为Ⅰ类，污染度为优，污染指数为 0.09～0.12，营养状态指数为 17.4～25.1，营养状态为贫营养（表 4.4）。

表 4.4　2019 年 6 月～2020 年 12 月抚仙湖水质状况表

时间	水质类别	污染度	污染指数	营养状态指数	营养状态
2019 年 6 月	Ⅰ类	优	0.11	22.0	贫营养
2019 年 7 月	Ⅰ类	优	0.12	25.1	贫营养
2019 年 8 月	Ⅰ类	优	0.11	21.6	贫营养
2019 年 9 月	Ⅰ类	优	0.10	20.5	贫营养
2019 年 10 月	Ⅰ类	优	0.10	22.2	贫营养
2019 年 11 月	Ⅰ类	优	0.10	23.4	贫营养
2019 年 12 月	Ⅰ类	优	0.10	20.1	贫营养
2020 年 1 月	Ⅰ类	优	0.10	17.4	贫营养
2020 年 2 月	Ⅰ类	优	0.09	17.9	贫营养
2020 年 3 月	Ⅰ类	优	0.09	19.2	贫营养
2020 年 4 月	Ⅰ类	优	0.10	19.6	贫营养
2020 年 5 月	Ⅰ类	优	0.11	21.2	贫营养
2020 年 6 月	Ⅰ类	优	0.10	18.9	贫营养
2020 年 7 月	Ⅰ类	优	0.10	19.4	贫营养
2020 年 8 月	Ⅰ类	优	0.10	20.3	贫营养
2020 年 9 月	Ⅰ类	优	0.10	22.0	贫营养
2020 年 10 月	Ⅰ类	优	0.10	23.1	贫营养
2020 年 11 月	Ⅰ类	优	0.11	24.7	贫营养
2020 年 12 月	Ⅰ类	优	0.10	20.1	贫营养

　　资料来源：云南省生态环境厅《九大高原湖泊水质监测月报》。

根据云南省生态环境厅《九大高原湖泊水质监测月报》2019 年 6 月～2020年 12 月资料显示，星云湖总体水质为劣 V 类或 V 类。在 19 个月中，劣 V 类和重度污染出现 13 个月，占 68.4%；污染指数为 0.43～0.94；营养状态指数为 58.8～73.6，重度富营养出现 2 个月，占 10.5%；中度富营养出现 16 个月，占 84.2%，轻度富营养出现 1 个月，占 5.3%。超标指标有 TP、pH、COD、高锰酸盐指数、BOD_5（表 4.5）。

表 4.5　2019 年 6 月～2020 年 12 月星云湖水质状况表

时间	水质类别	污染度	污染指数	超标指标	营养状态指数	营养状态
2019 年 6 月	劣 V 类	重度污染	0.87	TP、COD、高锰酸盐指数	67.9	中度富营养
2019 年 7 月	劣 V 类	重度污染	0.88	TP、pH、COD、高锰酸盐指数	69.3	中度富营养
2019 年 8 月	劣 V 类	重度污染	0.94	TP、pH、COD、高锰酸盐指数、BOD_5	73.6	重度富营养
2019 年 9 月	劣 V 类	重度污染	0.87	TP、pH、COD、高锰酸盐指数、BOD_5	72.3	重度富营养
2019 年 10 月	劣 V 类	重度污染	0.61	TP、pH、COD、高锰酸盐指数	62.0	中度富营养
2019 年 11 月	劣 V 类	重度污染	0.61	TP、COD、高锰酸盐指数	63.1	中度富营养
2019 年 12 月	劣 V 类	重度污染	0.51	TP、COD、高锰酸盐指数	62.3	中度富营养
2020 年 1 月	V 类	中度污染	0.45	TP、COD、高锰酸盐指数	61.7	中度富营养
2020 年 2 月	V 类	中度污染	0.43	COD、TP（IV类）、高锰酸盐指数	60.9	中度富营养
2020 年 3 月	V 类	中度污染	0.37	COD、TP、高锰酸盐指数	58.8	轻度富营养
2020 年 4 月	V 类	中度污染	0.43	COD、TP、高锰酸盐指数	61.5	中度富营养
2020 年 5 月	劣 V 类	重度污染	0.55	COD、TP、高锰酸盐指数	64.3	中度富营养
2020 年 6 月	劣 V 类	重度污染	0.61	COD、pH、高锰酸盐指数、BOD_5	67.0	中度富营养
2020 年 7 月	劣 V 类	重度污染	0.57	TP（劣V类）、COD（劣V类）、高锰酸盐指数（IV类）	67.3	中度富营养
2020 年 8 月	劣 V 类	重度污染	0.58	TP、COD、pH、高锰酸盐指数	65.7	中度富营养
2020 年 9 月	劣 V 类	重度污染	0.62	TP、pH、COD、高锰酸盐指数	68.6	中度富营养
2020 年 10 月	劣 V 类	重度污染	0.60	TP、COD、高锰酸盐指数	69.2	中度富营养
2020 年 11 月	V 类	中度污染	0.55	TP、COD、高锰酸盐指数	66.1	中度富营养
2020 年 12 月	V 类	中度污染	0.49	TP、COD、高锰酸盐指数	64.1	中度富营养

资料来源：云南省生态环境厅《九大高原湖泊水质监测月报》。

4.3　抚仙湖、星云湖流域种植业、养殖业结构及分析

4.3.1　两湖流域种植业、养殖业结构

2019 年，抚仙湖流域（澄江市）粮食播种面积 6.795 9 万亩，占总播种面积

的 17.88%；烤烟播种面积 5.485 万亩，占总播种面积的 14.43%；蔬菜播种面积
20.7 万亩，占总播种面积的 54.47%；其他经济作物播种面积 5.024 5 万亩，占总
播种面积的 13.22%。2020 年，粮食播种面积 8.411 6 万亩，占总播种面积的 25.01%；
烤烟播种面积 5.6 万亩，占总播种面积的 16.65%；蔬菜播种面积 18.371 4 万亩，
占总播种面积的 54.63%；其他经济作物播种面积 1.248 万亩，占总播种面积的
3.71%（表 4.6）。

表 4.6 2019、2020 年星云湖、抚仙湖流域主要种植业情况

区域	种植作物	面积/万亩		总产/万 kg		单产/（kg/亩）		产值/万元	
		2019 年	2020 年	2019 年	2020 年	2019 年	2020 年	2019 年	2020 年
星云湖流域（江川区）	粮食	9.45	9.72	4 522	—	478.5	—	—	—
	水稻	1.35	1.611	—	—	—	—	—	—
	烤烟	7.3	4.81	1 037.33	—	142.1	—	30 640	—
	蔬菜	20.74	21.96	47 111	—	2 271.5	—	—	—
	花卉	1.42	1.83	—	—	—	—	45 700	—
	荷藕	0.15	0.186	—	—	—	—	—	—
抚仙湖流域（澄江市）	粮食	6.795 9	8.411 6	2 565.55	—	—	—	8 882	—
	烤烟	5.485	5.6	—	—	—	—	20 042	—
	蔬菜	20.7	18.371 4	21 887	18 528	—	—	84 081	98 149
	蓝莓	0.9	0.95	—	—	—	—	49 600	59 019
	荷藕	0.31	—	—	—	—	—	3 956	—
	油菜	3.689 5	0.115 8	—	—	—	—	4 318	—
	大豆、葵花	0.125	—	—	—	—	—	112.5	—
	其他	—	0.182 2	—	—	—	—	—	—

资料来源：根据 2019 年、2020 年江川区、澄江市农业农村局数据总结整理。

2019 年，星云湖流域（江川区）粮食播种面积 9.45 万亩，占总播种面积的
23.39%；烤烟播种面积 7.3 万亩，占总播种面积的 18.06%；蔬菜播种面积 20.74 万亩，
占总播种面积的 51.3%；其他经济作物播种面积 1.57 万亩，占总播种面积的 3.89%。
2020 年粮食播种面积 9.72 万亩，占总播种面积的 24.23%；烤烟播种面积 4.81 万
亩，占总播种面积的 11.99%；蔬菜播种面积 21.96 万亩，占总播种面积的 54.74%；
其他经济作物播种面积 2.016 万亩，占总播种面积的 5.03%（表 4.6）。

2019 年，抚仙湖流域（澄江市）生猪出栏 14 142 头，比 2018 年的 46 036 头
减少 31 894 头；牛出栏 1 256 头，比 2018 年的 3 751 头减少 2 495 头；羊出栏 9 242
只，比 2018 年的 15 284 只减少 6 042 只；家禽出栏 109 565 只，比 2018 年的

1 626 564 只减少 1 516 999 只。畜牧业产值 7 868 万元，比 2018 年的 28 415 万元减少 20 547 万元，减少 72.3%。渔业产值 3 378 万元，比 2018 年的 3 136 万元增加 242 万元，增加 7.7%。2020 年生猪出栏 11 031 头，牛出栏 986 头，羊出栏 9 162 只，家禽出栏 110 256 只。猪肉产量 93.7 万 kg，牛肉产量 12.5 万 kg，羊肉产量 25.7 万 kg，禽肉产量 19.8 万 kg，禽蛋产量 5.5 万 kg，牛奶产量 17.5 万 kg。畜牧业产值 6 285 万元，比 2018 年同期的 7 868 万元减少 1 583 万元，减少 20%。渔业的产值 1 745 万元，比 2018 年同期的 3 378 万元减少 1 633 万元，减少 48%（表 4.7）。

表 4.7　2019、2020 年星云湖、抚仙湖流域主要养殖业情况

区域	养殖种类	数量/万头		产量/万 kg		产值/万元	
		2019 年	2020 年	2019 年	2020 年	2019 年	2020 年
星云湖流域（江川区）	畜牧	—	—	2 817.4	—		
	渔业	水面面积 16.16 万亩		436	—	12 782	
抚仙湖流域（澄江市）	猪	1.414 2	1.103 1		93.7	7 868	6 285
	牛	0.125 6	0.098 6	—	肉 12.5，奶 17.5		
	羊	0.924 2	0.916 2		25.7		
	家禽	10.956 5	11.025 6	—	肉 19.8，蛋 5.5		
	渔业					3 378	1 745

资料来源：根据 2019 年、2020 年江川区、澄江市农业农村局数据总结整理。

2019 年，星云湖流域（江川区）在养殖产业方面突出仔猪产业优势，积极发展畜禽规模化、标准化生产，养殖业生产稳步发展，实现肉蛋奶总产量为 2 817.4 万 kg。全区渔业水面面积 16.16 万亩，完成渔业产量 436 万 kg，渔业总产值达 12 782 万元（表 4.7）。2020 年制定出台了《玉溪市江川区 2020 年星云湖流域畜禽养殖污染整治方案》，按照人畜分离的原则，规划新建 16 个规范畜禽散养户集中养殖点。

4.3.2　两湖流域绿色生态农业产业存在的问题及对策

近年来，两湖流域在农业产业结构调整和优化方面形成了提质增效的格局。但传统农业增长模式面临的土地资源透支、影响两湖水质、农产品质量风险等问题日益突出，成为制约农业可持续发展的关键因素。绿色生态农业产业发展是解决当前两湖农业可持续发展问题的关键所在，具有强烈的内生需求和强大的内在动力。但同时必须看到，新阶段的农业产业结构调整面临的内部条件、外部环境与过去有很大的不同，两湖流域绿色生态农业产业还存在不少问题。

1. 农业资源约束加剧

两湖流域人多地少，随着工业化、城镇化的快速推进，耕地数量减少、质量下降的问题突出，不断制约着农业可持续发展。土地资源和环境容量约束趋紧，高投入、高消耗、高排放、低效率的粗放式发展难以为继。星云湖周边高耗水耗肥的蔬菜类作物规模较大，农业面源污染问题突出、农产品质量和效益低下。因此，推进农业绿色生态发展，坚持节约集约高效利用农业资源，能够有效缓解资源利用强度，提高农业资源投入产出比和利用效率。

2. 种植业结构亟待优化

两湖流域的绿色生态农业若要健康快速地发展，须对种植业结构进行调整，在调优烤烟和稳定水稻的基础上，大力发展功能性农作物、特色经济作物、具有水体净化功能的水生植物、观赏植物和绿化苗木，为把抚仙湖流域打造为云南省及全国著名的农业休闲观光区，为把星云湖流域发展成为滇中有名的绿色生态农业区打好坚实的基础。

3. 农作物品种、品质结构、区域布局尚须优化

从环境保护角度考虑，两湖流域应重点发展优质绿色安全的农产品。两湖流域内现有农业品种结构对生态环境造成较大压力，两湖流域内须提高农产品的经济效益，发挥农产品食品安全保障功能，用高附加值的生态农产品取代高污染的农产品。

农业生产集中在两湖流域狭小的坝区内，区域布局问题突出。从流域整体看，表现出明显的同构性和低层次性，特色不明显。土地流转休耕后，抚仙湖北部缺乏科学合理的种植业区域布局。

4. 农业面源污染依然存在

推进农业绿色生态发展，坚持投入减量、绿色替代、种养循环、综合治理，不断提高化肥农药利用率、畜禽养殖粪污无害化处理水平、秸秆综合利用率、农资废弃物回收率，能够有效缓解农业面源污染加剧的趋势。

5. 农产品质量安全风险

推进农业绿色发展，坚持"产出来"和"管出来"两套体系协同高效运行，在农业生产标准化、绿色化、规模化、品牌化方面不断加强农产品质量安全监管，有效提高农产品品质和高端农产品供给能力，保障农产品质量安全。

4.3.3　两湖流域种植业、养殖业对湖泊生态环境的影响分析

近年来，随着社会经济的发展，抚仙湖、星云湖流域农村生活污染、固体废弃物和农田化肥大量使用，成为流域内氮、磷的主要污染源。刘雨等（2019）认为抚仙湖流域（澄江市）化肥污染、农药污染、农作物秸秆污染、农膜污染、畜禽养殖污染、生活废水和垃圾排放是主要污染源，抚仙湖径流区农田化肥污染负荷中排放氮肥 7 495t/年（纯量）、磷肥 2 248.5t/年（纯量）、COD 3 747.5t/年、TN 889.4t/年、TP 74.95t/年。2017 年抚仙湖径流区估算农药使用量为 236.3t，除 30%～40%被作物吸收外，大部分进入水体、土壤及农产品中。罗玉等（2020）分析了抚仙湖、星云湖流域氮、磷污染情况，"十二五"期间，抚仙湖流域农业面源污染中 TN 占总污染的 44.15%，TP 占总污染的 58.58%；畜禽粪便污染中 TN 占总污染的 15.17%，TP 占总污染的 11.60%；星云湖流域农业面源污染中 TN 占总污染的 55.51%，TP 占总污染的 58.63%；畜禽粪便污染中 TN 占总污染的 26.09%，TP 占总污染的 19.08%。

近年来，两湖流域在政府强有力的领导下，通过完善截污治污系统、土地流转休耕、强化流域空间管控、关闭搬迁畜禽规模养殖和水产养殖退出、强化生态修复和加强监管方面，为流域污染防治提供了一条切实可行的新方向和途径。

4.3.4　在认识和政策方面存在的主要问题

坚持问题导向是马克思主义的鲜明特点，是在实践过程中发现问题、筛选问题、研究问题和解决问题的重要方法。以问题导向为切入点，可以更好地得出绿色生态农业发展面临的瓶颈与突破点，进而获得相应的解决方法。经过分析发现，当前推进两湖流域绿色生态农业发展面临着以下认识和政策方面的主要问题。

1. 政府大力推动与农业生产者认知不足之间的矛盾

各级政府出于农业转型升级、生态环境保护压力的需要，大力推动绿色生态农业发展，但绿色生态农业发展整体上处于起步阶段，广大农民对于绿色发展的内涵、要求、目的及技术措施的认知程度还不高，对农业绿色发展新理念和新知识的接受需要一定的时间。

2. 新型应用技术与农民文化素质要求之间的矛盾

农业绿色生态发展技术主要包括农产品生产过程中的标准化操作规程、化肥农药减量精准施用、废弃物循环利用及其他生物工程技术等，对农民来说相对新颖，技术含量和对应应用者素质要求也相对较高。虽然农业企业在措施落实上有一定优势，但企业员工和雇用人员相对技术水平不高；单家独户进行农业生产的农村劳动力以中老年为主，整体知识水平也不高，因此全面深入推广存在一定困难。

3. 土地规模效益与当前农户实际经营规模不足之间的矛盾

目前，抚仙湖周边正实施大规模的土地流转休耕，为提高经营规模奠定了一定的基础；星云湖周边也组织了一定规模的专业合作社，为提高经营规模探索不同的组织形式。要保证农业绿色发展效益不降低，一个必要的手段就是进一步提高与两湖流域的资源承载力、农业生产要素构成、社会经济水平、政策环境等相适应的多元化、多层次的农业适度经营规模，获得规模效益。

4. 绿色生态农业发展的内涵要求与农业补贴政策之间的矛盾

当前，绿色生态农业发展不再一味追求更高产量，而是更加注重资源节约、环境友好和质量安全；但长期以来农业发展政策目标多集中于促进农业发展、增加农产品产出、保证粮食安全等方面。2016 年财政部、农业部联合印发了《建立以绿色生态为导向的农业补贴制度改革方案》，但目前处于探索创新、经验总结阶段，还需要不断地完善。

5. 短期内生产效益下降风险与农民经济人本性之间的矛盾

经济学认为，经济人的本性是趋利避害。当前由于农产品的优质优价还不易实现，采用绿色发展技术具有一定的"经济外部性"，短期内农业生产效益有下降的风险，要使作为经济人的农民主动采用绿色发展技术有一定难度，需要出台严格的法规和完善的利益激励机制对经济人行为进行约束。

4.3.5 发展绿色生态农业的要求分析

1. 绿色生态农业的市场化发展

市场化是农业产业化的基础内容之一，也是在产业化结构调整中需要注意的发展方向。在进行绿色生态农业建设及发展的过程中应改变传统的农业经营方式，突破以往农业经营封闭式的状态，切实实现对农业产业化的调整，在实际中充分地挖掘绿色生态农业所具备的优势，对资源进行合理配置，对绿色生态农业所具备的生态、环保、绿色等要素进行全面组合，并结合现今农业市场的运行机制及消费需求进行绿色生态产品购销，保证农业生产的效益。

2. 绿色生态农业的区域化发展

区域化是实现农业产业化的基础条件，这样可以保证在农业产业化结构中稳定地生产。在绿色生态农业中把提高农业综合经济效益、协调生态环境等作为发展的主要目标，并实现农业产业的标准化、统一化发展，因此具备了实现农业产业化结构调整的要求。绿色生态农业需要以全面、协调的发展模式为基准构建区域化的生产基地，这样也可以在区域内建立起符合绿色生态特征的生产布局，并且可以将绿色生态农业中的各个生产环节有效联系起来,以此加强对绿色生态农业的管理,实现区域内农业产业的可持续发展。

3. 绿色生态农业的规模化发展

农业产业化结构中包括生产、加工、销售、服务等环节内容,在绿色生态农业发展中需要以农业生产条件为基准来建立起具备规模化特征的产业结构,绿色生态农业生产基地具备一定的规模才能够实现农业产业的专业化、一体化的经营发展。通过扩大绿色生态农业的规模还可以进一步缓解传统农业经营形式与现代农业发展需求之间的矛盾,进而有效地增强绿色生态的辐射力,带动区域内的经济发展。

4. 绿色生态农业的社会化发展

社会化的发展体系能够使绿色生态农业以社会需求为基准来调整其经营方向,这样可以使产业结构的构成更为科学合理。在绿色生态农业社会化发展中应充分地利用现代技术对农业产业中的各类信息进行全面的收集,以此来加强对技术、资金、经营、生产等的管理。同时在农业产业化结构调整中还要注意规范企业的经营运作,结合绿色生态农业的特征进行规划设计,促使农业生产与企业发展协调互助,加强绿色生态农业产业发展的规范化、标准化。

4.4 抚仙湖、星云湖流域绿色生态农业内涵和发展空间构架

我国农业在发展的过程中对生态环境产生了较大的影响,资源及能源的消耗在一定程度上增加了生态环境的负担,而在生态文明建设的背景下绿色生态农业也成为现今农业产业的重要内容之一。绿色生态农业能够有效地降低其对环境的影响及破坏,可以在满足农业发展需求的同时对生态环境进行保护,因此通过绿色生态农业推进农业产业化结构的调整具有较高的实践价值。

4.4.1 两湖流域绿色生态农业内涵

20 世纪 80 年代末,包建中研究员率先提出了"绿色农业"的环保理念。这个理念引发了农业学者的广泛研究,"绿色农业"首次在中国掀起了研究的热潮,特别是在 2003 年,"绿色农业"环保理念在国际会议上首次被提出,这对世界农业的发展起到了巨大的推动作用。农业学者认为绿色食品才能真正地满足人们的需求,中国也一直坚持绿色农业的发展方向,2015 年颁布的《全国农业可持续发展规划(2015—2030 年)》将"绿色""生态"作为农业核心概念,提出具体可行的任务目标。

　　绿色生态农业的内涵可以从绿色农业、生态农业两个方面来解读。绿色农业要求的是产品安全，环境也不受破坏，生产的产品是环保农产品的前提下实现收益的稳定增长，绿色农业是一种全新的发展模式，使农民获得更高收益的同时又保护了环境。生态农业是充分利用地理优势，从当地的实际资源情况出发，在保护环境的前提下，合理利用资源的一种农业发展模式，最终也是为了达到环境和收益的协调发展的目的。

　　绿色生态农业是指按照生态经济学和农业生态学的基本原理，运用现代的先进科学技术、现代的农业装备技术和现代科学的管理经验，充分利用当地自然资源和社会资源优势，因地制宜、科学规划，有效组织实施的一种农业综合生产体系。其内涵特征表现为：一是现代性，就是在农业生产过程和管理过程中全面应用现代科学技术和现代经营管理技术，全面体现现代科技高度和科技水平；二是绿色性，是指农业生产过程及产品应用、使用的安全性和可靠性，它的重要标志是具有生产安全、无污染、无公害的特点；三是生态性，是指农业的发展及对资源的利用上，要达到良性生态循环和资源可持续利用及产业可持续发展。换言之，绿色生态农业是推动人类社会和经济全面、协调、可持续发展的农业发展模式。其特点是开放性、高效性、持续性及标准化。绿色生态农业是将绿色农业中对绿色产品实行标准化的方案进行引进，对农业的发展建立新的标准化体系，对绿色生态农业所产出的农产品实行严格的标准化管理，使农产品具备绿色食品的安全有效特征。同时在绿色生态农业模式的发展过程中，对资源的利用等方面，要做到生态农业所要求的合理利用资源，使之实现良性生态循环和资源利用及产业的可持续发展。因此，现代的绿色生态农业，是一个将现代性、绿色性、生态性集于一身的综合性的概念。

　　可以说，绿色生态农业是资源节约型农业。第一是节地，即集约利用土地，提高土地利用率和产出率。第二是节水，绿色生态农业打造"四季常青"的绿色景象，能减少水分蒸发，涵养水源；通过利用先进的"绿色技术"，如先进的灌溉制度、灌溉技术和科学的施肥制度等提高水资源利用效率，也起到了节水的效果，是一种节时、节地、节水、节能、高效、低耗的农业发展模式。

　　绿色生态农业是环境友好型农业。绿色生态农业要求各种农业活动要在环境承载力范围内，强调发展的可持续性，以绿色科技为动力，建立以清洁生产为中心的农业生产体系，转变农业生产方式，包括减量使用农药、化肥和地膜，改进种植养殖技术，发展农业生态工程、废弃物循环再利用工程，实现农业生产无害化和农业废弃物的资源化。

　　绿色生态农业是生态保育型农业。保育包含了保护与培育两层含义。绿色生态农业的发展不仅能够保存与维护生物物种及其栖息地，还能恢复、改良、重建和培育已退化的生态系统。

绿色生态农业是经济高效型农业。一是绿色生态农产品的市场广阔，消费者比例逐年递增；二是绿色生态农产品的需求价格稳定且较高。同时，绿色生态农业还提升了农业土地生产率、劳动生产率，有效改善农产品供给结构，全面提高农业的经济效益。事实证明，绿色生态农业正在成为农业增效、农民增收的有效途径之一。

概括起来，抚仙湖、星云湖流域绿色生态农业的内涵，就是要从抚仙湖、星云湖流域资源特点和发展的定位出发，以保护和发展两湖为目的，以市场需求为导向，以绿色发展理论、生态学理论及现代农业经济理论等为指导，通过科学规划、市场机制与政府有效扶持，在体现现代性、绿色性、生态性的同时，实现特色化、规模化、标准化、产业化、科技化的大生产，努力提高有限资源的利用效率和农业综合生产能力与市场竞争力，最终走出一条科技含量高、经济效益好、资源消耗低、环境污染少的绿色生态农业可持续发展之路。

4.4.2　两湖流域绿色生态农业发展空间构架

与两湖流域"三区三线"（三区是指生态空间、农业空间、城镇空间，三线是指永久基本农田保护红线、生态保护红线、城镇开发边界，三区三线是调整经济结构、规划产业发展、推进城镇化不可逾越的红线）划定相衔接，乡村生产、生活、生态相协调，经济、社会、生态效益相统一，打造绿色生态集约高效农业生产空间，营造宜居适度生活空间，保护山清水秀生态空间；形成与资源环境承载力相匹配，生产、生活、生态相协调的绿色农业发展格局，提高土地产出率、资源利用率、劳动生产率，实现农业节本增效、节约增收；坚持市场导向，推进导向转变；尊重农民意愿，提高劳动者素质；促进产业融合，形成三产新格局；依靠科技进步，提高产品科技含量；强化政策引领，实现两湖流域保护和发展双赢。

1. 两湖流域绿色生态农业系统的三维结构

霍尔三维结构是美国系统工程专家霍尔（Hall）提出的由时间维、逻辑维、知识维所组成的三维分析结构。该结构被广泛应用于系统工程中。时间维，表明系统工程各时间节点的发展；逻辑维，表明工程实施的思维程序；知识维，表明解决问题所需的知识综合。两湖流域绿色生态农业发展是典型的大型复杂系统工程，应采用科学的方法，选择最优方案，协调各种资源，在保护和治理两湖的约束条件下，实现绿色生态农业效益最大化。

基于霍尔三维结构理论，考虑绿色生态农业"三性五化"（三性是指公共性、基础性、社会性，五化是指品牌化、规模化、标准化、生态化、数字化）的特点，形成了两湖绿色生态农业系统三维空间结构（图 4.1）。其中，绿色生态农业政策服务维表示该系统的功能及类型区布局，种养加结构，政策引导及评价体系，社会化服务的规划、实施和随着时间的变化而更新的过程。绿色生态农业概念逻辑维是指发展该系统应该遵循的思维程序，就是结合两湖农业发展历史、现状和对绿色生态农业的要求、在保护和治理两湖的约束条件下形成的绿色生态农业概念体系，包括绿色生态农业、绿色生态观光农业、绿色生态立体农业、绿色生态休闲农业等。绿色生态农业技术维是指解决两湖绿色生态农业发展中的复杂系统问题需要的技术及其综合，主要有品种选育（择）、种养技术及标准化生产，以及农业面源污染治理、有害生物绿色防控、农业废弃物资源化利用等各种知识和技能。三维结构体系形象地描述了两湖流域绿色生态农业系统框架，对其中任一元素又可进一步展开，形成了分层次的立体结构体系。

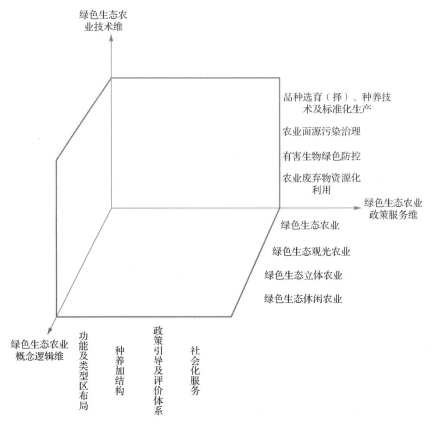

图 4.1　抚仙湖、星云湖绿色生态农业系统三维空间结构图

2. 两湖流域绿色生态农业系统的功能区划分

以湖岸为基准，形成围绕湖泊水体的 4 个功能区。

（1）湖滨缓冲带。沿湖泊最高水位线外延 100m 范围为湖滨缓冲带，即湖泊的一级保护区，禁止一切开发活动。

（2）限制开发区（污染物净化与青水养护区）。缓冲带外延 200m 的区域为限制开发区。在限制开发区内可建造湿地公园,种植有净化水体功能的植物,适当发展旅游业。

（3）绿色生态农业区。抚仙湖和星云湖限制开发区以外的坝区为绿色生态农业区。本区域可发展低污染、低能耗的产业,禁止种植高污染农作物,禁止规模化养殖,禁止大规模生猪养殖,严禁重污染、高耗能产业发展。

（4）水源涵养区。流域内的山体为水源涵养区,与水源涵养林、山地经济作物、有机林果相结合发展绿色生态立体农业、绿色生态休闲农业。

3. 两湖流域绿色生态农业概念及与功能区的逻辑关联

根据各个区域的自然优势和经济优势,将两湖流域的农业产业开发划分为绿色生态农业、绿色生态观光农业、绿色生态立体农业、绿色生态休闲农业,分别嵌于上述 4 个功能区之中。其中抚仙湖北部和西部以绿色生态农业、绿色生态休闲农业、绿色生态观光农业为主；抚仙湖南部、星云湖流域以绿色生态农业、绿色生态立体农业为主；抚仙湖东部以绿色生态休闲农业为主。同时,湖滨缓冲带内禁止进行任何农业活动。

（1）绿色生态农业。抚仙湖北部、西部及南部和星云湖流域是人类活动密集、两湖流域主要的种植业发展区域,本区以发展绿色生态农业为主,种植健康功能型农产品,如优质稻、水果玉米、高油酸油菜、富锌马铃薯、菜用蚕豆、藜麦、薏苡等作物；发展优质烤烟、特色花卉、绿色（有机）蔬菜等。同时推广测土配方施肥、有害生物绿色防控等技术,调整耕作制度,改善农业生态环境。

（2）绿色生态观光农业。抚仙湖北部和西部是两湖流域旅游景点集中地区,有孤山、阳光海岸、玉带河、禄充、波息湾风景旅游区、月亮湾湿地公园、帽天山风景区,旅游资源丰富。同时抚仙湖西岸狭长区域地形复杂,海拔高差错落有致,可与旅游业相配合,以景观农业为主发展绿色生态观光农业。星云湖西岸的前卫镇、北岸的江城镇依托特色小镇建设发展乡村旅游。在布局上要突出果树（花卉）品种特色和果（花）园环境,满足游客求新、求奇、求特的心理需求,充分展示果树（花卉）品种的特、奇、新、优、色、香等美学特点。通过合理布局,分片规划,种植不同花期和果实成熟期的果树（花卉）,设置赏花区、观果区、体验区等。

（3）绿色生态立体农业。抚仙湖南部和星云湖流域的部分区域可发展立体农业,充分利用先进的农业设施和不同的作物种类特性进行垂直空间的多层配置,在单位面积土地上,通过种植业、旅游业的结合,实现多物种共栖、多层配置、多级物质和能量循环利用,应用智慧农业新技术,实现自然资源的深度利用、主产品的多级深度加工、副产品的循环利用、技术形态的多元复合等。

（4）绿色生态休闲农业。抚仙湖东西两岸在传统农业生产的基础上有机地附加旅游观光功能，以生态学、美学和经济学原理指导农业生产。通过合理规划布局，充分发挥生态环境保护的外部性效益，使其具有生产、加工、销售、康养、旅游、娱乐等综合功能，促进城乡之间交流互动，形成新型农业生产经营形态。

4.4.3 调整绿色生态农业产业结构

农产品的供求关系已从过去的总量短缺变为供求总体平衡，而结构性供求矛盾开始突出，一些品种供过于求与另一些品种供不应求同时并存，农业发展的制约因素已经由过去单一的资源约束变成资源和市场的双重约束。在这种背景下，绿色生态农业产业结构的调整不仅要考虑各种农产品的数量平衡，而且要注意农产品的质量提升，更要努力实现农业的可持续发展。

1. 原则

调整优化农业产业结构是一项复杂的系统工程，必须统筹规划，科学安排，遵循以下原则。

（1）发挥区域比较优势。随着市场经济体制的建立和经济全球化的发展，进一步扩大农业区域分工，实现优势互补，是降低农产品生产成本、提高市场竞争力的必然要求。调整优化农业产业结构，要在发挥区域比较优势的基础上，逐步发展不同类型的专业生产区。每个地区要以资源为基础，因地制宜，发挥本地资源、经济、市场、技术等方面的优势，发展具有本地特色的优势农产品，逐步形成具有区域特色的农业主导产品和支柱产业，全面提高农业经济效益。

（2）以市场为导向。要根据市场需求及其变化趋势调整优化农业产业结构，满足社会对农产品多样化和优质化的需求。调整优化农业产业结构不能局限于本地市场，而要面向全国，面向世界，适应国内外市场需求。不仅要瞄准农产品的现实需要，而且要研究未来的市场需求趋势，以便在未来的市场变化中抢占先机。政府有关部门要加强对市场变化趋势的研究，逐步完善农产品市场体系和农产品流通体制，建立反应灵敏的信息网络，向农民提供及时准确的市场信息，为调整优化农业产业结构创造良好的市场环境。

（3）依靠科技进步。调整优化农业产业结构要充分依靠科技进步。要抓住改造传统产品和开发新产品两个重点，通过高新技术的应用、劳动者素质的提高，推进农业产业结构调整优化。当前，世界农业正在孕育着以生物技术、信息技术为主要标志的新的农业科技革命，要抓住机遇，加快农业科技创新体系建设，促进农业产业结构调整优化和升级。

（4）稳定提高农业综合生产能力。要严格保护耕地、林地、草地和水资源，防止水土流失。在不适宜耕作的地区实行退耕还林、还草、还湖，保护生态环境，实行可持续发展。继续大力开展农田水利等农业基础设施建设，加大农业科技研发和推广力度，通过提高农业综合生产能力，加快优势农产品的发展。

（5）发挥经济手段调控和引导的作用。要正确处理政府引导和发挥市场机制作用的关系。政府要根据市场供求变化，调整产业政策，适时进行宏观调控，实现总量平衡。同时，要做好市场预测、技术辅导等服务，引导和支持农民进行农业产业结构调整。

2. 近期调整建议

将产业生态化概念贯穿于农业产业结构调整的主线当中，改变现有土地利用的思维模式和产业流程，减少农业废弃物排放，提出"一稳、二调、三增"的农业产业结构调整总体思路。

（1）"一稳"。稳定烤烟生产规模。以良种普及和提升种植技术为支撑，进一步打造特色生态烟草基地和加工专用烟草基地，确保烟叶生产在整个农业产业种植结构中的优势。进一步优化种植结构，推进烟叶品种结构调整，有计划地扩大绿色烟草和有机烟草的比重，不断提升整个烟草种植农户的收入及产业的经济效益。

（2）"二调"。一是调增健康功能型食品原料生产规模，近期可选择优质稻、水果玉米、高油酸油菜、富锌马铃薯、菜用蚕豆、藜麦、薏苡等作物，为生产绿色生态农产品提供原料。二是调减大水大肥蔬菜（葱、蒜、芫荽等）的种植规模，发展以智慧农业、设施农业为载体的有机蔬菜，重建传统两湖流域优质蔬菜的核心地位和品牌形象。

（3）"三增"。一是增加特色水果（蓝莓、梨、李子、枣等）生产规模，在水源涵养区或利用山地和坡地发展水果业，结合旅游和两湖流域的景观，以发展绿色生态观光农业和绿色生态休闲农业为主，优化果园产业结构，依照农业产业化经营思路，生产绿色有机水果，创造两湖流域名优水果新品牌。二是增加荷藕、香根草、黄花菜等的种植面积，发挥其水土保持、土壤修复、净化水质的功能。在布局上与旅游观光、生态休闲和创新品牌相结合，增加其附加产值。三是增加花卉种植规模，依托九溪为核心的"亚洲花卉科创谷"，突出温带鲜切花优势重点，形成以康乃馨、玫瑰、百合为代表的一大批温带鲜切花优势品种，创建在全国乃至整个亚洲质量一流的花卉基地；在星云湖西岸、抚仙湖西北岸等区域规划建立或完善一批高标准现代观光旅游农业庄园，以壮大观光农业。

4.4.4　两湖流域绿色生态农业发展类型建议

抚仙湖周边结合旅游发展绿色生态观光农业、绿色生态休闲农业，发展成为云南省乃至全国著名的农业休闲观光区。此区域以生态康养及三产融合发展型和休闲观光型为主，与品牌带动型和设施农业型融为一体。

星云湖周边以设施农业型、智慧农业型为主，发展成为滇中有名的绿色生态农业区。此区域以设施农业型和品牌带动型为主,适当布局休闲观光型,为发展乡村旅游提供载体。

1. 生态康养及三产融合发展型

以绿色生态农业为基础、以田园风光(田园综合体)为氛围(载体)、以健康养生为主业(培育康养产业新业态),回归自然、有机生态、养身乐活是生态康养的发展理念。生态康养将绿色生态农业与特色农产品加工体验和观光休闲结合在一起,既为人们提供了一个环境优美、养身乐活之地,又提升了绿色生态农业的经济价值,实现了三产融合发展。

(1)抚仙湖北部和西部以庄园经济、休闲观光、绿色旅游、生态农业为主,把发展庄园经济作为农业产业结构调整的重要抓手,文化元素、现代农业、休闲旅游业等有机融合,按照有运营主体、有展示、有基地、有文化、有加工、有品牌的标准,打造玉溪庄园、木森(Mu Manor)庄园、抚仙湖大樱桃庄园等精品农业庄园。以现代农业庄园、特色民宿、田园综合体为载体,推动农村一二三产融合发展,使其成为云南省及全国著名的农业休闲观光区的龙头企业(项目),成为抚仙湖流域绿色生态农业的排头兵和主力军。目前,玉溪庄园获国家级旅游生态示范区、国家农业科技园区称号,木森庄园、玉溪庄园、大樱桃庄园获省级精品农业庄园认证。

(2)抚仙湖东部(南盘江峡谷带海口、老鹰地、海镜等区域)以生态田园、生态家园、生态涵养、生态康养、生态旅游、生态休闲的发展类型为主。此区域平地狭窄,除了有零星水田以外,大部分是山地、林地、旱坡地,以当地常绿树种及阔叶树种(如核桃、榕树、银杏树、香樟树、樱花)等特色乡土树种和柿子、柑橘、梨树、杨梅、竹子、板栗等经济林和景观林为自然乡土生态特色,通过合理规划布局,充分体现自然特色、田园风光、加工、销售、康养、旅游、娱乐等综合功能。同时,随着抚仙湖的生态环境持续向好,采用政府+社会投资+村民自主的经营模式,大力发展民宿旅游产业。

2. 休闲观光型

休闲观光农业是指农业自然资源通过统一规划,实现资源的优化整合,实现农业生产经营和农业在日常生活中的结合。以此不断满足人们日益增长的物质文化需要,向人们提供集观光和休闲于一体的新型绿色生态农业发展类型,实现休闲观光旅游和农业活动完美结合。此类型看重的是环境,包含生态原始性和环境适宜性。

(1)抚仙湖流域北部(龙街、右所)以特色高效经济林果(蓝莓、桃、樱桃、无花果)、景观苗木(杜鹃、樱花、蓝花楹、竹子、垂柳)绿色生态农业发展类型为主。重点把朱家山片区打造为国内规模最大的无公害万亩蓝莓生产示范基地。

抚仙湖流域北部属于整个流域治理的重点区，密集分布有 11 条进入抚仙湖的径流河道，水环境承载力占抚仙湖总承载力的 1/3，而该区过去农田径流污染物量占流域总农田径流污染物量的 50%，村落生活污水、人畜粪便产生的污染物量占整个流域农村污染的 57%。因此须加大龙头企业与科研单位、基地（合作社、农户）合作方式的创新力度，最大限度地在发展的同时保护水体。

（2）抚仙湖西部（立昌、明星、禄充等区域）以森林公园、森林村庄、经济林果、休闲观光的绿色生态农业休闲观光模式为主。此区域山区较多，地形复杂，海拔差悬殊、立体气候明显，适合发展立体林果业和休闲观光农业。围绕建设"深蓝抚仙湖""七彩抚仙湖""森林抚仙湖"的目标和国家山水林田湖草生态保护修复工程建设，以及石漠化综合治理、防护林建设、退耕还林、陡坡地生态治理等重点生态工程建设，全面启动了 15.1 万亩抚仙湖面山绿化植被恢复治理行动，种植公益林 9.6 万亩、防护林 7 万亩，石漠化地区林业生态治理 6.3 万亩，开展林业碳汇造林项目 1 万亩，发展经济效益较高的特色经济果木林 4.05 万亩，建成森林公园、湿地公园各 1 个，自然湿地保护率达 96%，森林覆盖率达 34.5%。同时，该区域旅游资源丰富，拥有大量旅游景点：孤山、阳光海岸、玉带河、古滇文明、民俗宗教文化旅游区和禄充、波息湾风景旅游区。

（3）两湖环湖湖滨区域以经济林果（梨、李、桃、樱桃、无花果、枣、树莓等）、景观苗木（杜鹃、樱花、蓝花楹、竹子、垂柳）、水生植物（荷藕、香根草）、湿地公园等绿色生态观光农业发展模式为主。

3. 设施农业型

设施农业是指通过改变自然条件，使用人工培育的办法，建立起来的有利于实现农业发展的模式。通过发展设施农业，农作物能够全天不间断地生长。同时，设施农业的农业发展模式拥有的是全新的生产技术系统，在发展现代农业过程中，关键的设备包含环境安全型温室等。在发展环境安全型温室农业的模式中，一定要学会使用太阳能的覆盖材料，这样可以保证绿色农业在发展过程中尽管在寒冷的冬季仍然可以进行生产和种植。

星云湖东西南部（前卫、江城、路居为主区域）以特色经济作物（绿色有机蔬菜、花卉、草莓）设施农业、旅游度假绿色生态农业发展类型为主。改革耕作制度、压减大水大肥大药作物、发展生态友好型作物种植及设施节水等，发展有机蔬菜、烤烟、油菜、蚕豆、花卉、林果、草莓等节水节肥节药型作物，种植水稻、荷藕等具有湿地净化功能的水生作物，调减传统的高耗肥药蔬菜种植，采取测土配方施肥、绿色防控、病虫害统防统治和有机肥替代化肥措施，在星云湖径流区实施农药化肥负增长行动，有效减少农业面源污染，调整优化坝区种植结构，发展生态绿色农业和观光休闲农业，实现一三产的融合发展。

4. 品牌带动型

一般情况下，一个地区的特色品牌农业是实现这个地区优势品牌的主要目标，这样就可以实现绿色农业的最大经济价值，实现绿色农业需要将经济价值和生态价值协调统一，突出地区的特色品牌价值，在发展绿色农业的过程中，需要以市场需要为发展动力，通过使用现代化的科学手段发展绿色农业，这样就可以形成高效的配置。以某一特定的生产对象为发展的主要目标，打造以"澄江蓝莓""江川蔬菜"等为代表的一批知名的区域性公用品牌，完成规模适度和特色突出的非均衡农业生产模式。

抚仙湖北部、星云湖南部以烤烟—油菜—水稻—蚕豆、水稻—油菜—烤烟—蚕豆的轮作绿色生态农业发展类型为主。该区域应全力打造绿色食品牌，按照大产业+新主体+新平台建设思路，做精做强以烟菜花果药畜为重点的高原特色农业产业，强化产业基地认定管理，推动产品落在品牌上，品牌落在企业上，企业落在基地上，全力争创当地"十大名品"。做好有机农产品、绿色食品、地理标志农产品认证和管理。该区域属于两湖流域面源污染重点防治区，实施轮作制度与良种、绿色生产标准、节水减肥减药、测土配方、绿色防控、农业废弃物资源化利用相结合，不仅降低了氮、磷排放，保育了土地，稳定了烤烟核心产区，而且确保了粮食作物的生产。此外，还应规范发展家庭农场、农民合作社等新型农业经营主体，扩大电子商务进农村覆盖面，深化与京东等电商平台合作，扩大绿色食品线上销售，培育一批农村电商，延伸服务网点。

4.4.5　发展绿色生态农业的技术措施

1. 加强品种选育及绿色生态栽培技术研究

加强科技攻关，按照绿色生态农产品的生产要求和市场需求，组织科技人员选育、改良一批有竞争力的名、特、新、优的换代品种。近期重点应放在有机烟草、功能型作物、生态蔬菜、特色水果、水生植物等的品种引进和选育研究方面，并从设施栽培、生物有机农业、节水节肥、绿色防控等方面开展研究，选准技术成熟度高的项目示范推广。同时对良种繁育技术、特色产品加工技术开展研究。

2. 完善标准体系，保证农产品质量安全

推动两湖流域绿色生态农业发展，需要进一步制定一套符合两湖流域的绿色生态农业技术规程标准，包括农业资源核算与生态功能评估技术标准、农业投入品质量安全技术标准、农业绿色生产技术标准、农产品质量安全评价与检测技术标准、农业资源与产地环境技术标准等。同时，还须落实国家的绿色农产品市场准入制度，提高绿色食品认证的公信力，维护绿色食品市场的稳定，谨防假冒伪劣产品流入市场。同时积极构建农产品安全追溯公共服务平台，确保每个农产品都可追溯。

近期要建立、健全和完善两湖流域绿色生态农产品地方标准，完善耕地、播种、施肥、田间管理及病虫害防治等各环节操作技术规程。根据国内外市场需求，制定环境标准、生产操作规程、产品质量和卫生标准、农产品质量分等分级标准、产品包装标准等。积极推进统一品种、统一操作规程、统一生产资料、统一田间管理档案、统一收获标准的管理办法落地实施。

3. 加强农业面源污染治理力度

两湖流域农业面源污染主要是由农事活动产生的废弃物对农田造成的污染和农药化肥使用过量形成氮、磷污染，在治理上采用源头减量—过程阻断—养分再利用—生态修复的治理思路。从种植业开始实行源头减量技术，在污染物的控制过程中采用过程阻断技术，针对农业面源污染的过程采用循环利用技术以减少水体中的污染量，最后对水体污染实行生态修复，从而达到农业面源污染规模化防控效果。实施果菜有机肥替代化肥，采取多种方式施用有机肥，开展化肥减量增效、集成推广化肥减量增效技术模式。构建生物田埂，截留农田氮、磷流失，抵御水土流失，增加农田生物多样性，保障农田环境安全，降低农田氮、磷流失对水环境的污染。充分利用原有排水沟渠，对其进行一定的生态化改造，建成生态拦截型沟渠系统，使之在原有的排水功能基础上，增加对农田排水中所携带氮、磷等养分的吸收、吸附和降解等生态功能。

4. 推广绿色防控关键技术

在加强有害生物的准确监测预报和综合运用农业预防措施的基础上，合理利用诱杀、阻隔、生物防治和植物源农药防治相结合的配套措施，使生态控制、生物防治和化学防治相协调，开展农药减量控害行动和科学使用，加快推进统防统治与绿色防控相融合。

在农业生态调控方面，利用生物多样性技术，合理利用抗病虫品种，优化作物布局，合理轮（间、套）作，培育健康种子种苗，改善水肥管理，同时结合农田生态工程、果园生草覆盖、绿肥作物种植、天敌诱集带种植等生物多样性调控与自然天敌保护利用等技术，创造利于农作物生长而不利于病虫害危害的环境条件，增强自然控害能力和作物抗病虫能力。在理化诱控方面，利用农业害虫趋光、趋化性等原理，应用太阳能杀虫灯等"光诱"产品，黄板、蓝板、色板与性诱剂组合的"色诱"产品，以及"糖醋诱捕器"等"食诱"产品，性诱剂诱捕和昆虫信息素迷向等"性诱"产品，并组装集成"四诱"配套应用技术。在生物防治方面，利用天敌昆虫、昆虫致病菌、农用抗生素及其他生防制剂和生物抗性诱导制剂控制农业病虫害，可以直接替代部分化学农药的应用，减少化学农药的用量，有利于保持生态平衡和产业绿色发展。在科学用药方面，应用高效、低毒、低残留的化学农药，优化并集成精准使用、交替使用和安全使用等技术，严格遵守农药安全使用间隔期，通过科学、合理和安全使用，逐步减少化学农药的用量。

5. 提升农业废弃物资源综合利用能力

实施畜禽养殖及废弃物资源化利用专项行动，建立种养业废弃物回收激励机制，以有机肥和农村能源为主要利用方向，提高资源化利用水平。实施生物降解地膜替代、一膜多用、机械化地膜回收、适期揭膜回收技术，畜禽粪便的沼气化利用、好氧堆肥和制备复混肥技术，秸秆直接还田、秸秆生物碳、饲料化利用技术，以及农业废弃物育苗基质化利用技术等。

加大推动清洁养殖，引导养殖场（户）发展标准化、规模化养殖，通过村规民约引导畜禽养殖向养殖小区集中。有序推进和完善畜禽规模养殖场粪污处理设备建设。加强农作物秸秆禁烧管控和综合利用，集成推广一批秸秆收、储、运、用典型模式，建立秸秆利用长效机制。推广使用沼气和生物天然气，提高农村清洁用能比重。

6. 发展绿色生态循环农业

围绕农业清洁生产工程、生态家园富民工程、畜禽粪便沼气综合利用工程等，推广日光温室配套、秸秆打捆、青贮氨化、免耕留茬、保护性耕作、农田节水灌溉、生物有机肥制造、废旧农膜加工利用等生态循环农业实用技术，绿色生态农业工作取得了新进展。

7. 发展绿色生态智慧农业

利用大数据、云计算、智能传感系统、物联网、人工智能、"3S"技术、自动控制和互联网等现代信息技术，在两湖流域的绿色生态农业生产、加工、经营、管理和服务等环节实现"精准化种植""可视化管理""互联网销售""智能化决策""社会化服务"等全程智能化管理。

面对两湖流域目前的严峻环境局势，智慧农业正为绿色生态农业发展提供新的路径。智慧农业通过将农业生产单元和周边的生态环境视为整体，并对其物质交换和能量循环关系进行系统、精密运算，保障农业生产的生态环境在可承受范围内，如定量施肥不会造成土壤板结，经处理排放的畜禽粪便不会造成水和大气污染，反而能培肥地力等，极大限度地节约化肥、水、农药等投入，把各种原料的使用量控制在非常准确的程度，让农业经营像工业流程一样连续地进行，从而实现规模化经营。

基于精准的农业传感器进行实时监测，利用云计算、数据挖掘等技术进行多层次分析，并将分析指令与各种控制设备进行联动完成农业生产、管理。这种智能机械代替人的农业劳作，不仅解决了农业劳动力日益紧缺的问题，而且实现了农业生产高度规模化、集约化、工厂化，提高了农业生产对自然环境风险的应对能力，使弱势的传统农业成为具有高效率的现代产业，显著提高了农业生产经营效率。

4.4.6　构建两湖流域绿色生态农业发展水平评价体系

1. 评价体系的构建原则

（1）科学性原则。为保证评价指标体系的科学化，应使所设置的评价指标紧扣绿色生态农业基本内涵和特征要求，能够客观地反映两湖流域绿色生态农业的发展状况。一方面，应科学合理地确定评价指标范围，避免出现评价指标体系过大或过小，影响评价的准确性。另一方面，应该采取科学的方法确定各个指标的权重，尽可能地保证评价结果足够客观、科学。

（2）层次性原则。评价指标体系是由多个指标组成的复杂系统，包含了各个不同的层面，且彼此之间相互联系、相互影响。评价指标体系应围绕总体目标，细化分层，使指标体系结构清晰、层次分明，指标间呈现出递进的关系，具有一定的梯度，能反映各个指标之间的支配关系。

（3）可操作性原则。在构建相关评价指标体系时要考虑数据的收集是否具有可操作性，尽量避免由于数据难以收集或者无法收集而造成该评价指标体系无法操作的情况。

2. 指标选取

从两湖流域绿色生态农业的基本内涵和特征出发，秉持科学性、层次性、可操作性原则，选取两湖流域绿色生态农业发展水平作为一级指标。基于绿色生态农业的基本特征，即现代性、绿色性、生态性，选取现代科技应用、绿色供给、资源节约环境友好 3 个指标作为二级指标，在二级指标的基础上，进一步选取具体指标作为三级指标。

（1）现代科技应用指标包含生产过程的标准化率、良种使用率、智慧农业投入与农业总产值比重、设施农业面积占播种面积的比重、现代化农业机械使用率等。

（2）绿色供给指标包含三品一标（无公害农产品、绿色食品、有机农产品和地理标志农产品）认证面积占播种面积的比重、三品一标认证数量、三品一标产值与农业总产值比重、农产品质量合格率等。

（3）资源节约环境友好指标包含土壤有机质含量、单位农业产值耗水量、农药和化肥使用强度、秸秆综合利用率、农膜使用强度、农业 COD 排放强度、农业氨氮排放强度等。

3. 评价模型的构建

依据科学性、系统性和层次性原则，可采用层次分析法来建构评价模型。层次分析法将所要研究的问题视为一个系统，逐项分析系统内部各项指标，确定其在系统内的作用、所处的位置及指标间的相互关系，并在此基础上定量地指出各层次中所有指标的相对重要性，并计算出各指标的权重。层次分析法突出的特点是思维过程数学化，减少了权重赋值中的主观性，适于处理不宜量化、决策准则较多、结构复杂的问题。

4.5　抚仙湖、星云湖流域绿色生态农业发展意见和建议

推动绿色生态农业的发展，要牢固树立绿色发展理念，以农业供给侧结构性改革为主线，以实施乡村振兴战略为抓手，以绿色发展为导向；要与实施乡村振兴战略相结合，切实增加绿色优质农产品供给，培育现代农业产业经济，发展农村新产业新业态，加快发展农产品精深加工业和互联网+农村物流服务业，着力推动农产品标准化、品牌化，做优做精乡村旅游、飞地经济、文化创意、电子商务等，促进农村一二三产融合发展；要与生态文明建设相结合，将农业绿色发展优先摆在生态文明建设全局的重要位置，坚持从农业发展实际出发，加快创新体制机制，深入推进农业绿色发展已成为生态文明建设的必由之路；要扎实开展好以农村生活污水治理、垃圾处理、厕所革命为重点的农村人居环境综合整治，制定和完善科学合理的绿色规划、绿色项目、绿色治理、绿色修复、绿色补偿等政策体系和科技创新体系；要扎实做好转方式、调结构、强产业、育品牌、抓示范等各项工作。

4.5.1　树立绿色生态农业发展理念，培育绿色生态农业文化

树立农业生产发展与生态环境保护兼顾理念。采取更加注重资源节约、注重环境友好、注重生态保育、注重产品质量的农业生产和发展方式，统筹农业生产发展与农业生态环境保护，推动农业生产与生态环境修复和提升同步推进、协调发展。

树立农业投入品使用与废弃物循环利用统筹理念。通过发展生态循环农业，以秸秆、畜禽粪便等废弃物的循环利用为方向，统筹农业投入品使用和废弃物资源化利用，实现投入减量化、资源再利用、产品再循环，推动资源节约、环境友好、效益提高。

树立农业基本功能保持与多功能培育并重理念。在保持农业提供农产品基本功能的前提下，创新和培育农业新兴功能，提供旅游、采摘、休闲、品牌、创意、生态、农耕文明等多产融合的理念，发挥经济、社会、环境、政治、文化等多样化功能，实现综合价值。

4.5.2　完善政府政策和保障机制，建立多层次的投融资体系

生态农业的发展离不开政府的支持，政府的方针政策为农业的发展保驾护航，要处理好政府与农民的关系。在生态农业建设中，政府作为生态建设的主导，有必要出台一些利于农业发展的政策，把资金用在刀刃上，以实现资源的有效配置。政府的主要作用是充分调动农民参与生态建设的积极性，让政策方针落到实处。同时政府还要发挥监管职能，监督政策的实施效果、生态农业的发展方向和农民经验策略的合理性，最终引导农民发展绿色生态农业。

作为政府和相关金融部门，一定要提高认识，并付诸行动，切实给予生态农业从业者一定的优惠政策并加以扶持，如在财政与信贷方面减免税收、产业保险及设立绿色农业产业化发展专项基金等。同时还应广开渠道，努力打造多元化、多层次的资金投入体系。除此之外，还应加大力度积极快速发展新型农村金融机构，如贷款公司、村镇银行、农业互助合作组等。作为当地主管部门，要善于发现并积极扶持绿色农产品市场前景广阔且独有特色的农业高新技术企业，大力扶持其规模化发展。在做好这方面工作的同时，还应注意加强对民间信贷方面的规范管理，注重制度建设和法规方面的管理，把相关风险降至最低。另外，走出去、请进来，认真学习借鉴先进地区的好思路和好办法，建立健全并逐步完善现有农村信贷担保体制，使农村小额信贷发放工作进入到常态化、规范化轨道上，使之真正有效地服务于绿色生态农业产业化建设，同时也可以更好地促进农业保险业健康有序地发展。

政府可以根据绿色生态农业发展的需要，加大补贴力度，利用补贴对表现优秀的企业和个人进行奖励，增强其参与绿色生态农业建设的积极性。绿色生态农业发展需要大量的资金投入和支持，必须在持续加大财政资金投入的同时，更加注重发挥好财政资金的导向作用，提高财政资金的使用效能，积极撬动和吸引社会资本参与绿色生态农业发展。同时，政府、科研机构发挥其在技术推广、绿色认证和开拓绿色市场方面的帮助和辅导作用；鼓励大学生回乡创业，带领当地农民一起致富；建立农产品收购制度，打消农民种植特色农产品销售难的后顾之忧。

4.5.3　加快绿色生态农业科技支撑及成果转化

不断创新绿色农业科技新体系，积极构建绿色生态科技服务平台，大力推进创新团队建设。

（1）制定绿色产业标准，构建安全体系。围绕粮食、蔬菜、花卉、水果等特色产业及主导产品，加快制定彰显两湖特色的绿色生态农产品生产、加工标准，提高标准的实用性和可操作性，使农业绿色发展有标可依、有章可循。逐步建立农产品绿色生态标准体系，实行农产品优质优价。

（2）加强技术研发和技术整合，集中力量在优良品种选育、新型肥料、生物农药、机艺融合、废弃物循环利用、污染综合修复等领域开展技术攻关。同时积极把先进的科研成果应用到农业生产中去，提高农业生产效率，实现农业的绿色生态发展。

（3）加强基层农技服务体系建设，加强人才培养和农民培训。提高基层农技推广人员发展绿色生态农业的水平和广大农业生产者使用绿色技术的能力。

4.5.4　扶持农业经营主体，培育优秀企业，丰富农业业态

实践证明，企业发展、农民提高经济收益都离不开当地政府的支持与扶持。因而，当地政府部门一定要站在企业与农户的角度，切实担负起相应的责任和义务，想方设法为本地区培育出一批经济与技术实力雄厚、市场影响力大、能带动一方经济发展的绿色农产品龙头企业，唯有如此，才能推进农业产业化更好更快发展。所以说，相关政府部门应本着想企业与农户之所想，急企业与农户之所急的态度，加快培育出有实力、有规模、有影响力的本地区绿色生态农业企业，从而造福一方。

丰富农业业态，借助澄江抚仙湖径流区耕地轮作休耕项目的实施，大力打造田园综合体，示范开展"互联网+现代农业"行动，发展智慧农业，推进现代信息技术应用于农业生产、经营、管理和服务。开展数据汇集与挖掘，建设全市农业大数据中心，增加大数据产品服务供给。推动科技、人文等元素融入农业，发展农田艺术景观等创意农业。鼓励在抚仙湖径流区外发展休闲观光农业、认养农业、高科技农业，不断丰富澄江市农业新型业态。

完善农村土地管理制度，进一步明晰土地产权，推进所有权、承包权和经营权"三权分离"。加快土地承包权确权，建立土地经营权流转有形市场，规范土地流转合同管理，强化土地流转契约执行，消除土地流转中诸多不确定性因素，稳定土地流出和流入的经济预期。

提高政府政策支持力度，设立补贴资金，对达到一定规模或条件的、引领带动绿色生态农业发展的新型经营主体给予优先补贴或奖励；扩展有效担保抵押物范围，将土地经营权、农房、土地附属设施、大型农机具等纳入其中，扶持其扩大生产经营规模，提高效益。

4.5.5　实施农业绿色发展的重大工程

1. 农业面源污染综合治理工程

实施化肥农药使用零增长行动，有机肥替代化肥行动，推广节肥、高效施肥技术，推进化肥减量增效。开展测土配方施肥，实施菜果茶节药和精准施药，强化高效植保技术及机具研究推广，推进专业化统防统治与绿色防控技术融合，加强绿色防控示范区建设。治理畜禽养殖污染，科学合理地划定禁养区，引导畜禽养殖向非禁养区养殖密度较低区域转移。加强水生动物病害测报，促进规范用药。开展典型流域农业面源污染综合治理，探索可推广可复制的污染减排治理技术路径和模式。

2. 农业废弃物资源化利用工程

开展农业废弃物资源化利用试点，推进秸秆机械化还田和农机深松整地作业，支持建立秸秆收储运用体系，鼓励发展高附加值的秸秆利用产业。通过工程处理、生物处理和农牧结合途径，推广多种畜禽粪便资源化利用方式，提高规模养殖场畜禽粪便综合利用率。实施生态循环农业示范建设，推广高效生态循环农业模式，支持规模畜禽养殖场与规模种植主体对接，实现种养结合、资源循环。继续实施规模化大型沼气、规模化生物天然气工程项目建设。完善病死畜禽无害化处理体系，强化屠宰废水净化处理。示范推广使用加厚农膜，开展废旧农膜及农药包装回收处理试点工作，探索建立区域回收补贴机制。

3. 农产品品牌和质量安全建设工程

加大农产品品牌培育力度，推动创建区域公用品牌，打造知名品牌，推动农产品优质优价。全面推行农业标准化生产和全程质量控制，发展三品一标。加强农产品产地准出与市场准入衔接，建立农产品质量可追溯信息平台，强化质量安全风险管控。积极培育农产品精深加工龙头企业，加大对德春藕粉、仙湖藕粉、昊海蓝莓、三百亩香椿加工厂等本地企业的扶持力度，加快农产品冷链物流和现代流通体系建设。通过"政府带动、企业联动、农户参与"的方式，以地理标志知识产权为纽带、以龙头企业为平台，把分散的农户通过新的经济模式与市场紧密相连；通过着力打造"澄江藕"国家地理标志证明商标和"抚仙湖舌尖上的大樱桃""六大名鱼之一——抗浪鱼"等一系列知名品牌，彰显澄江市高原特色优势农产品特色，做大做强品牌，提高澄江市农产品核心竞争力，推进特色农业产业发展。

4. 农业生态保护和修复工程

严格保护耕地，划定永久基本农田，完善补偿激励机制，落实保护措施。实施耕地质量保护与提升行动，建设高标准农田，加大中低产田改造力度。加强水土流失治理，推进河道疏浚、岸坡整治、水系连通等工程建设。继续扩大开展耕地轮作休耕制度试点，鼓励开展生态休耕，合理确定补助标准，保障农户收益。严格执行休渔禁渔制度，加大渔业资源增殖放流力度，强化特种鱼类保护区建设。

第5章 阳宗海流域绿色生态农业农村发展模式研究

云南省九大高原湖泊流域面积虽然在云南省总面积中只占 2.1%，但其每年创造了全省 1/3 以上的 GDP，对云南省的经济和社会发展具有重要作用。在九湖流域内，分布着云南省重要的经济中心和重要城市，如昆明、大理、丽江等。九湖从整体上看具有支持大都市发展、支持农业特别是现代农业的发展、支持旅游业的发展和支持特色产品的开发四大功能。近年来，随着九湖流域内工业化进程加快、城市人口增长及居民生活方式的变化，湖泊污染问题日益严重，这也决定了九大高原湖泊污染治理的长期性和艰巨性，进而决定了对湖泊水资源进行动态监测的必要性和紧迫性。

为摸清阳宗海流域的生态覆盖、产业配套、农业自然条件状况，以及生产发展现状对水体的生态影响，须开展农业生产方式、土壤地质条件、水质水体环境的全面系统的调查评价，以构建绿色生态农业发展模式和绿色经济发展体系，在保护好阳宗海水环境基础上，推进高原特色农业的高质量发展。

5.1 阳宗海流域自然生态情况

阳宗海属断陷构造湖泊，处于小江断裂地带，它是由地面断裂的强烈发育而形成的地堑式断陷湖泊。随着构造断陷的演变，先形成阳宗、汤池整个断陷盆地，在盆地基础上发育成构造湖。阳宗海呈南北狭长分布，四周群山环抱。阳宗海丰富的地形条件为阳宗海营造了很好的生态屏障。面积较大的平地主要分布在南部阳宗镇、东部草甸海周边、东北部汤池街道和西部七甸产业园，这也是阳宗海现在主要的建设区域。阳宗海区域坡度为 $15°\sim45°$ 的土地占较大比例，坡度在 $15°$ 以下的用地（包括水域）不足总用地面积的 35%。

5.1.1 水资源

1. 河流资源

阳宗海流域主要出入湖的河流有阳宗大河（为阳宗海最大入湖河流，也是澄江市阳宗镇的主要防洪、排涝河道，集水面积为 27.3km²）、七星河（集水面积为 17.0km²）、鲁溪冲河（集水面积为 8.18km²）、摆衣河（集水面积为 95.8km²）、汤池渠（阳宗海唯一的出口河道，明代洪武年间人工开凿，后经多次开挖，渠长约

3.3km)、汤池河(摆衣河和汤池渠汇合后称为汤池河,径流面积为 377.2km²,全河长 41.4km)。

2. 湖泊资源

阳宗海区域内主要水体为阳宗海。湖面控制水位为 1 770.756m,湖面面积为 31.9km²,最大水深为 29.7m,平均水深约 20m,湖泊南北长 12.7km,东西平均宽 2.5km,湖岸线长 32.3km,呈南北狭长形分布。

3. 水库资源

阳宗海区域共有小一型水库 8 座,小一型水库库容总计 1 587.93 万 m³,见表 5.1。

表 5.1　阳宗海流域水库分布及基本情况

名称	集水面积/km²	库容/万 m³	所在地
中坝塘水库	4.35	105.70	七甸街道七甸社区
意思桥水库	7.10	105.43	七甸街道广南社区
草甸海水库	20.20	428.00	汤池街道黄泥社区
红光水库	15.86	226.00	汤池街道草甸社区
白羊山水库	37.60	262.00	汤池街道阿色社区
七星河水库	16.00	228.00	阳宗镇
马庄河水库	6.95	100.50	阳宗镇
石寨河水库	9.00	132.30	阳宗镇

5.1.2　耕地资源

阳宗海区域拥有耕地 11 317.86hm²,区内约有 54%的耕地在汤池街道,15%的耕地在七甸街道,31%的耕地在阳宗镇。阳宗海流域的耕地资源作为优质的生态本底,为阳宗海流域农业发展奠定了良好的基础。阳宗海流域耕地主要以蔬菜种植、花卉苗木种植为主,流域内有众多蔬菜合作社。蔬菜种植主要集中在七甸街道、阳宗镇、草甸小集镇,烤烟种植主要集中在汤池街道。耕地资源开发的重点项目有昆明梁王山现代农业公园(以下简称梁王山现代农业公园)、阳宗海南国山花花卉产业研发中心(以下简称南国山花)、中低产田改造项目、七甸新品种、新技术示范样板蔬菜生产基地。2020 年 9 月,对流域不同土地利用类型的土壤状况进行了调查、典型取样和室内检测分析,初步分析流域土壤数据,与二次土壤普查数据相比,除土壤有机质含量微有上升外,其他如 pH、TN、TP、水解性氮、有效磷含量变化基本不大,见表 5.2。

表 5.2　2020 年阳宗海流域农耕地土壤取样检测表

序号	海拔/m	土地利用	经度	纬度	土壤类型	pH	有机质/(g/kg)	TN/(g/kg)	水解性氮/(mg/kg)	TP/(g/kg)	有效磷/(mg/kg)	硝氮/(mg/kg)	氨氮/(mg/kg)	鲜样水分/%
1	1743.13	蔬菜	102°59′28.24″	24°51′17.29″	水稻土	8.0	33.7	2.03	92	1.56	124.7	23.18	2.74	24.14
2	1744.13	蔬菜	102°59′28.24″	24°51′17.29″	水稻土	8.0	25.4	1.39	94	1.00	42.3	12.49	3.02	27.95
3	1745.13	蔬菜	102°59′28.24″	24°51′17.29″	水稻土	7.8	6.63	0.37	31	0.62	5.5	15.20	2.79	20.21
4	1700.58	蔬菜	102°58′52.45″	24°49′31.71″	水稻土	7.8	32.5	1.91	127	2.49	96.2	16.45	2.82	21.10
5	1701.58	蔬菜	102°58′52.45″	24°49′31.71″	水稻土	8.0	12.7	0.62	41	2.16	15.0	7.42	2.83	18.98
6	1702.58	蔬菜	102°58′52.45″	24°49′31.71″	红壤	7.9	15.3	0.89	50	1.61	10.3	12.29	3.49	22.42
7	1778.85	蔬菜	102°58′32.56″	24°48′56.36″	红壤	7.8	32.4	2.05	132	2.08	89.2	24.01	2.63	22.71
8	1779.85	蔬菜	102°58′32.56″	24°48′56.36″	红壤	7.6	10.4	0.67	43	0.70	6.4	20.18	3.03	19.56
9	1780.85	蔬菜	102°58′32.56″	24°48′56.36″	红壤	7.5	8.74	0.49	30	0.67	7.1	18.07	2.93	19.89
10	1745.67	玉米	102°59′04.62″	24°50′54.27″	红壤	7.8	18.0	1.13	75	1.22	19.5	15.88	2.36	21.11
11	1746.67	玉米	102°59′04.62″	24°50′54.27″	红壤	7.8	9.26	0.63	36	0.72	5.6	8.58	2.25	20.11
12	1747.67	玉米	102°59′04.62″	24°50′54.27″	红壤	7.8	8.18	0.47	41	0.62	4.2	7.59	2.44	16.55
13	1729.31	水稻	103°03′41.92″	24°58′12.41″	水稻土	7.6	122	3.08	171	1.63	25.4	12.35	3.40	34.98
14	1730.31	水稻	103°03′41.92″	24°58′12.41″	水稻土	7.9	16.4	0.79	50	1.24	5.6	2.08	2.45	24.41
15	1731.31	水稻	103°03′41.92″	24°58′12.41″	水稻土	8.0	17.2	0.77	43	1.25	6.3	1.87	3.40	23.02
16	1842.53	玉米	103°03′32.18″	24°51′56.62″	水稻土	6.5	37.6	2.07	161	1.81	33.1	23.88	2.82	30.00
17	1843.53	玉米	103°03′32.18″	24°51′56.62″	水稻土	7.3	36.5	1.98	147	1.51	10.3	13.78	4.08	32.02
18	1844.53	玉米	103°03′32.18″	24°51′56.62″	水稻土	7.4	18.6	1.04	72	1.47	11.1	5.13	3.11	27.37

5.1.3 森林资源

阳宗海森林覆盖率为47.5%，其中有林地面积为4 947hm²，灌木林地面积为8 635hm²。阳宗海区域以山地为主，整体地势四周高中间低，呈盆地特征。周边有凹子山、云岭山、老爷山、大黑山、梁王山、小白龙山等。气候湿润，整个山地区域的高原植物色彩艳丽，观花植物花期长。阳宗海丰富的地形条件为阳宗海营造了很好的自然景观和生态屏障。区域内森林资源丰富，区域西部有老爷山，老爷山是昆明十峰之一，乌纳山脉的主峰，海拔为2 730m。景色优美，植被森林覆盖率较好，属于天然林自然保护区。东部有小白龙国家森林公园，以森林自然风光为主体景观。拥有常青森林四万余亩，是昆明近郊规模和面积最大的森林。南部有梁王山，为滇中第一高山，海拔为2 820m，是古代梁王驻扎地，留有梁王大殿遗迹——老金殿。立于梁王山顶，滇池、抚仙湖、阳宗海、星云湖尽收眼底，一山观四海的景观独一无二。

5.1.4 生物资源

阳宗海流域属云南高原北亚热带植被区。森林类型为半湿性长绿阔叶林、针叶林和针阔混交林。目前生长的次生物种为云南松、华山松、云南油松、旱东瓜、桉树、柏树、杨树和栎类阔叶树组成的混交林；灌木林主要有苦刺、棠梨、小铁子、救军粮、黄泡、禾草、蕨类等优势种群；人工经济林主要有核桃、樱桃、梨、板栗等，其中有地方特色优质小品种马郎樱桃。阳宗海有鱼类29种，其中土著鱼类21种、外来鱼类8种；土著鱼类中，南盘江特有水系种4种、阳宗海特有种5种、云贵高原特有种5种、鲤科鱼类7种。阳宗海湖内盛产出名的金线鱼，还产鲤鱼、青鱼、白鱼、鳙鱼等10余种经济鱼类。

5.2 阳宗海流域农业农村经济发展情况

5.2.1 农业农村经济总体概况

阳宗海风景名胜区位于昆明市东南部，毗邻昆明市主城区，管委会驻地距昆明市级行政中心10km，辖3个镇（街道）、39个村（社区）、178个村民小组、181个自然村，总面积为546km²。

"十三五"期间，阳宗海流域农村经济总收入年均增速12.4%，2018年农村经济收入为504 782.67万元（图5.1），其中第一产业收入175 541.17万元，第二产业收入175 793.21万元，第三产业收入153 448.29万元，一二三产结构比为34.8∶34.8∶30.4，非农收入占农村人均纯收入的比重上升较快，已占60%以上。2019

年全区农民人均纯收入 18 076.19 元（图 5.2），高于昆明市农村常住居民人均可支配收入 16 356 元。当地总人口 9.8 万人，其中劳动力 6.13 万人，外出务工劳动力 1.54 万人，常年外出务工劳动力 1.18 万人。

图 5.1　2015～2018 年农村经济总收入与增速

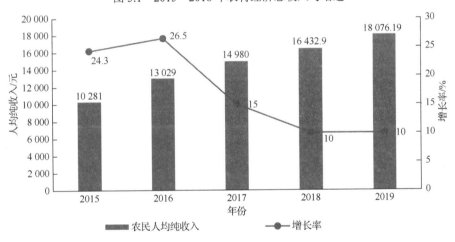

图 5.2　2015～2019 年农民人均纯收入与增长率

5.2.2　农业基础设施

"十三五"期间，阳宗海流域完成梁王山现代农业公园马郎-脚步哨片区高效节水灌溉项目、烟包山片区中低产田改造项目等多项土地整治项目，以及蔬菜基地建设项目、高效节水灌溉工程、农田水利整村推进项目，共计 3 万余亩，投入 8 000 多万元。同时，推广间套种技术、测土配方施肥，大力推广粮食高产创建成熟技术，并加快成熟技术转化，带动全区粮食生产工作；通过中低产田地改造、高标准农田建设、永久基本农田划定、土地确权、"两区（粮食生产功能区和重要农产品生产保护区)"划定等工程建设,着力改善农业基础设施。截至2019年,全区粮食播种面积7.63万亩,粮食产量稳定在2.7万t左右。

5.2.3 农业产业发展

"十三五"期间,阳宗海流域逐渐形成以蔬菜、花卉、水果等为主的特色优势产业,产业布局区域化特征明显。七甸街道侧重发展林果、蔬菜种植;汤池街道侧重发展旅游服务、林果、烤烟、蔬菜;阳宗镇侧重发展现代农业,以梁王山现代农业公园为核心,发展花卉、蔬菜种植等。全区农作物播种面积为21.2万亩,其中粮食作物面积:经济作物面积为0.61:1。2019年,全区蔬菜播种面积为4.68万亩,总产量为14.73万t,其中外销量为11.78万t,外销比例为80%。其中,无公害蔬菜播种面积为3.98万亩,占蔬菜总种植面积的85%以上,产量为12.52万t。发展农业标准化示范面积为4 600亩,开展标准化技术培训910人次。蔬菜以叶菜类的甘蓝、香菜为代表。花卉园艺种植面积为6 912亩,其中鲜切花面积为3 712亩,总产量为18 408.6万支,其中外销量为14 806.45万支,外销比例为80%。作为阳宗海"一县一业"示范创建的木本花卉,已经初步形成了研发、生产、加工、销售全产业链发展。梁王山现代农业公园、南国山花、中低产田改造项目、七甸蔬菜生产新品种、新技术示范样板基地等重点项目进展顺利。七甸街道的樱桃种植面积为5 000余亩,七甸街道已连续举办了九届马郎樱桃文化节;汤池街道的杨梅总种植面积超过1 500亩,已形成连片的杨梅林。

5.2.4 新型经营主体发展情况

截至2019年底,阳宗海流域当地龙头企业12家(省级5家、市级7家),都市农庄4个。全区共有农民专业合作社40个,其中,种植业专业合作社22个、林业合作社6个、畜牧业合作社8个、渔业合作社1个、服务业合作社3个。当地具有代表性的产业园(如梁王山现代农业公园、南国山花、马郎樱桃种植园、野竹精品水果种植示范园、草甸杨梅种植观光园)在推向更高一级的升级建设中,洛阳神州牡丹园、梁王山阿盖公主乡村文创园、褚橙庄园、云南高原特色现代种植园、鑫海汇玫瑰庄园、云南滇香国色牡丹园、农业大学现代农场7个项目已开工建设,晨农集团、景然环境、大连乐椿轩康养集团等5个项目正在开展规划等前期工作。全区"十三五"期间开展农村引导性培训2 028人,劳动力转移3 083人。

5.2.5 绿色食品牌打造

阳宗海流域是云南省重要的绿色食品加工基地,当地七甸工业园区2017年被认定为省级绿色园区,2018年被认定为国家级绿色园区,园区内有云南信威食品有限公司、昆明七甸永圣酱菜食品有限公司、七彩云乳业有限公司等一批农产品加工龙头企业。农业产业化总产值由 2015 年的 99 800 万元增加到 2019 年的 145 457 万元，年均增长 11.4%；农业龙头企业销售收入由 2015 年的 92 700 万元增加到 134 248 万元，年均增长 11.2%。同时，阳宗海流域注重培育绿色食品牌。截至 2019 年，阳宗海风景名胜区内共有 "中国驰名商标" 1 件、"云南省著名商标" 18 件、"昆明市知名商标" 21 件。2018 年，云南嘉华食品有限公司入选昆明市绿色食品牌 "十强企业"，云南金九地生物科技有限公司入选 "十大名药材"；培育三品一标企业 5 家，分别为绿色食品企业云南山泉水业有限公司、无公害农产品企业昆明马郎樱桃生态园农庄有限公司、有机农产品企业云南白药集团中药资源有限公司和云南嘉华农业科技有限公司、农产品地理标志企业昆明草海鱼村水产养殖有限公司。阳宗海培育了马郎樱桃、草甸杨梅等种质资源；形成了 "七甸豌豆粉" "汤池老酱" "宗武食品" 等手工农特产品；创建和引进了 "一条龙" "南国山花" "嘉华" "高上高" "信威" 等涉农品牌。阳宗海流域在绿色食品牌培育过程中，已产生了一批在行业内规模最大、水平最高，在全国相关产业内具有极高话语权、影响力的农业企业，南国山花自主培育新品种抢占行业制高点，成为国内最大的南半球木本花卉种质资源、新品种选育、商品切花生产基地。

5.2.6　三产融合

阳宗海流域以国家级旅游度假区、全域旅游示范区建设为依托，以优美的水域风光、花海景观和乡村田园为基础，马郎社区、脚步哨村、松茂社区等美丽宜居乡村示范点建设取得很好的效果；梁王山现代农业公园、南国山花等三产融合示范已经初见效益；马郎的樱桃种植及采摘基地和汤池街道的杨梅种植及采摘基地等休闲观光农业园区的建设已经具有了一定的规模和影响力；利用关索戏、上元胜会、三月三庙会等传统民俗文化活动，充分挖掘傩文化、民俗文化、水文化、农耕文化等文化资源，不断形成生态+文化+旅游的发展模式。汤池街道形成了以温泉度假为主题的温泉康养度假模式。依托良好的自然环境，以森林资源为基础的大佛山农庄、回龙生态园，以水域生态环境结合水环境治理的草甸海都市渔庄已建成营业。

5.2.7　农业绿色发展

昆明阳宗海风景名胜区围绕推动绿色发展，坚持生态优先，绿色农业取得了良好效果。阳宗镇（坝区）种植业结构调整进行集中土地流转，种植观赏性苗木替代化肥污染较为严重的农产品种植，转变农业产业结构，保护阳宗海水域环境。已完成 10 550 亩流转土地测量认定及地上附着物登记价格核算，兑付流转土地资金 7 864 万元，流转土地面积 4 000 亩。畜禽养殖农业面源污染治理取得良好效果，重点清理整治摆依河流域及瑶冲河流域污染严重的养殖场。关闭搬迁阳宗海流域、滇池流域养殖场（户）83 家，在禁养区外建设规范化养殖专业合作社 1 家。梁王山现代农业公园项目高效节水一期工程 4 500 亩初验、中低产田改造暨高效节水二期工程一标石寨河提水泵站工程已完成。农产品质量安全水平持续稳定提高。2019 年，省、市、区共计抽检蔬菜、水果 180 批次，916 个样品进行农药残留检测，检测合格率为 99.42%。检测生鲜乳质量安全 25 批次 126 个样品，检测结果全部合格；"瘦肉精"检测 47 个批次 846 个样品，检测结果均为阴性。

5.3 阳宗海流域农业农村产业结构对湖泊生态环境的影响分析

5.3.1 阳宗海流域种植养殖情况

阳宗海流域内所辖区域种植结构主要以粮食作物、经济作物、蔬菜种植为主导，水果、花卉种植次之。粮食作物主要以玉米和小麦种植面积占优势，流域辖区内玉米种植面积为 1 819.06hm^2，小麦种植面积为 1 478.46hm^2，稻谷种植面积为 770.53hm^2；经济作物主要以烤烟为主，烤烟种植面积为 1 390.66hm^2，蔬菜种植面积为 2 629.72hm^2。阳宗海流域内主要种植结构情况见表 5.3。

表 5.3 阳宗海流域内主要种植结构情况 单位：hm^2

项目	阳宗镇	汤池	草甸	胡家庄	合计
合计	3 974.82	4 313.64	1 038.46	109	9 435.74
稻谷	200.00	561.53	—	9.00	770.53
小麦	332.53	782.33	361.60	2.00	1 478.46
杂粮	124.13	—	—	—	124.13
玉米	216.33	1 086.73	506.00	10.00	1 819.06
大豆	59.26	—	—	—	59.26
蚕豆	233.66	385.53	—	—	619.00
薯类	113.26	—	—	—	113.26
烤烟	526.60	789.40	74.66	—	1 390.66
蔬菜	2 005.26	506.26	60.20	58.00	2 629.72
花卉	53.66	28.00	—	—	81.66
果园	110.13	173.86	36.00	30.00	350.00

畜牧养殖环境污染的首要源头是畜禽粪便，尤其是养殖大户及规模养殖场。大致测算，一头猪从出生到出栏，排粪量可达 1 000kg 左右，排尿量可达 200kg

以上。按一个普通规模的养殖场来测算，每年大约有 100 万头猪出栏，排尿总量大约为 150 万 L，排粪便总量超过 100 万 L。阳宗海流域畜禽养殖产生的污染负荷：粪尿 76 434.26t，COD 2 216.45t，TN 522.51t，TP 170.72t；水产养殖业的污染负荷：COD 797.819t/年，TN 44.488t/年，TP 3.746t/年。

5.3.2　阳宗海流域污染源分析

从点源污染来看，各种污染源等标排放量负荷中，水产养殖污染对湖泊污染的贡献位居第一，引洪渠污染位居第二，畜禽养殖污染位居第三，生活污水污染位居第四，分别为 38.9%、23.9%、22.4%、14.7%。阳宗海流域宜良段的工业废水和旅游业的生活污水均进入污水处理厂处理后，经汤池河排入南盘江。

目前对点源污染采取的控制措施取得初步成效，点源污染在入湖 TP 负荷中仅占 7%，但仍须加大控制力度，合理利用流域的土地资源，科学规划布局产业结构；尽快建成环湖截污管网系统和阳宗海污水处理厂；畜禽养殖和水产养殖是点源污染的主要来源，应禁止规模化的畜禽养殖，控制水产养殖；对入湖河道流域的污染实施综合治理，可利用污水处理厂和湖滨人工湿地工程进行处理。城镇污染负荷情况如表 5.4 所示。

表 5.4　城镇污染负荷情况

区域	非农业人口数	排水量/（万 m³/年）	COD$_{Cr}$/（t/年）	TN/（t/年）	TP/（t/年）	排放去向
宜良县汤池镇	388	13 595 352.00	3.96	0.43	0.088	排入摆依河下段，最终进入南盘江
澄江市阳宗镇	604	21 164.16	6.17	0.68	0.136	排入阳宗大河，最终进入阳宗海

从点源污染来看，施用化肥及其流失量：2004 年阳宗海流域内氮肥的流失量为 218t，磷肥的流失量为 51.5t；阳宗海流域内氮肥、磷肥、钾肥的使用比例为 1：0.46：0.17。氮肥、磷肥随农田排水和暴雨径流进入地表水的流失率为氮肥 10%、磷肥 5%。农村固体废弃物含农村生活垃圾和种植业固体废物。每天平均生活垃圾产生量为 0.286~0.6kg/人，2004 年阳宗海流域种植业固体废物的产生总量为 25 535.2t。2005 年进入阳宗海水体的固态污染物的量：氮为 385.3t，磷为 201.7t；2005 年进入阳宗海水体的溶解态污染物的量：氮为 214.2t，磷为 2.70t，COD 为 604.9t。

面源污染中农村面源污染及水土流失的氮量和磷量分别占入湖污染总量的 83% 和 93%。须优化和调整农业种植结构，减少化肥和农药的施用量；提高植被覆盖率，涵养水源，遏止水土流失；加快生态示范村的建设和农村沼气池的推广，改善能源结构，综合治理农村面源污染；推广农田精准化施肥技术，建立合适的精准化平衡施肥技术，减少流域集约化种植农田的化肥投入量，达到施肥用量比例合理、肥效高和保护耕地的目的；建立耕地外围的缓冲带截留农田径流中的氮、磷营养盐，最大限度地减少氮、磷入湖量。

5.3.3 阳宗海水体砷污染及其治理情况

自 2008 年发生严重的砷污染以来，位于昆明市近郊的阳宗海水体砷污染治理、水质恢复情况及后续污染防治问题引发了国内外各界的持续关注。当前，继续高效地对湖体实施综合性治理、保护，从而达到全湖水质持续改善、恢复的目的，依然是当地政府的首要任务之一。阳宗海的治理经历了 $FeCl_3$ 法工程化治理和天然水体恢复两个阶段。工程化治理的效果和安全性在长时间的观测中得到了验证。图 5.3 描述了 2008～2017 年阳宗海水体砷质量浓度的变化趋势。本研究将其划分为 3 个阶段。①初期（2008 年 6 月～2009 年 9 月），阳宗海水体遭受砷污染阶段，该阶段突出表现为：2008 年 6 月湖水砷平均质量浓度超过国家标准（0.05mg/L），至当年 10 月继续上升至 0.125mg/L 的高点，原因为一家化工企业非法排污（排放砷质量浓度达到 62.86mg/L）。②工程处理期间（2009 年 11 月～2011年 9 月），全湖砷质量浓度由 0.117mg/L 降至 0.021mg/L，砷去除率高达 82.05%，工程处理费共计 2 900 万元。此间，湖水砷浓度发生了第 1 次反弹，主要原因是迟来的雨季冲刷了流域周围污染土壤，并将砷带进了湖中。涉事企业环评报告、含砷物料平衡显示，生产过程中的焙烧等工艺排放的污染物包括了废气、废水和废渣形式。除废水外，这些废气和废渣形式的含砷污染物存在沉降、沉积于流域土壤中的可能性，雨季的到来势必将它们再次带入湖中。③工程化处理停止后（2011 年 10 月～2017 年 10 月），湖体进入了自然修复状态，水体砷浓度在特定时间段表现出反弹。

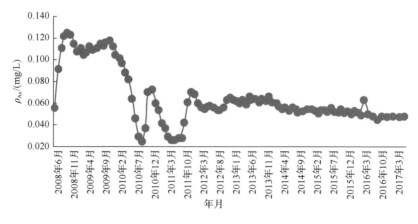

图 5.3　2008～2017 年阳宗海水体砷质量浓度的变化趋势

对阳宗海流域外源性砷污染的治理应引起相应的重视，从而制定出科学可行的规划、政策和工程措施方案。对流域周边土壤、溶洞及地下水中砷质量浓度进行广泛调研，并开展相关基础研究；制定相应的治理方案，并积极为外源性砷污染治理提供相应配套的资金和技术支持；加快阳宗海环湖截污基础设施建设，以期为阳宗海水质持续改善创造良好条件。

5.4　阳宗海流域绿色生态农业内涵

阳宗海被誉为"高原明珠""昆明后花园"，以生态立区。当前阳宗海生态总体可以概括为生态空间格局基本形成，生态环境质量呈下降态势；环境综合整治稳步推进，环境整治仍须加大力度；水体环境质量形势严峻，畜禽面源污染较为严重；乡村建筑风貌特色不足，乡村绿化景观效果较差。阳宗海流域绿色生态内涵，涵盖生态景观、村生态系统建设与保护、农业绿色发展和人居环境，核心是绿色农业发展，即乡村振兴、生态振兴、生态文明建设。以绿色生态为导向的阳宗海流域农业生态内涵是要形成与资源环境承载能力相配置，与生产、生活、生态相协调的发展格局。

5.4.1　构建山水林田湖草生命共同体

统筹乡村生产、生活生态空间，严守生态保护红线。保护天然林和公益林、自然保护区、风景名胜区、森林公园、湿地公园等各类保护地，生态核心区、生态脆弱区封闭休养生息。推进水资源保护、河湖库水域岸线保护管理、水污染防治、水环境治理、水生态修复、执法监管六大任务。发展林下经济和开展非木质资源的开发利用，建立统一管护体系，保护管理公益林资源。深入推进退耕还林、天然林和公益林管护、防护林建设、石漠化治理林业项目、高原湿地保护与恢复、生物多样性保护、森林城市提升、乡土树速生林培育、生态修复、森林经营生态建设十大工程，大力推进重大生态修复工程，将符合国家现行政策要求的25°以上坡耕地全部实施新一轮退耕还林还草。推动山区、矿区土地复垦及环境修复，严厉打击毁林开荒等破坏环境的行为，实施淡水渔业水域生态修复系统建设。实施国土绿化行动，建设高质量营造林。实施兴林富民行动，大力发展苗木产业和林下经济，推动生态与经济协调发展。加强石漠化、水土流失、重大地质灾害隐患综合治理。2020 年 9 月，为了基本了解湖泊地下水面源污染与水体水的差异，对阳宗海流域地下水进行了调查和取样，测试分析数据见表 5.5，TN、TP、COD 值与同期湖体水样测定值相比要高 5～10 倍。

表 5.5   2020 年阳宗海流域地下水采样点检测值

序号	海拔/m	经度	纬度	TN/（mg/L）	TP/（mg/L）	COD/（mg/L）
1	1 744.45	102°59′29.47″	24°51′16.96″	15.5	0.23	20.0
2	1 771.29	102°58′52.43″	24°49′31.85″	63.5	0.05	18.1
3	1 774.69	102°58′45.13″	24°49′12.48″	0.59	0.08	14.8
4	1 822.72	102°58′38.84″	24°48′04.92″	1.90	0.08	15.6
5	1 776.24	102°58′32.67″	24°48′57.02″	71.5	0.02	16.1
6	1 785.69	102°59′01.21″	24°49′07.36″	25.0	0.21	16.5
7	1 772.31	102°59′03.79″	24°49′13.92″	14.3	0.02	11.2
8	1 745.79	102°59′08.31″	24°49′34.76″	62.4	0.02	3.86
9	1 754.71	102°59′09.30″	24°49′50.25″	21.2	0.08	3.45
10	1 748.26	102°59′28.12″	24°50′19.85″	16.4	0.02	3.05
11	1 750.76	102°59′10.84″	24°50′25.20″	54.7	0.03	7.11
12	1 748.82	102°59′01.61″	24°50′46.61″	7.18	0.02	4.67
13	1 755.03	102°58′50.49″	24°50′01.12″	21.4	0.18	5.49
14	1 746.74	102°59′04.19″	24°50′53.51″	3.19	0.03	7.52
15	1 738.27	102°59′44.40″	24°50′52.18″	1.23	0.04	15.6
16	1 741.03	102°59′05.37″	24°51′21.17″	7.22	0.07	16.1
17	1 738.40	102°59′39.02″	24°51′17.95″	2.07	0.02	7.92
18	1 730.91	103°04′14.07″	24°58′26.98″	30.3	0.05	6.71
19	1 758.78	103°03′17.05″	22°57′24.29″	22.2	0.05	8.33
20	1 728.41	103°03′43.52″	24°58′11.35″	12.4	0.01	2.24
21	1 836.27	103°02′51.24″	24°52′51.49″	21.5	0.01	1.83
22	1 893.70	103°02′42.55″	24°51′48.13″	22.6	0.25	1.02
23	1 840.56	103°03′54.31″	24°52′00.68″	52.8	0.01	2.24

5.4.2   控制农业面源污染

坚持"一控两减三基本"[①]，推进精准施肥和精准施药，集中治理农业面源污染。抓好畜禽养殖农业面源污染治理工作，全面规范流域内养殖业管理，为阳宗海流域环境保护治理提供政策保障，阳宗海一级保护区内实行全面禁养。加大乡村水环境治理力度，全面推进村级清河行动、水污染防治行动、入河排污口清理

---

① "一控两减三基本"指控制农业用水总量和农业环境污染，化肥、农药减量使用，畜禽粪污、农膜、农作物秸秆基本得到资源化、综合循环再利用和无害化处理。

整治行动。加强农村饮用水水源地保护。推动环境监测、执法向农村延伸。积极推动退耕还湿，提升流域承载能力。实施全过程污染防治，引导和督促排污单位达标排放。因地制宜建设企业和区域再生水循环利用体系，减少污染排放。大力建设人工湿地水质净化工程，积极开展生态保护，努力提升流域环境承载力。实施农用地分类管理，采取退耕还林、用途管制等措施推动受污染耕地科学利用。积极争取省市政策资金支持，加快实施农业农村面源污染治理、阳宗镇清污分流项目等工程建设。

5.4.3　发展高效生态循环农业

建立农村产业准入制度，强化源头控制。制定农业绿色发展实施方案，推行农业绿色生产，开展种养结合循环农业试点示范，加快推进绿色农业示范中心建设。一是在蔬菜花卉产地建立农业废弃物综合处理设施，推动农业废弃物资源化利用，推动花卉、蔬菜、水果等产业实施有机肥替代化肥行动。推动建立废旧地膜、包装废弃物等回收处理体系。二是在规模养殖区开展畜禽粪污资源化利用试点，组织实施种养结合一体化项目，集中推广畜禽粪污资源化利用技术模式，支持建设养殖场和第三方市场主体改造升级处理设施，提升畜禽粪污处理能力，畜禽粪污综合利用率要达到80%以上。强化规模化畜禽养殖场污染防治和环境管理，加快粪污存贮及处理设施建设。推进散养密集区畜禽粪便污水分户收集、集中处理利用。三是发展生态循环农业，在生产基地、产业园区大力推广有机肥替代化肥技术，加快推进畜禽养殖废弃物及农作物秸秆资源化利用，实现节本增效、提质增效。尤其是对当地优势特色产业（如七甸樱桃、草甸杨梅、阳宗花卉苗木等），支持引导农民和新型经营主体积极施用有机肥，因地制宜推广符合生产实际的有机肥利用方式，集中打造一批有机肥替代、绿色优质农产品生产基地（园区），发挥示范效应。四是深入开展测土配方施肥，提高化肥农药利用率，大力推广农机深松整地，提升土壤有机质含量，努力培肥地力，切实提高耕地质量。研发推广适用施肥设备，改表施、撒施为机械深施、水肥一体化、叶面喷施等方式，减少氮肥、磷肥使用量。

5.4.4　加强农业农村污水治理

推动洁净阳宗、美丽洁净乡村建设。编制和实施阳宗海农村污水处理体系规划，推进全区农村污水处理设施统一规划、建设和管理，因地制宜地推行低成本、易维护、高效率的农村污水处理技术，以及实行城镇管网、片区污水处理、小型分散式生态式污水处理等治理模式。梯次推进农村生活污水治理，建成生活污水处理设施并有效运营，农村生活污水处理能力逐年提高。优先安排地处沿阳宗海水域、水库和饮用水水源地，主要景点景区周边村庄的农村生活污水处理设施建设；统筹建设一批大型沼气工程，推进沼气池处理农村生活污水建设，开展池塘生态化、鱼塘标准化改造工作。推进农村生态小流域建设，实施"池塘、水塘、溪流、河沟"等修复工程，抓好农村水源地保护，巩固提升农村饮水安全水平，强化水源保护、水质保障、运行管护，提高集中供水率、自来水普及率、供水保证率和水质达标率。加快明晰农业水权，推进农业水价综合改革。大力实施区域规模化高效节水灌溉行动，集中建成一批高效节水灌溉工程。加快应用各类节水灌溉技术和设施，大力普及喷灌、滴灌等节水灌溉技术，加大水肥一体化等农艺节水推广力度。开展农业高效节水示范灌区建设工作。实施水资源消耗总量和强度双控行动，推进节水"三同时"（生产经营单位新建、改建、扩建工程项目的配套建设节水设施必须与主体工程同时设计、同时施工、同时投入生产和使用）和逐步建立农业灌溉用水量控制和定额管理制度。

5.5 阳宗海流域绿色生态农业发展空间构架

阳宗海流域以"国家级农村产业融合示范区""国家级高原湖泊特色农业示范区""云南省乡村振兴的先导区""城乡融合生态宜居的新农村综合体典范"四大发展定位为导向，围绕昆明市农业发展战略布局的调整，充分发挥资源禀赋、区位环境、围绕湖泊资源、田园资源、农业产业特色和生态空间布局，优化阳宗海流域发展空间。

5.5.1 强化国土空间规划作用

强化阳宗海全区国土空间规划的指导约束作用，统筹自然资源开发利用、保护和修复，科学划定生态、农业、城镇空间、生态保护红线、永久基本农田、城镇开发边界等主要控制线，按照不同主体功能定位，推动主体功能区规划在乡镇层面精准落地，在严格保护好生态安全和农产品供给安全的前提下，集约高效有序地布局各类开发建设活动。

1. 禁止建设区

禁止建设区包括自然保护区核心区、阳宗海保护区核心区、基本农田保护区、水源保护区（一级区、二级区）、公益林（国家级生态公益林Ⅰ级保护林地、省级生态公益林Ⅱ级保护林地）、国家森林公园、地震断裂带及缓冲区，原则上在这些范围内禁止任何建设活动。其中，阳宗海自然保护区核心区为梁王山自然保护区、老爷山自然保护区；阳宗海保护区核心区为阳宗海1 796.9m 水位线向外水平延伸100m 的范围，面积为3 558.66hm²，根据《云南省阳宗海保护条例》进行管制；基本农田保护区为阳宗海区域基本农田，面积为9 817.34hm²；水源保护区为白羊山水库、昔者龙水库、刘家箐水库；公益林为国家级生态公益林Ⅰ级保护林地、省级生态公益林 II 级保护林地,红线范围共 133.56km²;国家森林公园为小白龙国家森林公园,面积为 447.03hm²;地震断裂带及 50m 缓冲区,面积为 1 131.94hm²。

2. 限制建设区

阳宗海限制建设区包括水源保护区三级区、阳宗海保护区二级区、市级重点公益林 III 级保护林地、市级重点公益林 IV 级保护林地、一般农田区、一般山体林地、一般地质灾害区域等。对各类开发建设活动进行严格限制,不宜安排城镇开发建设项目,确有必要开发建设的项目应符合城镇建设整体和全局发展的要求,并应严格控制项目的性质、规模和开发强度,适度进行开发建设。其中,水源保护区三级区为白羊山水库、昔者龙水库、刘家箐水库;阳宗海保护区二级区为阳宗海保护区一级保护区东西向外水平延伸 500m、南北向外水平延伸 1 200m 的区域,以及主要入湖河道两侧 20m 各外延 50m 的区域;市级重点公益林为当地 III 级保护林地、IV 级保护林地。

3. 适宜建设区

适宜建设区包括适合城镇与乡村建设开发的地区,如阳宗海主要城镇规划建成区、环湖旅游圈、新农村建设区。

5.5.2　阳宗海流域特色优势种植功能区建设

优化调整阳宗海流域农业产业结构,充分发挥资源禀赋、区位环境、历史文化、产业集聚等优势,围绕湖泊资源、田园资源和农业产业特色,推动土地规模化利用和一二三产融合发展,推进农产品区域品牌和国家农产品地理标志建设,积极构建现代农业产业体系发展平台。

1. 花卉苗木产业发展

阳宗海流域从事花卉种植的企业有 23 个,从业人员 1 121 人,花卉园艺产值为 82 117.3 万元,主要主体有云南嘉华食品有限公司、南国山花和梁王山现代农业公园。其中,云南嘉华食品有限公司产值为 6.37 亿元,被评为省级农业龙头企业;南国山花种植花卉面积为 1 000 亩,已成为国内最大的种质资源、新品种选育、商品切花生产基地。

未来阳宗海流域重点打造以园区为主的苗木花卉园,通过替代种植路径实现农业产业结构调整转型升级,以观赏性苗木、木本花卉研发种植为主,突出农旅结合,以第一产业、第三产业融合的休闲观光农业为重点,把阳宗镇坝区打造成生态环境优美、景观效果极佳、农旅特色明显的农旅示范区。以南国山花为核心,不断加大科技创新力度,打造花卉核心竞争力,加快培育一批以帝王花为主的木本花卉自主知识产权新品种,不断提升自主品种的市场占有率。在北斗村、阳宗村、新街村、桃李村、饮马池村、净莲寺村建成 15 个观赏性苗木、木本花卉的综合性生产基地，打造以休闲观光为亮点的休闲园林庄园 35～40 处（家）。

2. 特色林果产业发展

阳宗海流域的特色水果以樱桃、杨梅、桃类和梨类为主，依托昆明主城区和呈贡新区地理交通优势，目前已经发展成为种植+观光、休闲采摘的一产和三产融合发展的模式。其中，马郎樱桃在 2010 年完成马郎樱桃产地和产品认证，成为马郎首个无公害的水果产品，马郎樱桃品种以当地樱桃品种红灯笼为主，现已成功申报成为国家地理标志产品，种植面积 5 000 余亩，年交易额达到 1 000 万元以上，樱桃交易同时也带动了其他产业的发展；汤池街道杨梅种植实现了规模化种植，总种植面积超过 1 500 亩，杨梅已经发展为汤池街道的一张名片，杨梅采摘已发展成为特色效益农业和生态休闲旅游业的重要内容。

坚持走"特色化、规模化、集约化、产业化"的发展道路，推进绿色产地认定和三品一标认证，创建标准化生产基地，兼顾观光、休闲采摘等功能，其中，在松茂社区、马郎社区、七甸社区、大哨社区发展特色樱桃，在黄泥社区、龙池社区、后所社区发展特色杨梅，樱桃和杨梅规划种植 3.0 万亩，盛果期实现产值达 5 000 万元，培育以新型经营主体为主要方向的农家乐 10～15 处（家）；在七甸街道的广南村、白泥洞、干坝塘、上草海等适宜种植区发展冬桃和早桃及休闲观光采摘园区，面积 0.8 万～1.0 万亩，盛果期实现产值达 1.0 亿～1.2 亿元，培育以新型经营主体为主要方向的农家乐 10～15 处（家）；在七甸街道的广南村、白泥洞、干坝塘、上草海等适宜种植区发展梨及休闲观光采摘园区，面积 0.8 万～1.0 万亩，盛果期实现产值达 1.0 亿元左右，培育以新型经营主体为主要方向的农家乐 10～12 处（家）。通过标准化示范园区建设、无公害产地认定和三品一标认证推动，加强阳宗海流域绿色食品牌建设，把阳宗海流域的杨梅、樱桃、桃类和梨类等优质水果打造为绿色食品。

3. 其他高原特色农业产业发展

其他高原特色农业产业发展包括以下几个方面。一是继续加强粮食安全的农业发展战略。在阳宗海流域各乡镇的平坝区、山间河谷等水源较好、海拔较低、土壤肥力较好的区域，做稳玉米产业；在半山区发展薯类及其他粮食作物；油料作物作为小春作物，以油菜为主，兼顾油菜花观光业发展，主要布局在前所社区、汤池社区、梨花社区、小街社区、可保社区、曲者社区、五邑社区、阿色社区。优质杂交油菜重点种植在汤池街道、七甸街道、阳宗镇粮食作物种植区及汤池街道水源保护区（烤烟+优质杂交油菜+菜花+蜜蜂散养）。二是继续保持烤烟支柱产业地位，在汤池街道的白羊山水库、刘家箐水库及昔者龙水库上游流域区，摆衣河、李子箐大河、冷子嘎箐、茶花箐等河流流域统一规划、集中布局，在强化现有乡镇烤烟种植的基础上，在优势区域保持 2.0 万～3.0 万亩种植。三是特色蔬菜产业发展。阳宗海的蔬菜以鲜食蔬菜（以甘蓝、香菜、青早豆类、花椰菜等为代表）为主，兼顾腐乳、酱菜加工原料，在阿乃社区、木希社区发展山地果蔬，在头甸社区、水塘社区、胡家庄、野竹社区、三营社区、桃李村、新街村、草甸社区、土官社区、地马社区发展有机蔬菜。

5.5.3　阳宗海流域绿色食品加工功能区建设

阳宗海流域的农产品加工产业以七甸产业园区为主，当前结合阳宗海流域农业主导产业（特色果蔬、精品粮油、花卉苗木），完善产品质量监测追溯体系，延伸上下游产业链，重点延伸三条产业链（农产品生产供应链、精深加工链、品牌价值链），提高产品综合利用率及产品附加值；充分发挥自身产业优势，紧紧围绕蔬菜、花卉、林果、酱菜等特色优势产业，加快发展农产品精深加工，做大做强食品加工产业；重点打造嘉华食品、信威食品、一条龙等知名食品企业，培育一批国际国内知名度高的食品品牌；重点发展绿色有机食品、健康食品和特色饮品，形成集生产、加工、科研、销售于一身的完善的产业体系；满足不同消费群体对营养健康功能性食品的消费需求。

1. 七甸绿色食品加工

七甸产业园共有农业龙头企业 12 家，其中省级农业龙头企业 5 家、市级农业龙头企业 7 家；农业产业化总产值和农业龙头企业销售收入分别为 145 457 万元和 134 248 万元；主要加工的农产品包括坚果、乳制品、酱菜、野生食用菌、饮料、铁皮石斛、水产品、鲜花饼、苦荞深加工产品、中药饮片等。

园区内大力推进农产品加工业前延后伸，向第一产业、第三产业两头拓展，以绿色食品精深加工基地建设为目标，前延后伸农产品商品化处理，大力发展订单农业、精品农业。采取企业+合作社+基地+农户的经营模式，以中小企业为主导，建设西部一流的农产品物流基地。以云南嘉华烘焙食品加工、云南冷云食品生产加工、云南信威食品生产加工、云南一条龙生物科技有限公司食品生产等为主体代表，七甸产业园发展成为龙头企业聚集区、农产品精深加工研发基地。七甸产业园培育了 5 个绿色高端农业品牌、10 个三品一标认证品牌。

2. 农产品创意加工

阳宗海流域目前对蔬菜、花卉只有入市的初级包装，没有形成品牌；南国山花只是把绣球等品种加工为干花，更多的创意产品还未开发；对特色水果主要进行种植和采摘，没有更多地结合文化、艺术的内容。未来要紧扣省会经济，推进文化、科技与农业要素相融合，将创意分别导入种植、加工、包装、营销 4 个环节，形成农产品创意升级体系，实现农作物使用功能和艺术功能的提升；发展产品包装、品牌设计等，利用乡村材质包装材料、创意包装设计、创意 logo 设计等，提升农产品包装形式，形成农产品自身的品牌；抓住游客的消费心理，以文化注入、名人品牌带动等方式，将产品特色进行极致展现，进而实现农产品销售的持续升级；建设农业品牌孵化器、农业人才培训基地、农业创客孵化器、科技创业苗圃等；重点建设大学生创意园创意加工基地、阳宗花卉创意加工基地、草甸蔬菜水果商品化处理点、七甸蔬菜水果商品化处理点；在七甸、阳宗、草甸培育 5～10 个花卉、蔬菜、水果等创意农产品。

3. 其他农业加工产业发展

其他农业加工产业发展包括以下几个方面。一是推进阳宗海流域物流中心、冷链物流配送中心等现代物流项目建设，不断完善区域级物流中心、重点园区农产品冷链物流中心、城镇农村配送站、农村货运网点"四级一体"的农村农业物流服务体系，实现阳宗海区域内和滇中各城市之间农资流通。二是加强电子商务公共平台建设，创建一批大型综合性电子商务平台，引进京东、淘宝等电商龙头企业，搭建一批电商平台；实施农村电子商务工程，把农村电商作为阳宗海流域一大支柱产业来抓，推广合作社+电商模式，大力发展淘宝村。三是在汤池镇、阳宗镇、马郎、草甸支持家庭农场和农民合作社发展初加工，对蔬菜、水果、花卉农产品贮藏、烘干、包装、分等分级、后整理和初加工等环节进行补助，采用技术引进和自主集成相结合的方法，建立健全标准体系，提高农产品产地初加工的标准化水平。

5.5.4　都市田园休闲功能区建设

阳宗海流域拥有丰富的以宗教文化、滇文化、傩文化为代表的文化资源和以秀丽的山水田园环境为代表的自然资源，依托国家级旅游度假区、全域旅游示范区建设，以优美的水域风光、花海景观和乡村田园为基础，构建突出农旅融合休闲和生态观光游览的都市田园旅游。

当前梁王山现代农业公园的一条龙、南国山花、菜根谭等都市农庄已经建成；马郎的樱桃和汤池的杨梅采摘在昆明都市圈具备一定的知名度，马郎樱桃旅游节中每年的阳宗海樱桃节，接待采摘、游玩游客超 15 万人次；南岸湿地公园已建成使用；汤池家庭式温泉作坊遍地开花，温泉乡村度假向产业化、特色化方向发展。未来要以"万亩樱桃休闲旅游园""万亩花卉苗木产业园""万亩绿色蔬菜产业园""千亩杨梅采摘园"为基地，打造农业产业休闲旅游示范区。

都市田园休闲要突出"农业+旅游""互联网+"的发展思路，以优质农业资源为基础，推动品质乡村旅游高质量发展。结合已有的休闲农业基础，继续完善农业园区设施建设和配套设施，完善交通系统，创意化挖掘文化，继续推进都市农庄、田园综合体、森林公园、休闲旅游特色示范村、乡村农家乐等经营主体建设。重点打造梁王山现代农业公园、休闲观光采摘园、观光性农业湿地公园、观赏性苗木创意景观园 4 个园区。在马郎-脚步哨片区、阳宗北斗片区、饮马池片区建设梁王山现代农业公园；在松茂社区、马郎社区、七甸社区、大哨社区建设特色樱桃休闲观光采摘园；在黄泥社区、龙池社区、后所社区建设特色杨梅休闲观光采摘园；主要布局在七甸街道的广南村、白泥洞、干坝塘、上草海等适宜种植区建设冬桃和早桃、梨休闲观光采摘园区；在海晏村、左卫营、潭葛营等村建设湿地休闲农业，在阳宗镇坝区布局观赏性苗木园区。

5.6　阳宗海流域绿色生态农业农村发展意见和建议

5.6.1　紧扣乡村振兴战略，打造环湖农业农村现代化样板

以阳宗海流域环湖周边区为主体，发展绿色生态农业，深刻把握现代化建设规律和城乡关系变化特征，顺应阳宗海流域农民对美好生活的向往，认真贯彻落实乡村战略的各项要求，清晰党中央国务院、云南省委省政府和昆明市委市政府对"三农"工作作出的重大决策部署，按照产业兴旺、生态宜居、乡风文明、治理有效、生活富裕的总要求，在对全区实施乡村振兴战略作出总体设计和阶段谋划基础上，充分利用阳宗海环湖流域当前农业良好发展的基础条件及发展态势，既要在阳宗海全区实现全面小康，又要为阳宗海流域基本实现农业现代化开好局、起好步、打好基础，对七甸马郎樱桃、特色花卉苗木、绿色生态烟叶等域内聚集产业进行一村一品的打造，全力打造乡村振兴阳宗海环湖流域农村现代化典型样板。

5.6.2　加强流域山地保护利用，夯实发展基础

以流域周边山地为主体，重点加快农业农村基础设施建设，稳步推进土地平整、土壤改良、灌溉排水与节水设施、田间机耕道、农田防护与生态环境保护、农田输配电、损毁工程修复、耕地质量监测与评价 8 个方面的内容建设，加强矿山的填埋治理，推进土壤改土和有机质提升工程的落实，依据山地的特点，不断改善和完善山区半山区中小农机装备和高效节水农业设备的配置，适当装备智能化、高端农业设施，完备管道输水灌溉，推广应用喷灌、滴灌、微灌等工程建设，开展高标准山地基本农田建设，进而实现山地耕地质量的稳步提升；完善山地农村饮水、道路、能源、信息化等设施，开展村落生产、生活废物资源化就地利用；大幅提升山地环境的改善，做好水土保持，推进发展山地生态农业，最大限度地减少山地径流，减少耕地中氮、磷的流失，从源头控制方面为保护湖体提供保障。

5.6.3　打造绿色食品牌，建设农业加工高地

支持省、市级"一县一业"示范县建设，紧紧围绕阳宗海水环境持续改善，为充分发挥域内已有重点行业协会、龙头企业形成的区域性公共品牌和企业品牌，依托半小时经济圈、公路交通便捷、就近昆明中心城市及各类人才聚集优势，尤其是加工业类专业人才的相对富集优势，突出以嘉华鲜花饼加工业为核心企业，紧紧围绕云南打造世界一流绿色食品牌的要求，在阳宗海流域已建设的加工产业园区基础上，利用发挥好矿区停产修复区，进一步加大招商引资，进驻突出生物产业开发、零污染排放、与湖泊环境友好生态型企业，培育打造以鲜花饼为主，汇聚云南全省各类特色"饼"的精华，赋予现代加工手段及嘉华品牌的影响力，构建"云饼谷"，占领"饼"食品高端市场；为推动云南食用菌产业发展，在地处滇中的阳宗海流域打造高价值、极低污染、菌产业集群的科研、生产、加工、物流一体化的阳宗海云菌现代农业示范园区，增强食用菌的高端加工能力，"饼谷、菌谷"双引领全省食品升级增值。

5.6.4　推动农文旅发展，促进三产融合

实施美丽宜居乡村建设行动计划，培育适宜发展的特色种养、乡村旅游、文化创意等产业，每个村形成1～2个优势产业。凭借云南花卉、苗木产业资源、技术优势，整合云南独特自然气候、民俗文化等资源优势，以传统农业产业结构调整转型为突破口，以低肥、低药、高附加值的观赏性苗木、木本花卉种植业为阳宗海流域"一县一业"主导产业，替代蔬菜种植，带动阳宗镇高端苗木种苗产业和农旅结合，发展休闲观光农业，形成第一、第三产业融合发展模式，形成生态环境保护与农业产业发展协调发展格局。围绕菜、花、果等支柱产业和主导产品，培育和打造一批木本花卉、马郎樱桃、汤池杨梅等具有较强影响力的阳宗海农产品。充分发挥梁王山自然与人文领域关索戏、上元胜会、三月三庙会的旅游资源潜力，农旅结合，加强品牌宣传，重点扶持行业协会、龙头企业创建区域性公共品牌和企业品牌，不断增强"国家级风景名胜区""温泉度假区""高原湖泊"的美誉度和影响力，进而实现三产融合的社会效益、生态效益、经济效益。

5.6.5　发展适度规模，建立利益捆绑机制

鼓励七甸街道、阳宗镇、汤池街道结合实际不断探索适合当地的社会化服务，加大培育和扶持新型农业经营主体建设，促使农业实现适度规模经营。引导土地进行合理流转，鼓励龙头企业、专业大户、专业合作社、家庭农场等新型农业经营主体将土地集中，进行规模经营。鼓励新型农业服务组织集中采购农业生产资料，统一实行标准化生产等服务，实现服务集中型规模经营。因地制宜地探索适

合阳宗海地区村级组织发展壮大的新路子，壮大集体经济。鼓励农民以土地、林权、资金、劳动、技术、产品为纽带，开展多种形式的产业合作与联合，提高低收入户参与程度。推广"订单收购+分红""土地流转+优先雇用+社会保障""农民入股+保底收益+按股分红"等多种利益联结方式，与农户建立"共担风险、利润共享"的共同体。推进"阳宗海保护+特色产业+经营主体+参与农户"多方利益共同体的形成，最终实现产业兴旺，农户受益，进一步提升阳宗海保护和治理的自觉性和主动性。

5.6.6 加强农业科技成果转化，提升农业科技支撑

加大人才队伍建设力度，积极引导创新人才向企业集聚，全面提升阳宗海地区农业科技创新能力。加大政府对农业科技的投入力度，充分发挥政府作为农业科技创新投入首要主体的作用，全面促进农业院校、科研院所、农技推广部门和涉农企业对农业科技创新的投入，进一步完善农业科技投入多元化主体结构。统筹协调推进农业科技成果转化，充分发挥公益性农业科研机构和农业院校的作用，培育建设高水平的农业科技创新团队，科研立项要面对市场需求，直接服务于农业生产。统筹协调科研、高校、农业推广三者之间的关系，加强联系交流，有针对性地建立一批双方或多方合作的特色"农科小院"，通过科技成果转化，促进农业科技成果真正应用到实际农业生产中，提升阳宗海流域的生态农业发展与保护湖泊的整体水平。

第6章 杞麓湖流域绿色生态农业农村发展模式研究

6.1 杞麓湖流域自然生态情况

6.1.1 基本情况

杞麓湖流域位于云南省中部，隶属玉溪通海县，北枕江川星云湖，南望曲江干流，西依玉溪大河（曲江上游段），东邻华宁龙洞河。杞麓湖水位到 4.3m 时，湖面东西长 10.4km，南北宽 4.8km，面积为 36.86km², 库容 1.49 亿 m³。湖体东西较长，南北较窄，呈新月状，湖水从东南岸的落水洞经暗河排入华宁县境内，汇入珠江流域南盘江水系。

随着杞麓湖流域人口的增长和经济的发展，人类对湖泊的利用强度加大，侵占滩地、围湖造田等一些不合理的情况时有发生，对湖滨带的结构造成极大破坏，导致杞麓湖湖滨带退化，湖滨植物种类和面积减少，湖滨区生态系统的良性循环被破坏，2005 年 10 月起杞麓湖水质转变为劣Ⅴ类。

通海县地处滇中，东与华宁县接壤，南与红河哈尼族彝族自治州（简称红河州）石屏县、建水县交界，西连峨山彝族自治县、红塔区，北邻江川区，距省会昆明市 125km，距玉溪市政府所在地红塔区 47km，古为滇南重镇和交通要道，商贾云集，农业、手工业和商业较为发达，文化兴盛、人杰地灵，素有"秀甲南滇""冠冕南州""礼乐名邦"的美誉。通海县是滇中经济圈与红河州的连接地带、昆河经济走廊的重要节点、滇中"三湖"（抚仙湖、星云湖、杞麓湖）生态城镇群的次城市中心。泛亚铁路（玉磨铁路）的贯通和滇中综合交通枢纽将珠江三角洲、长江三角洲、大西南等国内区域城市群良好衔接。杞麓湖位于通海县坝区北部，是通海"山城湖"空间格局的重要节点。根据《云南省杞麓湖保护条例》，按照功能和保护要求，杞麓湖划分为两个保护区：一级保护区包括水域和最高蓄水位湖岸线沿地表向外水平延伸 100m 的范围；二级保护区为一级保护区以外的径流区。湖周边主要是湖区西南岸、西北岸和东岸的环湖公路，可直接通至通海县内主要交通公路，衔接周边县市，交通便捷。

6.1.2 地形地貌

通海县属云贵高原湖盆山原地貌的一部分，是以杞麓湖为中心的断陷盆地。地势北高南低，由盆地、中山、河谷 3 种地貌组成。县域中部为山原、台原、高丘和山间小盆地，山区和坝区面积分别占 61% 和 31%。县城海拔为 1 820m，最高为西部的螺峰山，海拔为 2 441m，最低为曲江河谷的马脖子，海拔为 1 350m，高差为 1 091m。县城南部河谷即高大傣族彝族乡（简称高大乡）的曲江及其分支库南河、路南河等河谷地带，多为流水地貌。

杞麓湖属断层陷落湖，呈新月形，四周高、中部低，湖盆内地势平坦。湖四周为平坦肥沃的农田，是全县粮食和经济作物的主要产区。在地质构造上，杞麓湖流域处于云南山字形前弧内缘，位于康滇断块南部，小江断裂西支的南端，通海弧形构造的东翼，通海—石屏地震带内东南端，受曲江断裂带和小江断裂带的影响，地质灾害频繁。

6.1.3　气候条件

杞麓湖流域地处北回归线附近的低纬高原地区，夏、秋季节主要受印度洋西南暖湿气流和太平洋东南暖湿气流的控制，冬、春季节受到来自北非、西亚及印巴半岛等干燥气流和北方南下的干冷气流控制，形成冬季干燥温暖、夏季温暖潮湿的大陆性气候特点。年平均温度为 15.6℃，最冷月（1 月）平均气温为 9.0℃，最热月（7 月）平均气温为 19.9℃，年实测最高气温为 31.9℃，年实测最低气温为-5.4℃，最热月平均气温与最冷月平均气温相差 10.9℃。年平均日照率为 52%，多年平均霜期为 104 天，平均有霜日为 27 天，年无霜日为 338 天，多年平均相对湿度为 73.4%，风向多为偏南风，多年平均风速为 2.7m/s，属于中亚热带湿润高原季风气候。多年平均蒸发量为 1 825.3mm，多年平均降水量为 896.2mm，降水汛期为 5～10 月，6～8 月降水量较大，占全年降水总量的 52.8%。

6.1.4　水文条件

1. 河流

通海县主要国境河流有曲江河、库南河、路南河。湖盆区主要入湖河道有红旗河、中河、者湾河、大新河、十里沙沟、二街沙沟、姜家冲沟等 14 条季节性河流。西岸的红旗河最大，干渠长 15.1km，入湖水量占杞麓湖总汇水量的 47%；其次为南岸的大新河，长 11.6km；其余均为 10km 以下的季节性沟溪，以坡面漫流汇入杞麓湖。14 条河流年均径流量为 7 380 万 m³，占全流域年均径流量的 87.5%，其中，红旗河、中河、者湾河、大新河为入湖河流中最主要的 4 条河流，年均径流量为 5 985 万 m³，占流域年均径流量的 71%。中河接纳县城污水处理厂的出水，红旗河接纳第二污水处理厂的出水。

杞麓湖无天然出流通道、没有明河出口，之前仅靠湖泊东南面岳家营落水洞岩溶裂隙排洪至曲江，1966 年在落水洞建有 2.5m×2.5m 的两孔闸门，根据雨晴水情控制水位，因常年淤积，最大泄水量不到 2.0m³/s，难以适应通海县水资源供需矛盾和杞麓湖淹蓄矛盾。2019 年，通海县杞麓湖调蓄水隧道建成，最大泄水量为 18m³/s，加大了杞麓湖的泄洪能力，基本保证杞麓湖水位能调可控。

2. 湖泊

杞麓湖属珠江水系，为滇中高原陷落性内陆封闭型湖泊，是通海境内最重要的湖泊，为云南省九大高原湖泊之一。径流面积为 354km^2，历史最低水位为-0.38m（1983 年 7 月 13 日），最高水位为 5.54m（2001 年 11 月 15 日）；正常蓄水位海拔为 1 797.25m（观测水位 4.8m），相应湖水量为 1.68 亿 m^3，湖面面积为 3 728 万 m^2，约占全县总面积的 5.0%，平均水深为 4m，最大水深为 6.5m，湖岸线长 42.17km；防洪限制水位海拔为 1 797.65m（观测水位 5.2m），相应湖水量为 1.83 亿 m^3，多年平均径流量为 1.12 亿 m^3。

3. 地下水

通海县地下水总量为 0.54 亿 m^3/年，分为松散湖积层孔隙水、碳酸盐岩融水和基岩裂隙水。

4. 泉眼

据《云南省志》记载，杞麓湖湖盆区共有泉水 36 处，其分布为湖盆西北部的汉邑、石碧、河西凤山周围，者湾、四街、纳古及湖盆东南部的大兴、古城、城郊一带。杞麓湖湖盆区的泉水流量受降水量直接控制，加上地质构造特殊、大气环境改变和工程建设等多种因素的影响，大部分泉水已不能出流。

全县水资源总量为 2.13 亿 m^3，其中，地表水径流量为 1.59 亿 m^3，地下水径流量为 0.54 亿 m^3。杞麓湖是通海县的主要水域，坐落于通海盆地中偏东侧，正常水位时水域面积为 37.28km^2。

6.1.5　主要污染河道环境现状分析

1. 红旗河

红旗河位于杞麓湖西岸，起源于河西镇曲陀关，河流全长 20.67km，流域面积为 147.2km^2，途经河西、兴蒙、九街、四街、秀山 5 个乡镇（街道），22 个村（社区）。红旗河有 4 个主要支流，分别为泥鳅沟、碧溪河、螺丝地沟、清水沟。

红旗河主要功能为农灌、行洪，甸苴坝水库水资源进入红旗河后，大部分被水闸截留或被抽水站直接抽取用于沿途农田灌溉，农灌后农田退水又通过农灌沟渠排口排入河道，农业面源污染较重；同时，红旗河流经村落大部分河段在公路旁，生活污染严重，致使红旗河水质较差。红旗河大部分河堤损毁较为严重，倒塌、倾覆现象时有发生，河道淤积现象严重，雨季为了行洪，河道开闸放水，大量的河道淤泥污水直接入湖，加剧了杞麓湖的污染。

2. 中河

中河发源于秀山，途经李家营和通海县城，全长 2.0km，年平均流量为 759 万 m³。中河上段秀山沟接纳秀山街道城镇生活污水，秀山沟下游在一污水厂处设置了闸门，旱季闸门封闭，将上游混合污水截入污水厂进行处理，雨季闸门打开，污水直接进入杞麓湖。由于接纳城镇生活污水，中河上段秀山沟水质黑臭，而下段接纳污水处理厂一级 A 标出水后，水质仍为劣 V 类，再加之周边农田排灌水，入湖河水污染较为严重，同时由于雨污不分离，雨季污水处理厂超负荷运转，无法处理的城镇生活污水混合雨水直接入湖，对杞麓湖水质造成了较大影响。中河上段秀山沟为三面光，下段为天然河道，河道淤泥淤积严重，河中农田固体废弃物及垃圾较多。

3. 大新河

大新河位于杞麓湖东南岸，是杞麓湖的主要入湖河道。大新河发源于无埂山西麓，径流面积为 32.2km²，长度约 12.0km，流经大新、古城及云龙 3 个村落后入湖，主河道长 8.35km。根据《杞麓湖流域水环境保护治理"十三五"规划》，大新河径流量占杞麓湖陆域径流量的 14%，是杞麓湖的主要水资源补给来源，但由于河道淤泥淤积较为严重，河堤损毁、倒塌时有发生，基本无清洁水资源入湖。

4. 者湾河

者湾河发源于大黑山箐，入湖口位于龚杨中心站进水处，全长 9.3km。者湾河主河段起始于者湾马鞍子坝塘，由西北向东南流经者湾村委会、四街社区委员会、大营村委会，汇入杞麓湖，流域面积为 23.0km²，年平均流量为 506 万 m³。者湾河沿程流经多个村落，主要功能为农灌，河道农业面源污染较为严重，加之河道泥沙淤泥、垃圾漂浮现象较为严重，部分河堤损毁、倒塌。作为主要的入湖水资源通道，保障清洁水资源尤为重要。

5. 碧溪河

碧溪河起源于三岔河水库，河流总长 7.207km，碧溪河流经九龙社区、元山社区、大河嘴社区、碧溪社区后汇入红旗河。三岔河水库脚至碧溪社区河段宽 1～2m，大部分为土沟，且沟埂低矮、单薄，碧溪社区至红旗河段河宽平均 5m，已用石头支砌堤埂。碧溪河流经村庄，接纳了大量的农灌回水及生活污水，且河道淤积现象较为严重，雨季被污染的河水大量进入红旗河后入湖，对湖泊水质有较大影响。

6. 螺丝地沟

螺丝地沟发源于元山社区，河道全长 3.0km，由南向北流经九街社区、大河嘴社区、大梨社区和秀山街道的金山社区，与红旗河交汇于二闸门，径流面积为

$3km^2$。螺丝地沟河堤均为土渠，存在河堤下沉的问题，河道泥沙淤积现象也较为突出，雨季大量泥沙及被污染的河水汇入红旗河后入湖，对湖泊水质有较大影响。

7. 泥鳅沟

泥鳅沟起源于胡家山冲水库，河道全长约 6.0km，流经三义社区与九街社区，而后汇入红旗河。目前河道全程为土渠，泥沙淤积较为严重，为保障清洁水资源入红旗河，须进行清淤及渠堤整治。

8. 西干沟

西干沟为杞麓湖主要的入湖河道之一，全长 9.0km，起于沙沟嘴一级抽水站，止于红旗河十字闸，河床宽度最小为 4.00m，最大为 5.00m，途经四街镇、兴蒙蒙古族乡、河西镇。西干沟是杞麓湖西岸最主要的农灌沟渠，承担着 5 个乡镇约 50 000 亩农田的灌溉任务，日常通过沙沟嘴一级抽水站抽取杞麓湖湖水入沟。2010～2015 年，沙沟嘴抽水站抽水量在 1 460 万～2 545 万 m³/年，沿途设多个抽水站及水闸，分别将水抽取至各乡镇及村组，雨天沙沟嘴一级站不再抽水，河道水位升高时，沿途城镇生活污水、农田排灌水、地表径流、河道泥沙混合直接入湖。西干沟大部分河堤损毁、倒塌、倾斜，沟心淤积严重，淤泥平均厚度达 1.5m，为减少入湖泥沙量及入湖污染，亟须开展综合治理工程。

9. 万家大沟

万家大沟位于万家社区东北部，起点位于通海县城西半城大菜市场，终点至杞麓湖，全长 3.0km。万家大沟承载着整个上游县城内的生活、生产污水排放及社区 1 500 亩田块的排水任务。万家大沟为典型的抽排灌渠，有两套提水泵站，旧泵站用于湖水提灌，新泵站用于万家大沟旁边的一条农灌渠合流污水的抽排入湖，万家大沟在二级提灌泵站之后，已形成典型的纳污沟渠，旱季抽湖水灌溉，雨季提闸溢流，农灌河流污水直接抽排入湖、雨季径流混合污水溢流入湖，对杞麓湖水质造成了不可忽视的影响。

10. 窑沟

窑沟全长约 3.0km，流经秀山街道，为典型的城市混合污水排水沟渠，河道基本为三面光，接纳秀山街道生活污水，大量生活污水及河道泥沙雨季直接入湖，对杞麓湖水质造成较大影响。

11. 大树赵家大沟

赵家大沟位于杞麓湖南岸的大树社区，承担着大树社区 2 000 多亩田块的浇灌任务，也承担排灌及雨季防洪排涝任务，是杞麓湖南岸的一条主要入湖河流。

河道上段 500m 已治理三面光沟渠，下段 1 100m 全为土沟，由于周边村民日常在下段 1 100m 河道沟内清洗蔬菜较多，导致河道内淤泥严重，清水通道不畅，入湖水质较差，亟须开展综合治理。

12. 六一龙潭沟

龙潭沟位于六一社区，起点位于杨里村村尾，河道全长 1.8km，于六一龙潭排涝站后入湖。河道全程为土沟，主要功能为六一社区 3 000 多亩土地的日常灌溉及农灌排水。由于河沟建成时间较长，两边沟帮日常倒塌严重，河沟中淤泥淤积严重，加大了入湖泥沙量，须开展综合治理。

13. 白渔河

白渔河起源于古城村金家湾龙潭，流经古城、云龙两个村委会后汇入杞麓湖，全长 7 560m，主要承担着杨广镇古城村、云龙村、秀山街道东村社区的灌溉及排灌任务。白渔河下游至今河堤仍为土堤，历经多年泥沙沉积，河道堵塞严重，由于周边农村缺乏有效的污水处理系统，生活污水直接排入河道，混合农田排灌水及河道泥沙入湖，对杞麓湖水质造成较大影响。

6.2　杞麓湖流域农业农村经济发展情况

6.2.1　农村人口

杞麓湖流域涉及通海县 4 镇 3 乡和 2 个街道：纳古镇、秀山街道、高大傣族彝族乡、里山彝族乡、九龙街道、河西镇、杨广镇、兴蒙蒙古族乡、四街镇，2022年流域城镇和乡村总人口为 29.27 万，乡村人口 13.95 万，占总人口的 47.7%，城镇人口 15.32 万，占总人口的 52.3%。人口自然增长率 0.01‰。

6.2.2　流域种植情况

杞麓湖环湖的各行政区域内主要以农业种植为主，鲜见畜禽养殖。湖面周围约有 9.5 万亩农田须湖水灌溉，位于杞麓湖西南方向，主要分布在秀山街道办事处、九龙街道办事处、杨广镇、河西镇、四街镇、兴蒙蒙古族乡、纳古镇 7 个乡镇辖区内。环湖范围内主要种植农作物为蒜苗、芹菜、莴苣等，以轮作方式种植，且种植规模达数万亩。施肥方式采用测土配方施肥，肥料部分来自废弃菜叶资源化利用的有机肥，减少了化肥施用量。

6.2.3　杞麓湖流域社会经济条件

流域 2017 年 GDP 为 913 595 万元，其中秀山街道占全县 GDP 的 42.19%；兴蒙蒙古族乡、河西镇、纳古镇、九龙街道、四街镇、杨广镇占全县 GDP 的比重分别为 1.56%、1.54%、8.79%、12.01%、19.95%、13.96%。2017 年，流域一二三产的生产总值分别为 168 983 万元、402 142 万元和 469 470 万元，农林牧渔业总产值为 235 929 万元。2013~2017 年，各乡镇 GDP、农林牧渔业总产值总体呈现增加的趋势，GDP 年均增长率为 9.26%、农林牧渔业总产值年均增长率为 8.72%。

6.2.4　流域耕地面积和化肥施用情况

根据乡镇社会经济统计资料，2017 年，杞麓湖流域耕地面积为 140 843 亩，氮肥施用量为 13 978t，磷肥施用量为 7 802t，钾肥施用量为 5 741t，复合肥施用量为 18 104t，化肥施用总量为 45 625t，其中复合肥和氮肥的施用量较大，单位耕地面积化肥施用量为 0.32t/亩，地膜使用面积为 94 419 亩，农药施用量为 325t。近年来，杞麓湖流域耕地面积基本保持不变（表 6.1），化肥施用总量稳中有降，2017 年比 2016 年减少了 3%。

表 6.1　2010~2017 年杞麓湖流域耕地面积及化肥施用年际变化情况

乡镇（街道）	年份	耕地面积/亩	化肥农药施用						
			氮肥/(t/年)	磷肥/(t/年)	钾肥/(t/年)	复合肥/(t/年)	地膜/(亩/年)	农药/(t/年)	化肥/(t/年)
兴蒙蒙古族乡	2010	3 654	428	293	225	400	3 570	11	1 346
	2011	3 365	449	290	241	393	5 043	11	1 373
	2012	3 492	415	315	280	450	4 319	12	1 460
	2013	3 651	425	317	280	455	4 395	13	1 477
	2014	3 534	460	337	330	494	5 208	15	1 621
	2015	3 365	459	433	342	515	5 286	14	1 749
	2016	3 361	451	429	315	521	5 353	14	1 716
	2017	3 308	438	422	306	504	4 624	13	1 670
秀山街道	2010	14 999	3 980	1 431	891	3 594	5 598	54	9 896
	2011	14 990	3 950	1 400	826	3 951	4 886	54	10 127
	2012	14 887	3 988	1 329	955	3 879	5 950	52	10 151
	2013	14 887	3 602	1 165	1 038	4 002	5 309	49	9 807

续表

乡镇 （街道）	年份	耕地面积/ 亩	化肥农药施用						
			氮肥/ (t/年)	磷肥/ (t/年)	钾肥/ (t/年)	复合肥/ (t/年)	地膜/ (亩/年)	农药/ (t/年)	化肥/ (t/年)
秀山 街道	2014	14 887	3 511	1 142	1 077	3 989	4 555	48	9 719
	2015	14 887	3 584	1 118	1 010	4 079	4 654	45	9 791
	2016	14 896	3 520	1 120	1 032	4 025	4 607	45	9 697
	2017	14 896	3 014	1 205	1 168	3 740	4 487	40	9 127
河西镇	2010	42 726	2 454	2 071	933	2 540	24 013	82	7 998
	2011	42 726	2 606	1 691	1 240	2 575	26 255	97	8 112
	2012	43 587	2 634	1 691	1 290	2 641	26 201	103	8 256
	2013	43 585	2 584	1 649	1 314	2 731	27 806	105	8 278
	2014	43 581	2 790	2 007	1 148	3 035	27 427	106	8 980
	2015	43 557	1 996	1 992	1 166	3 044	27 725	111	8 198
	2016	43 557	2 796	1 894	1 101	3 076	28 184	118	8 867
	2017	38 523	2 510	1 968	1 004	2 650	28 849	106	8 132
纳古镇	2010	1 382	9	10	8	9	239	2	36
	2011	1 352	9	8	8	10	205	2	35
	2012	1 331	9	8	7	9	201	2	33
	2013	1 331	9	7	7	11	192	2	34
	2014	1 576	9	7	7	11	193	2	34
	2015	1 576	9	7	7	11	192	2	34
	2016	1 651	9	8	9	14	192	2	40
	2017	1 651	9	8	9	14	192	2	40
九龙 街道	2010	21 399	850	700	520	3 800	15 074	44	5 870
	2011	21 399	860	700	530	3 800	15 074	44	5 890
	2012	21 382	880	730	560	3 761	16 981	43	5 931
	2013	21 382	900	780	570	3 776	15 763	44	6 026
	2014	21 082	921	740	550	3 580	15 763	44	5 791
	2015	20 982	925	730	570	3 079	15 763	44	5 304
	2016	20 822	930	710	580	2 625	15 864	41	4 845
	2017	18 905	945	756	567	2 836	15 124	38	5 104
四街镇	2010	34 707	3 954	1 824	1 381	3 039	19 901	47	10 198
	2011	34 690	3 731	1 913	1 490	3 379	21 981	49	10 513

续表

乡镇 (街道)	年份	耕地面积/ 亩	化肥农药施用						
			氮肥/ (t/年)	磷肥/ (t/年)	钾肥/ (t/年)	复合肥/ (t/年)	地膜/ (亩/年)	农药/ (t/年)	化肥/ (t/年)
四街镇	2012	35 285	3 847	1 861	1 442	3 308	23 643	51	10 458
	2013	35 285	3 859	1 843	1 513	3 367	24 319	54	10 582
	2014	35 285	3 849	1 850	1 484	3 396	25 730	56	10 579
	2015	35 285	3 819	1 818	1 473	3 546	27 301	59	10 656
	2016	35 285	3 655	1 801	1 457	3 722	29 498	59	10 635
	2017	35 285	3 564	1 778	1 511	3 871	29 800	51	10 724
杨广镇	2010	26 936	3 742	1 617	848	3 307	11 800	160	9 514
	2011	27 247	3 609	1 743	883	3 757	16 481	122	9 992
	2012	28 047	3 634	1 840	955	3 699	16 456	82	10 128
	2013	28 047	3 498	1 751	1 261	3 837	16 289	83	10 347
	2014	28 047	3 400	1 715	1 134	4 123	15 122	135	10 372
	2015	28 280	3 434	1 763	1 229	4 249	14 690	85	10 675
	2016	28 280	3 578	1 733	1 174	4 916	14 142	88	11 401
	2017	28 275	3 498	1 665	1 176	4 489	11 343	75	10 828
合计	2010	145 803	15 417	7 946	4 806	16 689	80 195	400	44 858
	2011	145 769	15 214	7 745	5 218	17 865	89 925	379	46 042
	2012	148 011	15 407	7 774	5 489	17 747	93 751	345	46 417
	2013	148 168	14 877	7 512	5 983	18 179	94 073	350	46 551
	2014	147 992	14 940	7 798	5 730	18 628	93 998	406	47 096
	2015	147 932	14 226	7 861	5 797	18 523	95 611	360	46 407
	2016	147 852	14 939	7 695	5 668	18 899	97 840	367	47 201
	2017	140 843	13 978	7 802	5 741	18 104	94 419	325	45 625

6.2.5　流域家禽家畜养殖状况

2017 年杞麓湖流域猪、牛、马、羊、家禽年末存栏总数分别为 133 996 头、11 260 头、107 匹、21 931 只和 6 911 703 只,猪、牛、马、羊、家禽年末出栏总数分别为 255 375 头、17 379 头、18 匹、19 401 只、6 609 511 只,水产养殖面积为 703.1 亩。2010~2017 年,家畜家禽养殖规模总体呈现增长态势(表 6.2),流域猪存栏年均增长率为 2.98%,猪出栏量年均增长率为 2.65%;牛存栏量整体呈不变的趋势,牛出栏量年均增长率为 4.91%;羊存栏量年均增长率为 8.14%,羊出栏量年均增长率为 4.90%;家禽存栏量年均增长率为 5.05%,家禽出栏量年均增长率为 2.89%。

表 6.2　2010～2017 年杞麓湖流域家畜家禽养殖状况统计

县	乡镇（街道）	年份	家畜家禽年末存栏数					家畜家禽年末出栏数					水产/亩
			猪/头	牛/头	马/匹	羊/只	家禽/只	猪/头	牛/头	马/匹	羊/只	家禽/只	
通海	兴蒙蒙古族乡	2010	1 680	120	5	110	36 495	4 380	208	0	152	51 230	126.5
		2011	1 680	328	5	134	40 010	4 136	210	0	167	50 060	126.5
		2012	1 703	139	5	144	50 010	4 185	212	0	175	50 305	126.5
		2013	1 703	153	5	162	60 045	4 481	234	0	196	50 006	158
		2014	1 818	163	5	176	100 066	4 605	253	0	224	80 305	155
		2015	1 816	166	5	176	108 029	4 865	281	0	273	85 056	52.1
		2016	1 879	183	5	170	113 467	4 700	294	0	301	87 348	52.1
		2017	1 920	188	5	180	59 688	4 843	305	0	314	92 059	52.1
	秀山街道	2010	18 838	595	48	121	804 169	40 137	0	0	100	901 292	0
		2011	19 448	671	41	110	814 154	42 116	0	0	105	901 793	0
		2012	20 000	683	42	126	850 840	42 629	0	0	120	931 436	0
		2013	20 686	677	26	258	934 373	43 650	0	0	170	951 400	0
		2014	21 867	618	25	425	815 406	47 723	0	0	311	878 531	0
		2015	22 580	636	29	577	889 700	49 711	0	0	552	859 700	0
		2016	23 259	590	25	592	935 000	52 199	0	0	580	872 000	0
		2017	23 259	112	23	430	935 000	50 455	0	0	580	872 000	0
	河西镇	2010	27 712	5 249	0	7 012	663 454	55 453	3 865	0	9 553	976 347	0
		2011	28 335	5 340	0	7 578	675 182	59 112	4 176	0	9 542	980 681	0
		2012	29 422	5 443	0	8 249	790 621	59 704	4 481	0	9 511	995 482	0
		2013	30 412	5 514	0	8 610	814 348	61 137	4 652	0	10 004	1 017 278	0

续表

县	乡镇(街道)	年份	家畜家禽年末存栏数					家畜家禽年末出栏数					水产/苗
			猪/头	牛/头	马/匹	羊/只	家禽/只	猪/头	牛/头	马/匹	羊/只	家禽/只	
通海	河西镇	2014	31 636	5 853	0	13 292	1 088 825	61 929	5 099	0	10 988	1 232 267	0
		2015	33 370	5 952	0	14 450	1 267 750	60 635	5 326	0	11 923	1 297 416	0
		2016	34 301	6 020	0	14 730	1 341 502	59 389	5 473	0	11 690	1 300 165	0
		2017	33 771	3 778	0	11 310	1 264 050	67 538	5 628	7	12 234	1 366 200	0
	纳古镇	2010	829	671	41	556	18 291	2 107	6 175	7	1 457	30 330	0
		2011	840	697	43	577	16 408	1 629	6 473	7	1 511	33 227	0
		2012	871	706	45	593	15 044	1 307	6 533	7	1 531	33 003	0
		2013	945	735	12	675	10 022	1 362	6 803	7	1 649	33 334	0
		2014	1 015	791	12	1 424	7 610	1 488	7 568	7	1 813	19 881	0
		2015	706	807	12	1 488	9 033	1 484	7 460	7	1 945	21 310	0
		2016	336	761	13	1 087	8 492	724	8 003	7	1 597	18 335	0
		2017	395	797	17	950	5 973	762	8 251	7	2 237	19 663	0
	四街镇	2010	22 434	1 610	48	1 839	792 745	45 718	795	0	818	841 991	0
		2011	23 040	1 633	49	1 906	809 860	47 991	896	0	871	889 469	0
		2012	23 506	1 647	72	1 956	871 274	48 637	1 135	0	883	930 635	0
		2013	24 301	1 736	66	2 346	1 027 921	50 058	1 221	0	1 225	1 018 676	0
		2014	25 913	1 826	8	3 317	1 108 614	50 237	1 236	0	1 364	1 078 435	0
		2015	26 727	1 870	9	3 266	1 139 571	53 013	1 214	0	1 645	1 117 698	0
		2016	27 548	1 902	9	3 361	1 032 825	51 862	1 260	0	1 760	1 056 478	0
		2017	28 112	1 953	54	3 494	1 116 869	46 768	1 340	0	1 896	1 110 908	0

续表

县	乡镇（街道）	年份	家畜家禽年末存栏数					家畜家禽年末出栏数					水产/亩
			猪/头	牛/头	马/匹	羊/只	家禽/只	猪/头	牛/头	马/匹	羊/只	家禽/只	
通海	杨广镇	2010	17 347	2 135	68	1 705	1 137 559	19 532	125	27	885	1 143 874	965
		2011	17 962	1 855	41	1 451	1 166 350	20 320	665	17	729	1 271 445	965
		2012	18 594	1 713	24	1 888	1 231 300	20 931	523	13	897	1 315 612	965
		2013	19 291	1 025	11	2 103	1 609 580	23 738	421	12	1 742	1 425 470	678
		2014	20 570	956	9	1 252	1 291 680	27 547	201	11	975	1 267 214	672
		2015	20 509	878	11	1 483	133 627	28 164	152	11	1 382	1 262 550	672
		2016	21 255	843	8	1 327	1 384 132	28 606	122	11	561	1 294 624	672
		2017	21 710	2 914	8	3 428	1 491 569	47 582	99	11	863	1 355 049	651
	九龙街道	2017	24 829	1 518	0	2 139	2 038 554	37 427	1 756	0	1 277	1 793 632	0
	合计	2010	88 840	10 380	210	11 343	3 452 713	167 327	11 168	34	12 965	3 945 064	1 091.5
		2011	91 305	10 524	179	11 756	3 521 964	175 304	12 420	24	12 925	4 126 675	1 091.5
		2012	94 096	10 331	188	12 956	3 809 089	177 393	12 884	20	13 117	4 256 473	1 091.5
		2013	97 338	9 840	120	14 154	4 456 289	184 426	13 331	19	14 986	4 496 164	836
		2014	102 819	10 207	59	19 886	4 412 201	193 529	14 357	18	15 675	4 556 633	827
		2015	105 708	10 309	66	21 440	3 547 710	197 872	14 433	18	17 720	4 643 730	724.1
		2016	108 578	10 299	60	21 267	4 815 418	197 480	15 152	18	16 489	4 628 950	724.1
		2017	133 996	11 260	107	21 931	6 911 703	255 375	17 379	18	19 401	6 609 511	703.1

6.2.6　流域内土地利用状况

根据通海县国土资源局提供数据，2017 年，杞麓湖流域内耕地面积为 141.43km², 园地面积为 6.94km²，草地面积为 8.66km²，水域面积为 36.93km²，建设用地面积为 30.39km²，耕地、有林地面积分别约占流域总面积的 42%、30%，见表 6.3。

表 6.3　2017 年杞麓湖流域土地利用现状

序号	用地类型	面积/km²	备注
1	耕地	141.43	水田、旱地、水浇地
2	园地	6.94	
3	有林地	101.47	林地、其他林地
4	灌木林	9.88	
5	草地	8.66	
6	水域	36.93	
7	建设用地	30.39	城镇用地、农村居民用地、其他建设用地
8	未利用地	1.95	裸地、沼泽
	合计	337.65	

6.3　杞麓湖流域农业农村产业结构对
湖泊生态环境的影响分析

6.3.1　杞麓湖水质特征

杞麓湖水体例行监测点有马家湾、湖心、湖管站 3 个，监测项目 27 项，监测频次为每月一次。根据《云南省生态环境状况公报》结果显示，2017 年杞麓湖湖体综合水质类别为 V 类，相对 V 类水质标准的达标率为 83.3%。其中，12 月、9 月水质达到 IV 类，2 月、4 月水质为劣 V 类，超标因子分别为 COD_{Cr} 和 BOD_5。TN 在 2017 年有 3 个月达超 V 类水质标准，超标倍数为 0.11～0.32 倍。2017 年全年处于中度富营养化水平。

根据《云南省环境质量报告》结果显示，2018 年 1～10 月，杞麓湖湖体综合水质类别为 V 类，相对 V 类水质标准的达标率为 100%。其中，10 月水质达到 IV 类，污染因子主要为 COD_{Cr}。TN 在 2018 年 1～10 月，有 5 个月达超 V 类水质标准，超标倍数为 0.02～0.56 倍。2018 年 1～10 月水质全部处于中度富营养化水平。

2010～2018 年，杞麓湖富营养化状态变化可分为两个阶段：2010～2014 年，综合营养状态指数在 60～70 波动，水质总体处于中度富营养化状态；2015～2018 年 10 月，综合营养状态指数在 60 上下波动，水质仍处于中度富营养化状态，但是，出现了明显好转的迹象，见图 6.1。

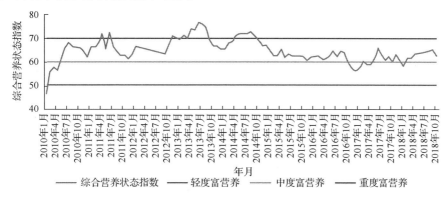

图 6.1　2010～2018 年杞麓湖全湖综合营养状态指数月变化趋势

对湖泊水体水质起关键性作用的指标为 COD_{Cr}，2010～2018 年，水质从劣 V 类到 V 类出现了明显拐点的时间为 2016 年 1 月。2016 年 8 月～2018 年 10 月，水质 COD_{Cr} 浓度基本稳定保持在 V 类水平，见图 6.2。

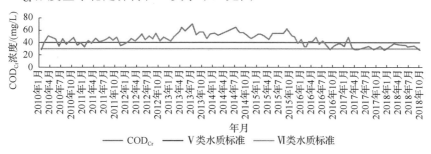

图 6.2　2010～2018 年杞麓湖全湖 COD_{Cr} 浓度月变化趋势

2010～2018 年，全湖水质 TP 浓度总体变化较为平稳，其水质整体在 IV 类和 V 类之间波动，见图 6.3。

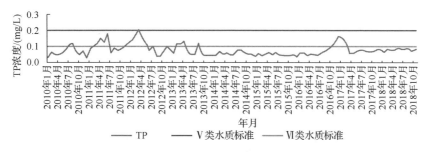

图 6.3　2010～2018 年杞麓湖全湖 TP 浓度月变化趋势

2010～2018 年，杞麓湖总体水质 $NH_3\text{-}N$ 浓度有上升的趋势，水质总体在 III 类和Ⅳ类之间波动，见图6.4。

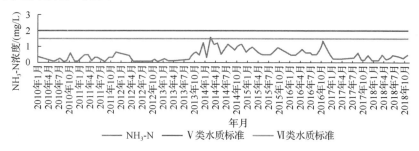

图6.4　2010～2018年杞麓湖全湖NH₃-N浓度月变化趋势

2010～2018年，杞麓湖全湖水体 BOD₅ 浓度的波动比较剧烈，但水质总体在 Ⅳ 类和 Ⅴ 类之间波动，峰值时为劣Ⅴ类水质，出现的频率相对较高，成为湖体稳定保持Ⅴ类水质的潜在威胁，见图6.5。

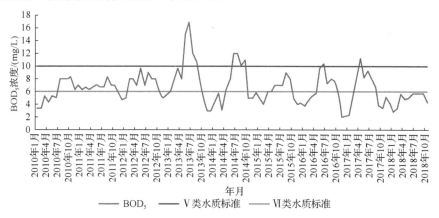

图6.5　2010～2018年杞麓湖全湖BOD₅月变化趋势

2010～2018年，杞麓湖水体 TN 浓度一直处于较高水平，水质为劣Ⅴ类，从2017年以来，浓度值有下降的趋势，虽然仍为劣Ⅴ类，但水质总体有好转的迹象，见图6.6。

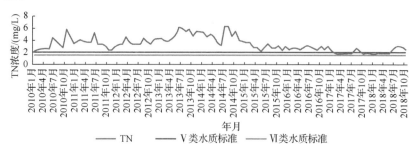

图6.6　2010～2018年杞麓湖全湖TN浓度月变化趋势

6.3.2　主要入湖河流水质特征

杞麓湖入湖河道水体例行监测点位于红旗河入湖口和中河入湖口,主要监测项目 4 项,监测频率为每月一次。

1. 红旗河

根据《云南省环境质量报告》结果显示,2017 年,红旗河入湖口综合水质类别为劣 V 类,相对 V 类水质标准的达标率为 16.7%,其中,3 月和 4 月达到 V 类,超标因子主要为 TP、COD_{Cr}、BOD_5,NH_3-N 也偶有超标。TN 指标在 2017 年有 12 个月超 V 类水质标准,超标 3.2~8.5 倍。

根据《云南省环境质量报告》结果显示,2018 年 1~10 月,红旗河入湖口综合水质类别为劣 V 类,相对 V 类水质标准的达标率为 20%。其中,1 月和 2 月达到 V 类,超标因子主要为 TP、COD_{Cr}、BOD_5,NH_3-N 也偶有超标。TN 在 2018 年 1~10 月有 10 个月超 V 类水质标准,超标 2.65~5.95 倍。

从 2013 年 8 月开始,红旗河 COD_{Cr} 浓度已经由劣 V 类水质标准好转为 Ⅳ 类水质标准,并一直保持到 2017 年 3 月,之后 COD_{Cr} 浓度有所反弹,但总体为 V 类,这对于湖体水质的好转起到关键性作用。NH_3-N 和 TP 指标总体在 V 类水质标准和劣 V 类水质标准之间波动,污染相对比较严重,见图 6.7。

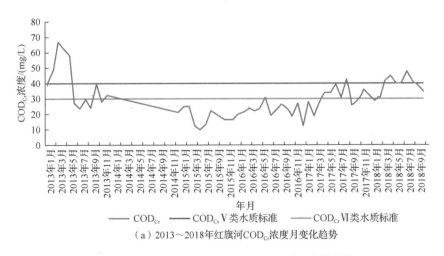

（a）2013~2018 年红旗河 COD_{Cr} 浓度月变化趋势

图 6.7　2013~2018 年红旗河入湖口水质月变化趋势

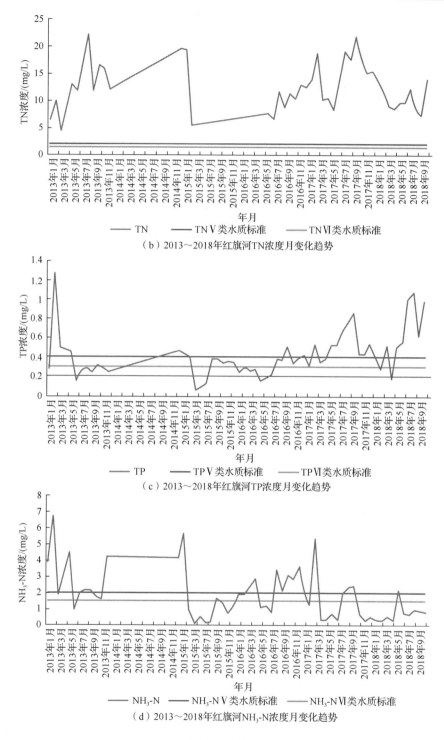

（b）2013~2018年红旗河TN浓度月变化趋势

（c）2013~2018年红旗河TP浓度月变化趋势

（d）2013~2018年红旗河NH₃-N浓度月变化趋势

图6.7（续）

2. 中河

根据《玉溪市环境质量报告》结果显示，2017 年，中河入湖口综合水质类别为劣 V 类，相对 V 类水质标准的达标率为 0，超标的因子主要为 TP、NH_3-N，COD_{Cr} 也偶有超标。TN 在 2017 年有 12 个月为超 V 类水质标准，超标倍数为 4.5～9.85 倍。2015～2017 年，中河水质 COD_{Cr} 浓度在 V 类水质标准上下波动，NH_3-N 和 TP 指标总体达到劣 V 类水质标准，水质污染相对严重，见图 6.8。

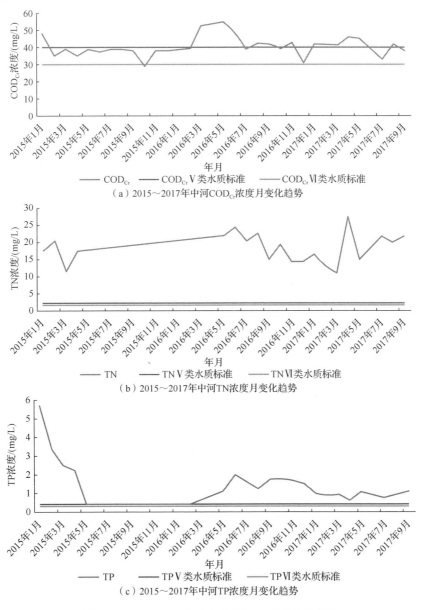

（a）2015～2017年中河COD_{Cr}浓度月变化趋势

（b）2015～2017年中河TN浓度月变化趋势

（c）2015～2017年中河TP浓度月变化趋势

图 6.8　2015～2017 年中河入湖口水质月变化趋势

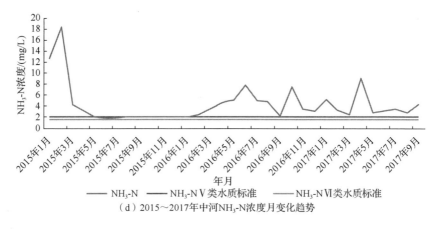

（d）2015～2017年中河NH₃-N浓度月变化趋势

图 6.8（续）

6.3.3　规模化畜禽养殖场污染

1. 基本情况

通海县纳入 2017 年第二次规模化畜禽养殖场普查的数量为 490 家，其中停产 2 家，正常生产 488 家；其中在杞麓湖流域分布的 463 家，均正常生产。杞麓湖流域范围内的规模化畜禽养殖场数量占通海县的 94.5%，沿湖周密集分布。杞麓湖流域规模化养殖场基本情况见表 6.4。

表 6.4　杞麓湖流域规模化养殖场基本情况汇总表

县	乡镇（街道）	企业数量
通海县	兴蒙蒙古族乡	0
	秀山街道	45
	河西镇	73
	纳古镇	0
	九龙街道	143
	四街镇	59
	杨广镇	143
合计		463

2. 污染负荷核算

采用《第一次全国污染源普查——畜禽养殖业源产排污系数手册》，污染排放方式为干清粪方式，大多具有污水收集循环利用池或沼气池，再经过一定距离衰减入湖，根据规模化畜禽养殖场的污染处理程度，以及考虑污染沿程距离衰减、河渠修正、温度修正等因素，逐一核算入湖量。根据 NH₃-N 实际监测结果按 TN

的一定比例取值，涉及的污染物产排系数见表 6.5，逐一核算后的污染负荷汇总见表 6.6～表 6.8。

表 6.5　规模化养殖场污染物产排系数　　　单位：[g/(p·天)]

项目	粪	尿	COD$_{Cr}$	TN	TP	NH$_3$-N
生猪产污系数	1.34	3.08	403.67	19.74	4.84	11.84
生猪排污系数	1.34	3.08	47.09	5.56	0.43	3.34
肉牛产污系数	12.10	8.32	2 235.21	104.10	10.17	15.62
肉牛排污系数	12.10	8.32	141.15	26.21	2.02	3.93
奶牛产污系数	31.60	15.24	5 731.70	214.51	38.47	32.18
奶牛排污系数	31.60	15.24	484.98	62.61	4.83	9.39
肉鸡产污系数	0.06	—	13.05	0.71	0.06	0.071
肉鸡排污系数	0.06	—	5.71	0.08	0.01	0.008
蛋鸡产污系数	0.12	—	20.50	1.16	0.23	0.12
蛋鸡排污系数	0.12	—	0.17	0.01	0.005	0.001

表 6.6　杞麓湖流域规模化养殖场分乡镇（街道）污染负荷产生量　　　单位：t/年

县	乡镇（街道）	粪产生量	尿产生量	COD$_{Cr}$ 产生量	TN 产生量	TP 产生量	NH$_3$-N 产生量
通海	兴蒙蒙古族乡	0	0	0	0	0	0
	秀山街道	34 240	1 092	5 911.33	333.40	66.43	36.84
	河西镇	52 722	1 349	9 083.23	512.63	102.05	55.58
	纳古镇	0	0	0	0	0	0
	九龙街道	98 007	13 697	17 528.75	977.68	197.32	186.26
	四街镇	31 254	3 316	5 533.00	309.68	62.24	41.60
	杨广镇	117 387	27 157	21 167.40	1 114.95	218.18	168.06
合计	7	333 610	46 611	59 223.71	3 248.34	646.22	488.34

表 6.7　杞麓湖流域规模化养殖场分乡镇（街道）污染负荷排放量估算　　　单位：t/年

县	乡镇（街道）	粪排放量	尿产生量	COD$_{Cr}$ 排放量	TN 排放量	TP 排放量	NH$_3$-N 排放量
通海	兴蒙蒙古族乡	0	0	0	0	0	0
	秀山街道	0	1 092	64.52	4.78	1.56	1.46
	河西镇	0	1 349	94.48	6.78	2.36	1.90
	纳古镇	0	0	0	0	0	0
	九龙街道	0	13 697	368.60	32.97	5.80	15.94

续表

县	乡镇（街道）	粪排放量	尿产生量	COD_{Cr} 排放量	TN 排放量	TP 排放量	NH_3-N 排放量
通海	四街镇	0	3 316	96.02	8.58	1.78	3.85
	杨广镇	0	27 157	676.51	368.48	9.30	67.18
合计	7	0	46 611	1 300.13	421.59	20.80	90.33

表 6.8 杞麓湖流域规模化养殖场分乡镇（街道）污染负荷入湖量 单位：t/年

县	乡镇（街道）	粪产生量	尿产生量	COD_{Cr} 入湖量	TN 入湖量	TP 入湖量	NH_3-N 入湖量
通海	兴蒙蒙古族乡	0	0	0	0	0	0
	秀山街道	0	1 092	41.94	3.11	1.01	0.95
	河西镇	0	1 349	51.96	3.73	1.30	1.04
	纳古镇	0	0	0	0	0	0
	九龙街道	0	13 697	202.73	18.13	3.19	8.77
	四街镇	0	3 316	62.41	5.57	1.16	2.50
	杨广镇	0	27 157	439.73	239.51	6.04	43.66
合计	7	0	46 611	798.77	270.05	12.70	56.92

杞麓湖流域规模化畜禽养殖场粪便产生总量为 333 610t/年，尿产生总量为 46 611t/年，COD_{Cr} 产生量为 59 223.71t/年，TN 产生量为 3 248.34t/年，TP 产生量为 646.22t/年，NH_3-N 产生量为 488.34t/年；COD_{Cr} 排放量为 1 300.13t/年，TN 排放量为 421.59t/年，TP 排放量为 20.80t/年，NH_3-N 排放量为 90.33t/年；COD_{Cr} 入湖量为 798.77t/年，TN 入湖量为 270.05t/年，TP 入湖量为 12.70t/年，NH_3-N 入湖量为 56.92t/年。

6.3.4 散养畜禽粪便污染

杞麓湖流域畜禽主要指散养畜禽，参照《第一次全国污染源普查——畜禽养殖业源产排污系数手册》，结合相关研究成果，按表 6.9 核算污染产生量，经过调查显示，农村沼气池普及率达到 85%，散养畜禽粪便处理基本达到干清粪程度，污染排放量按照 15% 的流失率核算，污染入湖量核定原则同农村生活污水。

杞麓湖流域人畜禽粪尿产生量为 132 万 m^3/年，COD_{Cr} 产生量为 40 388.66t/年，TN 产生量为 6 332.86t/年，TP 产生量为 913.52t/年，NH_3-N 产生量为 1 489.94t/年；粪尿排放量约为 40 万 m^3/年，COD_{Cr} 排放量为 6 058.30t/年，TN 排放量为 949.93t/年，TP 排放量为 137.03t/年，NH_3-N 排放量为 223.49t/年；粪尿入湖量约为 40 万 m^3/年，COD_{Cr} 入湖量为 3 825.27t/年，TN 入湖量为 566.84t/年，TP 入湖量为 82.01t/年，NH_3-N 入湖量为 134.60t/年，详见表 6.10～表 6.12。

表 6.9　人畜禽粪便产生系数

项目	单位	人	牛	猪	羊	鸡
粪尿产量/[kg/(p·天)]	粪	0.70	15.0	2.00	1.23	0.12
	尿	0.40	10.0	3.30	0.62	—
平均折纯值/[g/(p·天)]	COD_{Cr}	30.00	2 200.0	150.00	12.00	2.00
	TN	3.50	110.0	15.70	3.10	0.80
	TP	0.60	15.5	3.00	1.10	0.10
	$NH_3\text{-}N$	2.14	16.5	9.42	0.90	0.08

表 6.10　杞麓湖流域人畜禽粪便污染负荷产生量表

乡镇（街道）	粪尿产生量/（m³/年）	人畜粪便污水负荷产生量/（t/年）			
		COD_{Cr}	$NH_3\text{-}N$	TN	TP
四街镇	221 483	6 163.19	264.09	1 043.17	152.20
秀山街道	175 164	4 139.98	225.12	801.95	119.55
河西镇	303 633	9 131.12	366.31	1 368.45	204.34
九龙街道	255 583	6 075.89	250.50	1 396.95	190.32
兴蒙蒙古族乡	20 042	587.40	26.53	86.78	13.17
纳古镇	82 438	6 806.18	60.78	356.83	50.98
杨广镇	262 041	7 484.90	296.61	1 278.73	182.96
流域总计	1 320 384	40 388.66	1 489.94	6 332.86	913.52

表 6.11　杞麓湖流域人畜禽粪便污染负荷排放量

乡镇（街道）	粪尿排放量/（m³/年）	人畜粪便污水负荷排放量/（t/年）			
		COD_{Cr}	$NH_3\text{-}N$	TN	TP
四街镇	69 138	924.48	39.61	156.48	22.83
秀山街道	61 363	621.00	33.77	120.29	17.93
河西镇	103 493	1 369.67	54.95	205.27	30.65
九龙街道	51 118	911.38	37.57	209.54	28.55
兴蒙蒙古族乡	7 357	88.11	3.98	13.02	1.98
纳古镇	32 676	1 020.93	9.12	53.52	7.65
杨广镇	74 518	1 122.73	44.49	191.81	27.44
流域总计	399 663	6 058.30	223.49	949.93	137.03

表 6.12 杞麓湖流域人畜禽粪便污染负荷入湖量

乡镇（街道）	粪尿入湖量/（m³/年）	人畜粪便污水负荷入湖量/（t/年）			
		COD_{Cr}	NH_3-N	TN	TP
四街镇	69 138	739.58	31.69	125.18	18.26
秀山街道	61 363	223.56	12.16	43.31	6.46
河西镇	103 493	831.35	32.79	121.81	18.22
九龙街道	51 118	382.78	15.78	88.01	11.99
兴蒙蒙古族乡	7 357	70.49	3.18	10.41	1.58
纳古镇	32 676	816.74	7.29	42.82	6.12
杨广镇	74 518	760.77	31.71	135.30	19.38
流域总计	399 663	3 825.27	134.60	566.84	82.01

6.3.5 农村生活污水污染

1. 基本情况

杞麓湖流域除集镇区就是农村区域，农村区域人口为 120 930 人，参照《第一次全国污染源普查城镇生活源产排污系数手册》（2008 年 3 月），结合实际调查情况，农村生活污水产生系数按城镇 60%计算，本次调查农村生活污水产生量按 78L/（人·天）计算，污染产污系数 COD_{Cr} 为 39g/（人·天）、NH_3-N 为 4.98g/（人·天）、TN 为 7.14g/（人·天）、TP 为 0.61g/（人·天）。排污系数约为 0.8，排污系数 COD_{Cr} 为 31.2g/（人·天）、NH_3-N 为 3.98g/（人·天）、TN 为 4.28g/（人·天）、TP 为 0.37g/（人·天）。

杞麓湖流域农村生活污水产排量为 365 万 t/年，COD_{Cr} 产生量为 1 822.92t/年，TN 产生量为 333.75t/年，TP 产生量为 28.51t/年，NH_3-N 产生量为 232.78t/年；COD_{Cr} 排放量为 1 450.86t/年，TN 排放量为 199.04t/年，TP 排放量为 17.2t/年，NH_3-N 排放量为 185.08t/年；COD_{Cr} 入湖量为 1 086.26t/年，TN 入湖量为 149.02t/年，TP 入湖量为 26.87t/年，NH_3-N 入湖量为 138.57t/年。

2. 污染治理情况调查

农村生活污水处理纳入集中治污的村委会包括纳入第一污水处理厂的杨广镇古城村、云龙村、镇海村，已在 2017 年实现截污；纳入第二污水厂的秀山街道六一社区、长河社区、金山社区，四街镇十街村、大营村、龚杨村，纳古镇纳家营村、杨广镇古城村，于 2018 年后实现截污。

已实施的红旗河流域重点村落污水收集与处理工程涉及汉邑村、小回村、石碧村、螺髻村、戴文村、寸村，已于 2017 年实现截污；"十三五"规划实施的农村环境综合整治涉及杞麓湖沿湖东、西、北部 3 个乡镇 14 个行政村：大回村、石山嘴村、十街村、二街村、六街村、海东村、马家湾村、义广哨村、镇海村、古城村、大新村、落凤村、杨梅沟村、五垴山村，村落生活污水收集与处置、生活垃圾收集清运与处置两项工程，于 2019 年实现截污。

3. 入湖污染负荷核算

尚未覆盖污染治理设施直排污染物的村委会（社区）有四街镇的四寨村，河西镇的解家营、甸心、曲陀关，秀山街道的万家社区、大树社区，九龙街道的大梨社区、三义社区、元山社区、九龙社区，兴蒙蒙古族乡的桃家嘴村，杨广镇的兴义村。2017 年虽建有污染治理设施，但少部分尚未发挥效益，发挥部分效益的云龙村、汉邑村、小回村、石碧村、螺髻村、戴文村，按 40%污水收集处理率核定污染负荷入湖量。

6.3.6　农田化肥及固体废弃物污染

1. 农田化肥污染

农田化肥产排量，根据化肥用量统计，参照《第一次全国污染源普查——农业污染源肥料流失系数手册》，结合当地实际调查情况，COD_{Cr} 按化肥总量 20%折纯产生量、15%流失排放量计算，TN 按氮肥 46%折纯产生量、复合肥 15%折纯产生量、15%流失排放量计算，TP 按磷肥 16%折纯产生量、复合肥 15%折纯产生量、10%流失排放量计算，NH_3-N 按 TN 的 60%计算。

杞麓湖流域农田化肥污染负荷 COD_{Cr} 产生量为 9 125.07t/年，TN 产生量为 9 145.56t/年，TP 产生量为 3 963.91t/年，NH_3-N 产生量为 5 487.33t/年；COD_{Cr} 排放量为 1 368.76t/年，TN 排放量为 1 371.84t/年，TP 排放量为 396.40t/年，NH_3-N 排放量为 823.11t/年；COD_{Cr} 入湖量为 1 368.76t/年，TN 入湖量为 1 371.84t/年，TP 入湖量为 396.40t/年，NH_3-N 入湖量为 823.11t/年（表 6.13～表 6.15）。

表 6.13　杞麓湖流域农田化肥污染负荷产生量　　　　　　单位：t/年

乡镇（街道）	农田化肥污染负荷产生量			
	COD_{Cr}	NH_3-N	TN	TP
四街镇	2 144.80	1 332.05	2 220.09	865.13
秀山街道	1 825.40	1 168.46	1 947.44	753.80
河西镇	1 626.40	931.26	1 552.10	712.38
九龙街道	1 020.87	516.11	860.18	546.35
兴蒙蒙古族乡	334.00	166.25	277.08	143.12
纳古镇	8.00	3.74	6.24	3.38

续表

乡镇（街道）	农田化肥污染负荷产生量			
	COD$_{Cr}$	NH$_3$-N	TN	TP
杨广镇	2 165.60	1 369.46	2 282.43	939.75
流域总计	9 125.07	5 487.33	9 145.56	3 963.91

表6.14　杞麓湖流域农田化肥污染负荷排放量　　　　单位：t/年

乡镇（街道）	农田化肥污染负荷排放量			
	COD$_{Cr}$	NH$_3$-N	TN	TP
四街镇	321.72	199.81	333.01	86.51
秀山街道	273.81	175.27	292.12	75.38
河西镇	243.96	139.69	232.82	71.24
九龙街道	153.13	77.42	129.03	54.64
兴蒙蒙古族乡	50.10	24.94	41.56	14.31
纳古镇	1.20	0.56	0.94	0.34
杨广镇	324.84	205.42	342.36	93.98
流域总计	1 368.76	823.11	1 371.84	396.40

表6.15　杞麓湖流域农田化肥污染负荷入湖量　　　　单位：t/年

乡镇（街道）	农田化肥污染负荷入湖量			
	COD$_{Cr}$	NH$_3$-N	TN	TP
四街镇	321.72	199.81	333.01	86.51
秀山街道	273.81	175.27	292.12	75.38
河西镇	243.96	139.69	232.82	71.24
九龙街道	153.13	77.42	129.03	54.64
兴蒙蒙古族乡	50.10	24.94	41.56	14.31
纳古镇	1.20	0.56	0.94	0.34
杨广镇	324.84	205.42	342.36	93.98
流域总计	1 368.76	823.11	1 371.84	396.40

2. 农田固体废弃物污染

参照玉溪"三湖"地区相关科研成果，农业生产植物残体按1 000kg/（亩·年）计，其有机质（COD$_{Cr}$）按2.85%、TN按0.92%、TP按0.26%、NH$_3$-N按0.6%计，结合实地调查得出该地区农业固体废弃物回收利用率达80%以上，因此按20%流失计算污染排放量；考虑河道拦截工程的实施，按排放量的50%流失计算污染入湖量（表6.16～表6.18）。

表 6.16　杞麓湖流域植物残体污染负荷产生量

乡镇（街道）	植物残体产生量/（m³/年）	植物残体污染负荷产生量/（t/年）			
		COD_Cr	NH₃-N	TN	TP
四街镇	35 285	1 005.62	211.71	324.62	91.74
秀山街道	14 896	424.54	89.38	137.04	38.73
河西镇	38 523	1 097.91	231.14	354.41	100.16
九龙街道	18 905	538.79	113.43	173.93	49.15
兴蒙蒙古族乡	3 308	94.28	19.85	30.43	8.60
纳古镇	1 651	47.04	9.90	15.19	4.29
杨广镇	28 275	805.84	169.65	260.13	73.52
流域总计	140 843	4 014.02	845.06	1 295.75	366.19

表 6.17　杞麓湖流域植物残体污染负荷排放量

乡镇（街道）	植物残体排放量/（m³/年）	植物残体污染负荷排放量/（t/年）			
		COD_Cr	NH₃-N	TN	TP
四街镇	7 057	201.12	42.34	64.92	18.35
秀山街道	2 979	84.91	17.88	27.41	7.75
河西镇	7 705	219.58	46.23	70.88	20.03
九龙街道	3 781	107.76	22.69	34.79	9.83
兴蒙蒙古族乡	662	18.86	3.97	6.09	1.72
纳古镇	330	9.41	1.98	3.04	0.86
杨广镇	5 655	161.17	33.93	52.03	14.70
流域总计	28 169	802.81	169.02	259.16	73.24

表 6.18　杞麓湖流域植物残体污染负荷入湖量

乡镇（街道）	植物残体入湖量/（m³/年）	植物残体污染负荷入湖量/（t/年）			
		COD_Cr	NH₃-N	TN	TP
四街镇	3 529	100.56	21.17	32.46	9.17
秀山街道	1 490	42.45	8.94	13.70	3.87
河西镇	3 852	109.79	23.11	35.44	10.02
九龙街道	1 891	53.88	11.34	17.39	4.92
兴蒙蒙古族乡	331	9.43	1.98	3.04	0.86
纳古镇	165	4.70	0.99	1.52	0.43
杨广镇	2 828	80.58	16.97	26.01	7.35
流域总计	14 086	401.39	84.50	129.56	36.62

6.3.7 水土流失污染

水土流失污染物排放量参照《杞麓湖流域水污染综合防治"十二五"规划》《杞麓湖生态安全调查与评估专题报告（2015 年）》等相关资料确定，土壤侵蚀模数取通海县水利局公布的侵蚀模数 1 070t/（km²·年），土壤中营养物含量参照规划研究资料 COD_{Cr} 为 2.13%，TN 为 0.116%，TP 为 0.084%。过程沉积率按 80%计算，则排放率按 20%计算。经统计，河西水土流失污染物贡献为流域最大，杨广、四街次之。

6.3.8 本次调查的杞麓湖流域水质及土壤特征

杞麓湖调研组于 2020 年 10 月 20～21 日在杞麓湖流域进行了实地调研和采样，经过实验室分析和总结，其结果如下。

1. 土壤特征

由于采样时间为蒜苗的种植季节，因此，调研组成员主要对蒜苗田中的 0～30cm 的土壤进行测定，其土壤特征结果见表 6.19。由数据可知，流域内的蒜苗地氮、磷含量普遍较高。

表 6.19　2020 年 10 月杞麓湖流域蒜苗 0～30cm 土壤特征

采集点经纬度及海拔	采样点	pH	有机质/（g/kg）	TN/（g/kg）	水解性氮/（mg/kg）	TP/（g/kg）	有效磷/（mg/kg）
24°08′09″N，102°44′29″E；1 788m	六一龙潭沟（站）	8.3	39.7	2.57	191	2.01	116.9
24°08′41″N，102°46′45″E；1 793m	独房子村	8.1	40.9	2.28	146	2.00	48.0
24°09′32″N，102°48′13″E；1 712m	岳家营附近	6.5	43.1	2.62	160	2.12	67.8
24°10′44″N，102°49′01″E；1 798m	兴义村附近	7.1	9.07	0.67	74	1.39	110.8
24°12′02″N，102°48′04″E；1 800m	四家村附近	7.7	15.3	0.89	65	1.59	113.5
24°10′55″N，102°46′36″E；1 803m	海东村	7.8	21.0	1.49	128	3.52	103.2
24°10′26″N，102°45′05″E；1 804m	小嘴子	8.2	23.9	1.70	118	3.20	112.9
24°09′11″N，102°43′23″E；1 808m	石板沟	7.9	126	5.71	401	2.66	71.2
24°08′24″N，102°43′08″E；1 807m	红旗河	7.9	69.9	4.42	277	3.77	154.3
24°08′30″N，102°43′41″E；1 801m	杞麓湖湿地公园	7.8	35.7	2.39	212	2.18	88.5

2. 水质特征

对杞麓湖全域进行了水样采集，并对其中的主要污染物进行了测定，结果见

表 6.20。由表 6.20 可知，红旗河水中的 TN、TP 浓度均最高，说明红旗河是杞麓湖的主要污染物来源。

表 6.20　2020 年 10 月杞麓湖全域水质特征

序号	采样点经纬、海拔信息	采样点	土壤/地面作物/水体状况	TN/(mg/L)	TP/(mg/L)	COD/(mg/L)
1	24°08′09″N，102°44′29″E；1 788m	六一龙潭沟（站）	泵站出水口，水面无杂物	13.40	0.48	42.8
2	24°08′41″N，102°46′45″E；1 793m	独房子村	杞麓湖岸边，水面无杂物	4.26	0.27	51.6
3	24°09′32″N，102°48′13″E；1 712m	岳家营附近	杞麓湖岸边，水面无杂物	2.72	0.12	35.3
4	24°10′44″N，102°49′01″E；1 798m	兴义村附近	杞麓湖岸边，水面无杂物，岸边有植物	3.12	0.09	38.4
5	24°12′02″N，102°48′04″E；1 800m	四家村附近	杞麓湖岸边，水面无杂物，岸边有植物	2.81	0.07	38.1
6	24°10′55″N，102°46′36″E；1 803m	海东村	杞麓湖岸边，水面无杂物，岸边有植物	2.56	0.11	41.4
7	24°10′26″N，102°45′05″E；1 804m	小嘴子	杞麓湖岸边，水面无杂物	3.46	0.14	37.3
8	24°09′11″N，102°43′23″E；1 808m	石板沟	杞麓湖岸边，水面无杂物	2.59	0.10	34.1
9	24°08′24″N，102°43′08″E；1 807m	红旗河	红旗河沿岸，水面无杂物	32.30	0.76	35.3
10	24°08′30″N，102°43′41″E；1 801m	杞麓湖湿地公园	杞麓湖岸边，水面无杂物，有水生植物	4.79	0.21	41.0

6.4　杞麓湖流域绿色生态农业内涵和发展空间构架

6.4.1　杞麓湖流域绿色生态农业发展的重要意义

生态农业是以避免食物链污染和防止水土污染为原则的。生产系统是相对简单的，通常仅基于某一种作物、一个作物系统或者饲养的动物。它有选择地使用化肥，但严格拒绝杀虫剂、除草剂、激素等。由于它以减少总产出和利润为代价，强调环境效益，因此生态产品的价格远远高于传统农产品的价格。

如今我国大力倡导生态文明建设，以此为契机，大力发展杞麓湖流域的特色绿色生态农业是生态文明建设的重要体现，是乡村振兴的迫切需要，是山水林田湖草生命共同体构建的重要组成部分，是解决农业产业发展和杞麓湖水质保护问题的必由之路。

6.4.2 杞麓湖流域绿色生态农业内涵和发展构架

1. 生态农业内涵及构架

农业生态系统是一个包括人类在内的复杂生物系统，人类既是生态系统的消费者，也是生态系统的管理者。生态农业的目标是从生态、经济和社会的角度出发，协调系统各组成部分，实现最大的系统稳定性、最少的人工投入和最大的综合效益。生态农业的理论基础是生态学原理和生态经济学原理，其基本概念概括为"统一、和谐、循环、再利用"，其具体构架需遵循的原理如下。

（1）生物与环境的适应原理。生态系统的两个组成部分——生物和环境，有着密切的关系，经历着复杂的物质和能量的交换。环境为生物体的生存和繁殖提供了必要的物质和能源——空气、光、水、热、营养等。同时，生物在生活、繁殖和运动的过程中，不断地通过排泄或其他方式将物质返回环境中。所以，生物和环境不断地相互作用和适应。根据这一原则，只要物种和品种之间有一种和谐的平衡，它们就会随着时间的推移而适应当地的条件。因此，土地耕作、轮作与土壤改良的适当结合应该促进农业生产。

（2）生物体之间相互依赖的原则。生态系统中的生物相互依存，通过营养关系相互控制，形成绿色植物、草食动物、食肉动物的复杂食物网。其中一条食物链的变化会影响其他食物链甚至整个食物网。食物链中各生物之间存在着严格的数量关系：在食物链中相邻位置的生物在个体数量、生物量或能量上具有一定的比例。按照这一原则，在农业生态系统中，食物链中的生物应相互连接，以便最大限度地开发资源潜力，从而开发农业生产。当然，只是随意地连接各部分很可能会破坏生态平衡。

（3）多级能源利用和材料循环利用原则。生态系统的食物链预先决定了能量的流动和物质的转化。当生态系统由于对某些可再生资源的过度开发而产生过多的废物时，生态系统就会崩溃。这扰乱和减缓了正常的营养循环，导致物质的输入输出不平衡，最终导致污染和环境破坏。废物回收增加了物质生产和生物繁殖的机会。例如，秸秆还田是保持土壤有机质的有效方法，如果秸秆直接返回土壤，需要经过长时间的发酵和分解才能发挥其肥力；但是，利用生态原理，稻草可以插入食物链，提高土壤肥力，减少污染，稻草糖化或氨化后可以喂牛，作物秸秆可以成为牛饲料，家畜的排泄物可以用于培养食用菌，剩余真菌床可以用来喂蚯蚓，蚯蚓残留物最后可以返回作为肥料。因此，材料被用于许多层面，大大提高了能源利用效率。

（4）结构稳定和职能协调的原则。在自然生态系统中，生物与环境之间通过长期的相互作用而形成相对稳定的结构。生态农业的目标是种植优质、高产的产品，创造肥沃的土地和诱人的生活环境。一个稳定的农业生态系统必须确保该系统继续正常运行。农业生态系统中的生物成分是根据生产目标和生物间共生等生态学原理精心安排的。生态农业的良好例子包括果树栽培与养蜂的结合、水田养鱼、利用豆科植物根瘤菌固氮和改善土壤结构。

（5）生态效益与经济效益相结合的原则。生态农业和其他类型的农业一样，是一种以增加产量和经济收入为目的的人类经济活动。要使生态农业同时取得较高的经济效益和生态效益，必须遵循资源的合理配置、劳动力资源的充分利用、经济结构的合理化、生态农业的专业化和社会化原则。

2. 杞麓湖流域生态农业整体布局和措施

杞麓湖流域长期种植蔬菜，大水大肥导致了农业面源污染，致使水质长期保持劣Ⅴ类和Ⅴ类水平。为了控制农业面源污染、保护杞麓湖水质、促进当地经济发展，经过调研发现，杞麓湖流域可以大力发展绿色蔬菜产业，将养殖业和种植业结合，通过对本地养殖畜禽粪便的加工、处理，生产绿色农业发展所需的有机肥，供应当地的绿色蔬菜产业，使种植养殖形成闭环，同时进行测土配方施肥，最终达到零排放的目的。这是符合生态农业的基本生态学原理的行之有效的方法。

6.4.3　杞麓湖流域开展的主要工作

1. 加大农田基础设施建设力度

一是强化农田基础设施建设。2019 年投资 1 485 万元，建设高标准农田 9 900 亩，截至 2019 年末，已完成投资 1 332 万元，建设高标准农田 9 900 亩。二是大力进行高效节水建设。整合"三 P"（public-private partnership，公私合作）项目、地方债券、"一县一业"示范县创建项目，投资 1.3 亿元，在杞麓湖径流区建设高效节水喷灌农田 2 万亩，已完成投资 3 500 万元，建设高效节水喷灌农田 1 968 亩。三是加强耕地质量保护。在河西镇示范推广玉米秸秆机械粉碎还田、玉米秸秆粉碎腐熟还田 2.5 万亩，治理退化耕地 5 000 亩。在杞麓湖南岸安装沼液罐 5 414 个、覆盖面积 12 000 亩，推广使用沼液肥。四是扎实开展农户施肥调查，完成 690 户农户半年施肥情况调查，全面掌握杞麓湖流域农户施肥强度。

2. 加快产业结构优化调整

一是加快种植结构优化调整，完成以河西镇为中心的 25 000 亩以上鲜食玉米示范种植，辐射带动全县发展鲜食玉米 40 000 亩（河西镇 25 000 亩、四街镇 3 500 亩、九龙街道 3 000 亩、高大乡 4 500 亩、里山乡 2 500 亩、杨广镇 1 000 亩、兴蒙蒙古族乡 500 亩）。二是大力开展水旱轮作示范与推广工作，在纳古镇、秀山街道建成具有湿地功能的"水稻+""莲藕+"种养结合示范区 280 亩，其中在杞麓湖南岸大树社区实施"水稻+鱼"种养结合示范 66 亩。三是有序有力休耕轮作，推广应用休耕轮作技术模式，培肥地力，减少周年肥料投入。在杞麓湖径流区重点推广鲜食玉米+豆类、鲜食玉米+蔬菜、烤烟+蔬菜、豆类+蔬菜、水稻+蔬菜等种地养地相结合的轮作模式，轮作面积全年实现 4 万亩。结合干旱严重的实际，对杞麓湖径流区内严重缺水的部分山地采取间歇性休耕，休耕面积 1.5 万亩、休耕时间 2～4 个月，降低复种指数。

3. 深入推进测土配方施肥

一是扩展实施范围，结合打造世界一流绿色食品牌的要求，制定特色经济作物施肥限量标准，着力解决特色作物的过量施肥问题。二是强化示范推广，结合耕地质量等级调查评价，开展周期性的取土化验和田间试验，开展肥料利用率和肥效试验 2 组，建立完善的主要农作物施肥技术体系，制定发布了《通海县 2020 年主要作物科学施肥指导意见》，组织开展测土配方施肥技术服务，测土配方施肥技术覆盖率达 95%。三是推进农企合作，支持玉溪化肥厂、通海县沃丰肥业有限责任公司等涉农企业向农民提供统测、统配、统供、统施"四统一"服务，建立产、供、销、服务一条龙的新型配方肥加工销售网络。截至 2020 年末，流域推广使用配方肥（纯量）1 620t，辐射带动全县推广应用测土配方施肥面积 9.6 万亩。

4. 大力推广有机肥替代化肥行动

以果菜烟等作物为重点，开展有机肥部分替代化肥行动，增强土壤生物、生态、生产功能，提升土壤基础地力产量和健康质量，减少作物对化肥养分的依赖，增加绿色优质农产品供给和品牌创建。一是继续开展烤烟种植商品有机肥示范，推进烤烟有机肥替代化肥行动。二是积极开展秸秆还田、蔬菜废弃菜叶沤化还田。在全县的玉米主产区示范推广玉米秸秆机械粉碎还田、玉米秸秆粉碎腐熟还田；在蔬菜主产区实施蔬菜田间废弃物沤化还田；推广秸秆还田、蔬菜废弃菜叶沤化还田 2.7 万亩。三是宣传引导农户对农家肥（圈肥、土杂肥）的合理利用，推广施用农家肥 1.8 万亩。四是开展"沼液肥+配方肥"减肥增效技术示范，在秀山街道长河社区 1～5 组的杞麓湖北岸片区的蔬菜种植区，实施化肥减量增效连片示范 1 000 亩，带动大面积推广 22 万亩。示范区补助推广"沼液肥+配方肥"减肥增效技术，大力推广沼液替代部分化肥行动。在杞麓湖南岸安装沼液罐 5 141 个，打通规模化生物天然气项目沼液还田绿色通道（整合杞麓湖径流区农业面源防治工程项目实施），在示范区实施效益跟踪试验 2 组。五是在蔬菜优势产区、核心产区、知名品牌生产基地，重点扶持适度规模经营、连片种植的经营主体施用商品有机肥。通过"一县一业"示范创建项目，集中采购商品有机肥约 1 200t，无偿提供、示范推广施用商品有机肥，覆盖面积 6 000 亩。截至目前，全县推广使用商品有机肥 4 160t，施用面积 2.6 万亩。

5. 大力发展水肥一体化

针对人少地多、水利设施匮乏、水源紧张、灌溉条件差、劳动强度大的山区和山麓地带，以通海县四街镇四寨村的山友家庭农场和高大乡高大村为重点，建设农业节水灌溉体系，充分应用水肥一体化喷灌高效节水技术的蔬菜生产示范区两个，示范面积170亩，以此辐射带动山区和水利设施匮乏、水源紧张、灌溉条件差、劳动强度大的地区建设水肥一体化设施，充分应用水肥一体化技术发展特色产业，推广水肥一体化技术1.9万亩。

6. 加快肥料新产品新技术推广应用

积极引导肥料企业由以常规复混肥生产为主向以配方肥生产为主的方向转变。支持各地建设小型智能配肥站（配方肥微工厂），指导农户使用作物专用配方肥，切实推进配方肥到田入地；指导化肥生产企业进行技术改造和新型高效肥料研发，积极开展新型肥料试验示范推广，不断优化施肥结构、提高肥料综合效率。鼓励研发生态环保、功能多样、实用高效的生物肥料、缓（控）释肥料、水溶性肥料、培肥基质与土壤调理剂，促进养分形态与功能融合，引领肥料产业转型升级。在秀山镇大树村实施"微生物菌肥+配方肥"减肥增效示范100亩，每亩补助将相和系列微生物菌肥15kg和配方肥30kg。效益跟踪试验结果显示：每亩施用将相和系列微生物菌肥15kg可减少施用化肥10%。推广水溶肥4万亩、控释肥0.7万亩、叶面肥0.6万亩、中微量元素肥料2万亩、生物肥料2.1万亩。

7. 强化耕地质量评价

在全县科学布设耕地质量调查点23个，其中，省级调查点13个，市级调查点10个，各乡镇按具体任务要求组织实施完成。通过调查分区，建立耕地质量评价指标体系，按年度开展全域耕地质量主要性状调查与数据更新工作，构建耕地质量数据平台，加强耕地质量数据管理，及时掌握不同区域耕地质量变化趋势，分析影响耕地生产的主要障碍因素，为定期发布耕地质量等级信息提供依据。全县布设农户化肥施用强度调查点50个，各乡镇根据具体任务数分配到各村，选择当地有代表性的农户，确定本行政区域内农户施肥调查点位，分别在春耕和秋冬种两个时期开展当年当季作物施肥情况调查，并收集整理调查数据及开展化肥减量增效措施推广情况。

8. 完善肥料监测体系

在往年农户施肥情况调查点位的基础上，选择有代表性的农户或新型农业经营主体，确定农户施肥调查点位，按照调查农户施肥情况的技术要求，每个村继续选择当地有代表性的农户10户，继续做好2020年农户施肥情况调查，在小春和大春两个时期开展调查工作，并将收集整理后的调查数据、开展化肥减量增效推广的情况，于6月和12月底上报市农田土肥站。持续深入开展化肥和商品有机肥生产、销售、使用情况调查，做好重点区域、重要时段肥料储备、供应及需求等信息收集，摸清"三湖"径流区化肥使用基本背景，建立化肥销售台账，加强使用监管。切实做好墒情监测点的管理和维护，做好重要农时墒情监测，及时提供准确有效的土壤墒情监测报告；同时在化肥减量增效示范区开展化肥肥效监测工作，组织开展肥料利用率、化肥减量增效等田间试验，摸清主要农作物氮肥、磷肥及钾肥的利用现状，验证测土配方施肥、有机肥替代、高效新型肥料应用等化肥减量增效技术推广应用的实际效果，不断探寻节肥增效的有效途径。

6.5　杞麓湖流域绿色生态农业的发展意见和建议

　　杞麓湖流域气候优良、水利和交通条件便利，农业产业发达，已成为云南省重要蔬菜生产基地。持续的高投入高产出的农业生产方式，使农田化肥污染成为入湖主要污染源，见图6.9和图6.10。

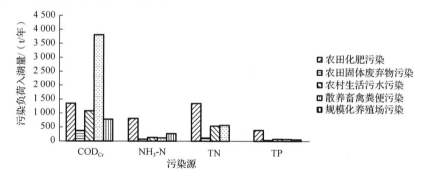

图6.9　不同污染源污染负荷入湖量

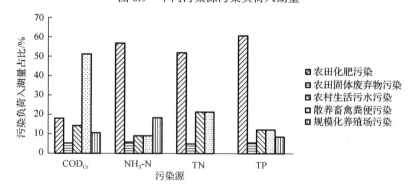

图6.10　不同污染源污染负荷入湖量占比

近几年来通海县先后投入大量资金开展了绿色高质高效，农药、化肥减量增效和生态治理工程等系列杞麓湖生态治理和保护工作，取得了一定成效。其中2020 年杞麓湖流域预计比 2015 年减少化肥施用量 7 586t（实物量），减少 15%；肥料利用率达 40%。农药使用量为 312t，减少 15.6%，农药使用量保持负增长。但是目前杞麓湖流域土壤 TN、TP、有机质整体仍处于极丰富的状态，土壤中的养分含量已经处于供大于求的状态。《2019 年云南省生态环境状况公报》显示，杞麓湖水质类别为 V 类，水质中度污染，未达到水环境功能要求，湖库单独评价指标 TN 为劣 V 类，超标指标为 TP、COD、BOD$_5$、高锰酸盐指数，TP 指标由Ⅳ类下降为 V 类。营养状态为中度富营养，杞麓湖生态治理工程任重道远。针对杞麓湖治理过程中存在的问题，建议如下。

6.5.1　转变种植结构，大力发展绿色有机蔬菜产业

传统的蔬菜种植方式和种植作物是导致杞麓湖流域面源污染重要因素之一，对此通海县开始实施种植产业结构优化调整、水旱轮作、休耕轮作等措施，但是力度还不够，建议在湖周边进行种植产业结构调整过程中，采取如下措施。

1. 持续推进休耕轮作

选择生物量大、生长迅速的牧草，如黑麦草、菊苣、紫花苕子等，将其与蔬菜及粮食作物轮作，起到活化并大量利用土壤氮、磷的作用，使土壤得到休养生息。同时，采用豆科牧草还田措施，降低化肥的施用量，提高土壤肥力。

2. 大力发展绿色有机蔬菜产业

要打造绿色蔬菜甚至有机蔬菜产业基地，逐步实现区域蔬菜产业转型升级。通过种养结合，使养殖业的畜禽粪便经过加工处理，生产绿色有机肥，供当地绿色蔬菜产业施用；蔬菜产业中的废弃菜叶可以进入养殖场进行消化。通过种养结合、土壤质量改善提升等措施，促进区域内蔬菜产业向绿色有机转型升级，大幅减少化肥农药投入。

6.5.2　开展土壤肥力固持，全面提升耕地土壤质量

1. 加大农业废弃物处理

目前环湖田地采用混凝土浇筑分隔，每块地均建有沤肥池，同时安装有沼液肥精准施用设施。但是通海县大量种植叶类蔬菜，农田废弃物较多，处理不当将造成地表水和地下水的直接污染，严重污染杞麓湖的自然生态环境，同时，也造成周边环境的污染，这将进一步制约其蔬菜产业的发展。因此建议引进有机肥加工厂，采用合适的工艺、技术将这些废弃物妥善处理。

　　2. 改善有机肥施用技术

　　目前流域内也在大力推进有机肥替代化肥行动。增施有机肥能有效提高土壤肥力，提高肥料利用率，减少氮、磷等肥料养分的流失。但是一方面，在目前的种植方式下，短期内大幅降低化肥施用量是难以获得较好的产量和效益的；另一方面，有机肥施用成本较高且有机肥施用效果不理想，大量施用推广难度较大。为此，根据流域内耕作制度和耕作特点，开发化肥和有机肥的配施技术，通过有机肥与化肥、农家肥、植物秸秆及生物碳的配合，建立适合有益菌生长的土壤环境——合理的碳氮比、土壤结构和土壤养分供给能力，提高有机肥的施用效果，增加土壤的生物活性，增加土壤对氮、磷的固持能力，提高植物对养分的利用效率，在保持作物产量不明显降低的情况下，减少化肥施用量和降低土壤中养分流失，逐步形成区域合理的土地耕作制度和施肥制度，充分发挥土壤生物对土壤质量的提升功能和对作物生长的促进效应。

6.5.3　利用水肥综合调控，减少流域农田面源污染

　　1. 加大力度推进农业节水技术

　　目前，通海县蔬菜地生产过程仍存在大量大水漫灌的种植方式，大水漫灌会破坏土壤团粒结构，造成土壤板结，且大水漫灌容易传播土传病害，如十字花科根肿病、根结线虫病、立枯病、枯萎病等的许多病菌全都是随水传播；大水漫灌还可造成水分和养分的浪费。针对大水漫灌的问题，建议如下：一是农业农技推广部门应充分调动农民的积极性、主动性，将节水技术落实到位；二是从管理的角度，有关部门可采用制定灌溉定额来限制农民用水，或者通过提高水价倒逼农民少用水；三是加强节水推广体系建设，不断改善工作条件，培养专业化的技术队伍，全面提升服务能力，切实保障农业节水化推广。

　　2. 推进基于作物需水需肥规律的水肥一体化技术

　　水肥作为作物生长发育过程中所必需的要素，被作物吸收利用时二者既相互促进又相互制约，存在着明显的耦合关系，水肥一体化的实现又加大这种关系对作物的影响，水肥会影响植物体内的碳氮代谢、叶片气孔的开闭及光合产物的运输等各种生理生化过程，进而影响作物产量和品质，并且，在农业生产中投入最多的也是水分和肥料。目前流域水肥一体化推广面积较小，且方式较为简单，不够精准。因此下一步需要推广基于不同作物需水规律、灌溉制度和不同生育期需肥的水肥一体化综合调控技术，实现科学合理的灌水和施肥，促进节水农业发展，减少农业生产投入，保障农业生产高效、可持续发展。

6.5.4　加强环湖截污处理，减少流域入湖河流污染

1. 构建农田-生态沟-塘堰湿地，减少农业入湖污染

通海县为多年蔬菜产区，农药化肥施用量大、病虫害发生严重，而通海县蔬菜产业中灌水以漫灌方式为主，故农田中大量过剩养分和病原物容易随水流传播，并进入湖水水体，造成严重面源污染。结合流域实施的湿地工程，建立农田-生态沟-塘堰湿地系统，采用迂回地种植水生植物的生态沟塘方式，使直接入湖的污染河流水体经过沟塘，得到初步的净化再流入杞麓湖，可降低入湖的氮、磷含量。将生态沟及塘堰湿地的功能从灌溉排水拓展到灌溉排水与减污功能相结合，最终在杞麓湖流域内构建由田间节水灌溉、土壤肥力固持及水肥综合调控的源头控制（一道防线），生态沟渠系统对污染排放负荷的截留净化（二道防线）、塘堰湿地系统对污染排放的截留净化及水肥重复利用（三道防线）构成的"三位一体"的农田节水减污技术体系。

2. 加强环湖截污工程，减少非农业入湖污染

当前，尽管通海县实施重点村落分散型污水收集处理，建设污水处理厂及配套管网，但是部分乡镇生活污水没有得到有效的收集处理。来自家庭、商场、机关、学校、医院、城镇公共设施及工厂的餐饮、卫生间、浴室、洗衣房等的生活污水，不仅含有纤维素、淀粉、糖类、脂肪和蛋白质等有机质，以及氮、磷、硫等无机盐类及泥沙等杂质，还含有各种微生物及病原体。存在于生活污水中的有机物极不稳定，容易腐化而产生恶臭。细菌和病原体以生活污水中的有机物为营养而大量繁殖。通海县主要城镇位于杞麓湖沿岸，这些城镇生活污水没能得到充分处理，生活污水随地表径流进入杞麓湖，这不仅加剧了湖水水质污染及富营养化，还在一定程度上给水质提升站增加了处理负担。因此，相关城镇还须进一步加大环湖截污工程和水体处理站建设。

第7章 程海湖流域绿色生态农业农村发展模式研究

7.1 程海湖流域自然生态及农业农村发展情况

7.1.1 地理区位及地形地貌

1. 地理区位

程海湖在行政区划上属永胜县程海镇，位于永胜县城南部，东与东山乡接壤，南与期纳镇相邻，西与顺州镇交界，北与三川镇毗邻，是永胜县南端的经济、文化中心和交通枢纽。湖心距离永胜县城 18.5km，地理坐标为 100°38′~100°41′E，26°27′~26°38′N，西至丽江古城 120km，至省城昆明 410km，至四川攀枝花市 180km，至泸沽湖 200km，至大理 140km，在滇西北旅游环线上。

2. 地形地貌

程海湖东、西、北三面环山，山体海拔为 2 500~3 300m，南北地势平坦。东面为红层碎屑岩组成的高山地形，坡度较缓；西面为玄武岩组成的连绵不断的陡峻高山，在山坳中有稀疏的村庄和少量农田；北面为碳酸盐岩组成的中山地形，山坡上有大片农田和村庄。湖面呈狭长形。根据成因类型及组合形态，程海湖流域地形可分为堆积地貌、侵蚀构造地貌、溶蚀构造地貌三大类。

7.1.2 水系概况

1. 程海湖水资源概况

程海湖隶属金沙江水系，无常年性的固定地面水源补给，无出流，为封闭型湖泊。水量补给主要来自地下水、湖面降水及湖周地表径流（临时性河沟溪流汇水和坡面漫流），水量损耗主要来自湖面蒸发和农田灌溉。

根据《云南省程海保护条例》（2007 年），程海湖最高运行水位为 1 501m，最低控制水位为 1 499.2m。程海湖水位调控深度为 1.8m，相应调控库容为 13 300 万 m³。湖面水位为 1 501.0m 时，湖面南北长 19.2km，东西平均宽 4.3km，最大宽度为 5.2km，湖岸线长 45.0km，最大水深 35.0m，平均水深为 25.7m，87% 的湖面水深超过 20.0m，湖泊总库容为 19.79 亿 m³。

2. 周边水系概况

程海湖地区周边地表水系发达，流域内主要入湖河流和冲沟有47条，但流程较短，且多数河流为季节性溪流。其中主要入湖河道包括季官河、马军河、龙王庙河、关帝河、王官河、团山河、秦家河、半梅河、清德河、刘家大河、贺家河、小铺河、大水口河、昔拉湾河、瓦窑河、大郎河、青草湾河、东大河、杨家河、洱崀河、托漂大河、托漂四河嘴大河、李家大河、北潘浦河，共计24条（表7.1）。

表 7.1 程海湖流域主要入湖河道基本信息

序号	入湖河道	起始断面位置	终止断面位置	河道长度/km	区间面积/km²
1	季官河	叫顶	程海湖边	6.5	0.065
2	马军河	朵果	程海湖边	13.8	0.552
3	龙王庙河	菜园里	抽水站	6.7	0.026
4	关帝河	泥头嘴箐	程海湖边	7.0	0.028
5	王官河	龙洞河	程海湖边	3.7	0.014
6	团山河	愣洼田	程海湖边	4.5	0.017
7	秦家河	大箐	程海湖边	4.0	0.016
8	半梅河	松坪里	程海湖边	4.0	0.016
9	清德河	龙湾庙	程海湖边	3.5	0.013
10	刘家大河	碳罗箐	程海湖边	4.5	0.018
11	贺家河	大坡	程海湖边	4.0	0.016
12	小铺河	刺巴林	程海湖边	3.5	0.013
13	大水口河	上水箐	程海湖边	5.5	0.022
14	昔拉湾河	大白坡	程海湖边	3.5	0.013
15	瓦窑河	南坝	程海湖边	6.5	0.026
16	大郎河	柳树塘	程海湖边	6.5	0.026
17	青草湾河	铁昌坪	程海湖边	4.0	0.016
18	东大河	天星桥	程海湖边	5.0	0.020
19	杨家河	老龙箐	程海湖边	6.5	0.026
20	洱崀河	田坪	程海湖边	5.5	0.017
21	托漂大河	托漂总大箐	程海湖边	5.0	0.021
22	托漂四河嘴大河	三叉箐	程海湖边	6.3	0.025
23	李家大河	公山箐	程海湖边	5.8	0.022
24	北潘浦河	北潘公山箐	程海湖边	5.0	0.020

7.1.3 气候特征

程海湖呈南北走向，区内平均海拔为 1 530m，属亚热带高原季风气候。全年盛行南风，常有强烈的焚风，气候干旱炎热，且干旱时间长，晴朗少云，四季不分明，年平均气温为 18.5℃，最冷月平均气温为 8～11℃，月最高温出现在 5～7月。≥10℃的年活动积温达 6 400℃，日照时数为 2 700h 左右。

程海湖降水量少，降水集中在 7～9 月，流域年均降水量为 725.5mm，年均蒸发量为 2 269.4mm；湖面年均降水量为 733.6mm，年均蒸发量为 2 169mm，年均蒸发量是年均降水量的 2～3 倍。

7.1.4 土壤与植被

1. 土壤概况

程海湖流域内的成土母质主要为玄武岩、石灰岩风化土。湖周土壤为石灰岩、白云岩风化残坡积层（红壤）、玄武岩风化残坡积土（灰壤）、沙泥岩风化残坡积土（燥红土）、水稻土、冲洪积土和盐碱土。山地以残积土为主，河沟两岸为冲积土，盐碱土主要分布于湖边低洼地带。近分水岭地带主要分布有玄武质红壤、棕壤、红棕壤、红褐土和水稻土，镶嵌分布少量草甸土。

2. 植被条件

程海湖流域内的陆生植被主要是暖温性针叶林，以云南松林和华山松林为主，分布较为广泛，面积为 107km²，零星分布有中山湿性常绿阔叶林，面积约 10km²。在流域内广泛分布有灌草丛和中山湿性常绿栎类灌丛，面积分别为 8km² 和 20km²。

根据云南植被区划划分，程海湖流域植被属干热河谷稀树灌草丛，程海湖流域干热河谷区分布的主要树种见表 7.2。

表 7.2 程海湖流域干热河谷区分布的主要树种

类型	树种
乔木	蓝桉、楝、黄葛树、凤凰木、木棉、红椿、山黄麻、滇刺枣、白头树、滇榄仁、慈竹
灌木	车桑子、火棘、清香木、铁仔、岩柿、余甘子、华西小石积、雀梅藤、白毛黄荆、麻疯树、假烟叶树、金合欢、云实、小檗美登木、牛角瓜、龙舌兰、金刚纂等
草本	黄茅、黄背草、白茅、斑茅、丛毛羊胡子草、孔颖草、橘草、戟叶酸模、翼齿六棱菊、两头毛、双尊观音草、黄细心等
藤本	毛茛铁线莲、地果、炮仗花、叶子花、锦屏藤等

7.1.5　农业农村资源

程海镇的支柱产业为种植业、畜牧业和螺旋藻养殖业。程海流域第一产业以种植业为主，以畜牧业、渔业为辅；第二产业以螺旋藻养殖与加工为特色；第三产业近年来才得到逐步发展。

1.　种植业

程海镇耕地总面积为 63 415.7 亩，占土地总面积的 12.4%。全镇农村经济总收入 63 500 万元，农村常住居民人均可支配收入 12 793 元。粮食总产量达 20 132t，人均有粮 461kg。程海湖流域种植业主要有玉米、水稻、软籽石榴、沃柑、葡萄、食用玫瑰、大蒜、核桃等。2019 年程海湖流域主要种植业情况见表 7.3。

表 7.3　2019 年程海湖流域主要种植业情况

种植作物	面积/万亩	总产/t	单产/（t/亩）	亩均收入/万元
玉米	2.555 0	20 695.5	0.810	0.166 0
水稻	1.112 7	8 234.0	0.740	0.207 2
软籽石榴	1.090 0	17 440.0	1.600	1.120 0
烤烟	0.569 0	768.2	0.135	0.418 5
大蒜	0.426 0	5 112.0	1.200	0.720 0
沃柑	0.351 1	6 144.3	1.750	2.500 0
核桃	0.305 0	36.6	0.012	0.180 0
葡萄	0.230 3	7 369.6	3.200	2.560 0
食用玫瑰	0.111 0	888.0	0.800	0.640 0
花椒	0.127 0	25.4	0.020	0.400 0
杧果	0.122 0	1 464.0	1.200	0.840 0
油橄榄	0.076 9	538.3	0.700	0.560 0
苹果	0.063 2	1 264.0	2.000	0.400
火龙果	0.044 5	667.5	1.500	0.600 0

2.　畜牧业

程海湖流域畜牧业以养殖牛、马、猪、羊、家禽为主，各类畜禽存栏数为 113 789 头（匹/只），出栏数为 140 027 头（匹/只），禽蛋产量为 79t，肉类总产量为 3 456.3t。畜牧业已经成为稳定当地农村经济收入的重要产业之一。

3.　渔业

程海湖内生长的土著鱼有 20 多个品种，种类繁多、味道鲜美，其中有红翅鱼、白鲦等珍稀品种。流域内渔业总量逐年增加，主要是银鱼，到 2019 年产量为 1 779t（其中鲜银鱼 1 300t、土著鱼 479t），实现渔业产值 9 690 万元，已经占程海湖渔获物总量的 85%～93%。

4. 特色产业资源

2019 年末，全镇共有各类个体企业 1 306 户，从业人员 3 955 人，个体企业总产值 5 866 万元。螺旋藻养殖与加工是程海湖的特色产业，主要依托程海湖特有碱性水质进行螺旋藻养殖与加工。

7.1.6 人口社会资源

程海镇全镇总面积为 443.5km²，包括辖星湖、东湖、季官、马军、凤羽、河口、潘莨、兴仁、兴义、海腰、莨峨、吉福，共 12 个村委会，72 个村民小组。其中，吉福、莨峨两村委会为低收入山区，其余 10 个村委会为坝区。

2020 年，程海镇有 9 815 户 43 604 人，其中农业人口 40 200 人，占总人口数的 92%，非农业人口 3 404 人；少数民族（彝族）4 970 人，占总人数的 11%。程海湖流域中河口村委会人口数量最多，其次是星湖村委会、海腰村委会、兴仁村委会、兴义村委会。从空间分布上，人口主要集中在南岸和北岸地势平坦的地区，南北岸的人口数量和人口密度均大于东西岸。

程海镇总体上社会稳定、经济发展、人民安居乐业，呈现出欣欣向荣的景象。程海镇人民政府带领全镇各族人民群众踏实苦干，积极应对，夯实发展基础，增强发展后劲，不断提高人民生活水平，加快了产业结构调整步伐，推动了经济与环境、人口、资源全面协调发展，努力建设绿色、健康、平安、美丽的程海湖。基础设施建设、农业产业发展、生态治理、程海湖保护等工作都有了新发展、新突破。

7.2　程海湖流域农业面源污染防控及水环境保护措施

7.2.1　程海湖流域农业面源污染防控措施

1. 种植业结构调整措施

程海湖周边共发展经济林果 20 422 亩，其中，软籽石榴 10 900 亩、柑橘 3 511 亩、杧果 1 220 亩、葡萄 2 303 亩、食用玫瑰 1 411 亩。

2. 化肥减量措施

"十三五"以来，通过水肥一体化技术、机械深施、果园生草等措施，实施测土配方施肥技术推广 28 390 亩。一是通过实施玉米、水稻绿色优质高效创建工作，推广测土配方施肥技术示范面积 22 600 亩；二是玉米套种大豆、果园套种绿肥示范面积 600 亩；三是实施"果园+绿肥+有机肥+绿色防控"技术核心示范 2 290 亩；四是有机肥应用示范 1 200 亩，有机肥替代化肥示范 1 700 亩；五是在乡镇农业办建立测土配方施肥信息公告栏 2 块，进村入户发放宣传资料 2 000 份，发放施肥建议卡 10 000 份；六是建立肥料进销货台账，在程海湖周边建立肥料进销货台账，共涉及经销商 22 户，发放《永胜县化肥进货登记台账》《永胜县化肥销售登记台账》《永胜县化肥月销售汇总台账》等模板 60 余份，进一步规范了进销货渠道，发放宣传资料 2 000 余份；七是开展化肥减量增效基础应用工作，先后完成土壤样品采集 80 个，设立耕地质量监测点 8 个，实施化肥减量增效、肥料利用率等相关试验 9 组，开展农户施肥情况调查 170 户。

3. 农药减量措施

采取以杀虫灯、黄蓝板为主的绿色防控技术示范 11 380 亩 13 380 亩次，其中，色诱 890 亩，性诱 1 180 亩，灯诱 7 100 亩，统防统治 1 200 亩 2 400 亩次，生物防治 610 亩 1 010 亩次，高效低毒农药防治 400 亩 800 亩次。辐射带动柑橘、软籽石榴、葡萄等经济作物绿色防控 18 万亩次。

4. 农业节水措施

安装喷滴灌等节蓄水减污设施的水果、花卉面积达 17 546 亩。

5. 环境保护新型农业实用、适用技术推广

开展了养殖、种植、农机等方面的新型农业适用技术及环境保护的新型农业实用技术培训与推广应用，共开展宣传培训 4 165 人次。

7.2.2 程海湖水环境保护治理工程措施

程海湖水环境保护治理"十三五"规划共五大类 17 个项目，包括程海湖流域污水收集及处理提升改造工程、程海集镇（东湖、季官、河口、星湖）污水收集处理工程、丽江程海保尔生物开发有限公司（以下简称程海保尔公司）污水收集处理工程、程海湖流域村落污水收集提升改造工程、程海湖流域村落垃圾收集清运设施完善及生活垃圾处理场渗滤液处理工程。完善基础设施建设，在现有"村收集、公司清运、镇处置"的垃圾收集处置体系的基础上，补充和更新垃圾收集桶，配备适用于通行不便道路的小型封闭垃圾收集车，提高垃圾收集率。实施生活垃圾处理场渗滤液处理工程、一级保护区生态修复工程、坪河道与仙人河隧洞连通工程、坝箐河程海湖应急补水工程、程海湖流域生态综合治理水利骨干应急

补水工程、海流域生态公厕完善工程、程海湖入湖河道小流域综合治理工程、"智慧程海"综合服务管理平台建设，程海湖流域控制性环境总体规划及应急能力建设工程。

7.3　程海湖流域产业结构及其对程海湖生态环境的影响

7.3.1　程海湖流域产业结构特点

2019 年，程海湖流域内农村经济总收入 63 500 万元，农村常住居民人均可支配收入 12 793 元，人均有粮 461kg，最主要的农业产业为种植业、畜牧业和螺旋藻养殖业。2019 年末，全镇共有各类个体企业 1 306 户，从业人员 3 955 人，个体企业总产值 5 866 万元。随着国家经济体制的改革和经济发展模式的变化，程海湖周边逐渐改变了过去单一农业或单一种植业的生产格局，向多方位多层次发展。近几年来，在国家宏观调控政策的拉动下，在微观经济利益的驱动下，程海湖流域产业结构发生了较大的变化，农业产值所占比重较大。农村产业结构的发展遵循着层次发展原理，即第二产业的发展是以第一产业的发展为基础的，而第三产业的发展是以第二产业的发展为基础的。农业所占的比重过大，牧业比重较小，副业、渔业比重更小；第一产业比重过大，第二、第三产业比重过少，产业内部比例还可以调整。

7.3.2　种植业结构、土壤肥力及生产管理方式对程海湖生态环境的影响

1. 种植业结构特点及其对程海湖生态环境的影响

2019 年，程海镇现有耕地面积 63 418 亩、林地面积 300 246 亩。粮食作物以玉米、水稻为主，种植面积分别为 2 555 亩、11 127 亩；蔬菜以早冬大蒜为主，种植面积为 4 260 亩；经济林果种植面积较大，为 20 422 亩。其中，种植烤烟 5 690 亩、花椒 1 270 亩、核桃 3 050 亩、油橄榄 769 亩。蔬菜种植主要分布在兴仁、兴义、河口、马军、凤羽、星湖、季官村；水果种植主要分布在海腰、河口、兴仁、兴义、马军、凤羽、季官、东湖村；食用玫瑰种植主要分布在海腰村；烤烟种植主要分布在吉福、莨峨村；核桃种植主要分布在海腰、季官、吉福村；花椒种植主要分布在潘莨村；油橄榄主要分布在海腰村。

从农作物种植面积来看，玉米、水稻、软籽石榴、烤烟、大蒜、沃柑、核桃种植面积较大，其中，玉米、水稻、软籽石榴种植面积均在 10 000 亩以上，烤烟、大蒜、沃柑、核桃种植面积超过了 3 000 亩。在种植的农作物中，亩均收入较高的作物是葡萄、沃柑、软籽石榴，均超过了 10 000 万元/亩，水稻、葡萄、沃柑、玉米、软籽石榴的总产量较高。在当地农业农村经济发展中，水稻、玉米、葡萄、

沃柑、软籽石榴、烤烟、大蒜、核桃产业占据主要地位。

综上可见，程海湖流域种植业结构的调整特点表现为种植业结构中传统粮食作物占比下降，经济作物占比提高，经济作物中除烤烟外，其他作物需水量、需肥量、需药量均大于水稻、玉米等粮食作物，成为造成程海湖潜在面源污染的重要因素之一。

2. 土壤肥力特征及其对程海湖生态环境的影响

由表 7.4 可见，程海湖流域耕层土壤分布多以红壤和盐碱土为主，土壤 pH 为 6.5～8.5，处于适宜作物生长和养分的吸收阈值范围；土壤有机质含量较为丰富，最大值平均含量为 25g/kg，根据土壤养分评价分级指标，程海湖流域耕层土壤处于中上水平。碱解氮含量最低为 62.7mg/kg，最高为 136.7mg/kg，平均为 99.8mg/kg，整体处于中上水平；有效磷含量最低为 30.9mg/kg，最高为 101.4mg/kg，平均为 51.2mg/kg，处于极丰富水平。有效磷含量较高的区域能为作物生长提供高水平的磷素，随着地表径流成为程海湖潜在面源污染的重要因素之一。

表 7.4　2019 年程海湖流域土壤主要肥力指标特征

地点		东湖村	凤羽村	海腰村	河口村	季官村	马军村	星湖村	兴义村
土壤	类型	盐碱土	红壤	红壤	盐碱土	盐碱土	红壤	红壤	红壤
pH	最大值	7.9	7.9	8.3	8.0	8.3	7.4	7.9	8.5
	最小值	7.6	6.5	7.0	7.6	8.0	6.9	8.0	6.9
	平均值	7.8	7.2	7.8	7.8	8.1	7.1	8.2	8.2
有机质/（g/kg）	最大值	20.3	24.4	29.0	13.9	31.7	27.8	23.9	28.5
	最小值	11.4	10.1	5.2	13.1	23.4	10.0	20.2	8.1
	平均值	14.5	16.8	15.6	24.6	27.2	21.0	18.5	27.0
碱解氮/（mg/kg）	最大值	138	85	83	80	138	171	106	132
	最小值	32	54	33	71	101	60	97	46
	平均值	78.3	69.0	62.7	136.7	123.7	114.7	87.3	126.0
有效磷/（mg/kg）	最大值	67.2	75.7	79.7	137.4	71.4	75.1	54.1	59.1
	最小值	4.3	72.5	16.7	67.9	14.8	16.6	33.3	17.1
	平均值	33.3	74.4	41.1	101.4	35.8	50.4	30.9	42.0

3. 种植业生产管理方式对程海湖生态环境的影响

长期以来，种植业对程海湖生态环境的影响因子主要有生态系统（水土流失、自然生境、生物安全和生物多样性）、水资源消耗、农药、化肥及固体废弃物（秸秆、农用薄膜、废农药瓶及残留农药、化肥包装袋、农用机械废油等）等，但主要表现为施肥、施药和农田灌溉对程海湖生态环境的影响。2019 年程海湖流域农业生产管理方式见表 7.5。

表 7.5 2019 年程海湖流域农业生产管理方式

种植作物	面积/万亩	总产/t	单产/t	亩均收入/万元	N、P₂O₅、K₂O投入总量/(kg/亩)	农药/(kg/亩)	生产方式	对水系或湖泊的影响
玉米	2.555 0	20 695.5	0.810	0.166 0	64.50	百菌清、三唑酮、辛硫磷，亩用量分别为200g、300g、500mL	零星种	小
水稻	1.112 7	8 234.0	0.740	0.207 2	57.10	井冈霉素、三环唑、吡虫啉等，亩用量分别为100g、300g、400mL	零星种	大
软籽石榴	1.090 0	17 440.0	1.600	1.120 0	134.60	波尔多液、多菌灵、敌敌畏、溴氰菊酯等，亩用量分别为100mL、400g、0、400mL	规模种	大
烤烟	0.569 0	768.0	0.135	0.418 5	55.29	达克宁、敌克松、噁霉•络氨铜等，亩用量分别为200g、200g、400g	规模种	大
大蒜	0.426 0	5 112.0	1.200	0.720 0	53.60	波尔多液、百菌清、菊酯类等，亩用量分别为100g、300g、400mL	规模种	较大
沃柑	0.351 1	6 144.0	1.750	2.500 0	92.25	链霉素、吡虫啉乳油、阿维菌素乳油等，亩用量分别为200g、300mL、400mL	零星种	较大
核桃	0.305 0	36.6	0.012	0.180 0	18.04	福美砷、辛硫磷乳剂、灭杀丁等，亩用量为1kg	零星种	较小
葡萄	0.230 3	7 369.6	3.200	2.560 0	69.45	嘧菌酯、美度石硫合剂、甲霜灵、疫霜灵、克露等，亩用量分别为200g、300g、400mL、300g、200g	规模种	较大
食用玫瑰	0.111 0	888.0	0.800	0.640 0	24.75	波尔多液、粉锈宁、康禾林、乐果、石灰硫黄等，亩用量分别为100g、300g、400mL、0、200g、1 000g	规模种	较大
花椒	0.127 0	25.4	0.020	0.400 0	68.27	灭蚜净、三氯杀螨醇、紊利巴尔等，亩用量为1kg	零星种	小
杜果	0.122 0	1 464.0	1.200	0.840 0	68.94	多菌灵、敌克松、绿肤尔等，亩用量分别为200g、200g、400mL	零星种	大
油橄榄	0.076 9	538.3	0.700	0.560 0	65.90	毒死蜱、辛硫磷、乐果油剂等，亩用量为1kg	零星种	小
苹果	0.063 2	1 264.0	2.000	0.400 0	83.00	波尔多液、多菌灵、氟硅唑等，亩用量分别为100g、300g、300mL	零星种	小
火龙果	0.044 50	667.5	1.500	0.600 0	71.25	抗蚜威、多菌灵等、甲基托布、多菌灵等，亩用量分别为200mL、300g、300g	零星种	小

（1）施肥对程海湖生态环境的影响。由表 7.6、表 7.7 可见，在程海镇施用肥料种类主要为腐熟农家肥，不同氮、磷、钾比例的复合肥，同时施用硼、锰、锌等微量元素肥料，如果施用不当，遇到雨水冲刷，便会造成肥分流失，污染水体。据统计，2015～2019 年，程海湖流域施用化肥总量（纯量）分别为 2 612t、2 605t、4 014t、3 737t、3 556t，呈现先增加后略有减少的趋势，在 2017 年达到最大量；亩均耕地用肥量（折纯量）分别为 70.07kg、69.88kg、107.68kg、5.89kg、56.07kg；使用的耕地面积分别为 37 276 亩、37 276 亩、37 276 亩、634 178 亩、63 418 亩。亩均耕地用肥量（折纯量）由 2015 年的 70.07kg 降至 2019 年的 56.07kg，降幅19.98%。测土配方施肥技术推广率为 95% 以上，化肥利用率达 40.57%。

表 7.6　2015～2019 年程海湖流域肥料使用统计

年份	总量（折纯量）/t	氮肥（纯 N）/t	磷肥（P_2O_5）/t	钾肥（K_2O）/t	复合肥（折纯量）/t
2015	2 612	1 199	774	249	390
2016	2 605	1 190	775	249	391
2017	4 014	1 964	1 147	655	248
2018	3 737	1 806	1 026	549	356
2019	3 556	991	1 072	717	776

表 7.7　2019 年程海湖流域农作物种植肥料年投入量　　　　单位：kg/亩

种植作物	N	P_2O_5	K_2O	猪粪尿
白菜	18.35±1.91	19.00±3.70	8.00±0.58	512.50±25.00
白蒜	20.20±4.48	1.70±0.31	8.70±3.12	410.00±52.92
白芽大豆	8.20±1.4	8.53±0.92	19.07±1.01	533.33±57.74
菜豌豆	32.02±5.22	14.86±8.48	29.91±4.40	1 812.50±353.55
红花	14.00±1.08	4.48±0.35	3.92±0.30	2 800.00±216.02
番茄	25.59±3.80	26.48±4.37	28.05±3.55	1 825.00±236.29
凤豆 2 号（蚕豆）	2.40±0.69	7.33±1.15	3.53±0.83	960.00±69.28
青花菜	36.22±5.57	11.33±3.75	11.73±3.84	506.67±30.55
四季豆	6.67±2.08	17.20±2.78	7.67±1.53	1 000.00±200.00
豌豆	18.00±2.62	7.47±1.05	16.23±1.37	1 933.33±115.47
莴苣	21.73±1.53	24.33±0.29	7.67±1.44	550.00±50.00
蚕豆	18.80±4.92	13.00±1.73	5.00±1.73	783.33±28.87
早玉米	32.27±2.32	13.2±1.59	12.33±2.52	2 800.00±200.00

续表

种植作物	N	P$_2$O$_5$	K$_2$O	猪粪尿
水稻	8.68±1.13	3.13±0.81	2.57±0.57	1 800.00±200.00
石榴	17.93±0.92	17.49±0.58	30.89±3.86	3 333.33±577.35
葡萄	10.27±0.15	4.91±0.37	2.11±0.06	4 033.33±450.92
沃柑	25.00±0.87	22.00±1.73	32.33±0.29	5 166.67±763.76
甘蔗	8.43±0.76	3.83±0.76	1.92±0.38	1 200.00±200.00
马铃薯	4.60±0	—	—	1 333.33±288.68

程海湖流域种植的农作物种类丰富多样，粮食作物多以玉米和水稻为主，蔬菜以十字花科白菜为主，豆类以豌豆、蚕豆等豆科作物为主，经济果林作物以石榴、葡萄、沃柑为主。不同作物施肥投入均是以化肥配合猪粪尿有机肥的方式，猪粪尿年投入量最低的作物为白蒜，其次为白菜和青花菜，平均投入量最大的为沃柑。氮素年投入量最小的作物为凤豆2号（蚕豆），氮素年投入量最大的作物为青花菜、早玉米及菜豌豆。磷素年投入量最大的作物为番茄，年投入量为26.48kg/亩；年投入量最低的作物为白蒜，仅有1.7kg/亩。钾素年投入量最大的作物为沃柑、石榴和菜豌豆，投入量依次分别为32.33kg/亩、30.89kg/亩、29.91kg/亩；而钾素年投入量最低的为甘蔗，仅有1.92kg/亩，和最高年投入量相比相差15倍左右。从不同作物氮、磷施用量角度，蔬菜及沃柑种植肥料投入量较多，成为程海湖潜在面源污染的重要因素之一。目前，程海湖流域种植业肥料施用主要问题有：施用化肥结构不合理，氮、磷、钾肥比例失衡，磷肥偏低，钾肥明显不足；肥料利用率不高，撒施、表施现象较为普遍，损失严重，导致环境污染。作物吸收、土壤残留和环境损失是农田中营养元素的3个去向。

（2）施药对程海湖生态环境的影响。在农业生产过程中，种植企业或种植农户根据不同种类作物、病虫害类型，选择性使用了不同杀虫剂、除草剂等，如百菌清、三唑酮、波尔多液、多菌灵、敌敌畏、溴氰菊酯、嘧菌酯、波尔多液、粉锈宁、辛硫磷、乐果、石灰硫黄、三环唑、吡虫啉、抗蚜威等。据有关统计，2015～2019年，程海镇农药施用量分别为70.92t、68.61t、60.80t、59.51t、58.11t（商品量），主要农作物病虫害统防统治达到44%，绿色防控率达到34%，农药施用量比2015年减少18%。从当前我国农药技术上看，农药剂型种类少，药械水平落后，农药有效率（仅5%～10%）低，绝大部分进入环境。主要问题如下：①不问防治对象，见药就用，杀虫剂、杀菌剂、除草剂乱用，特别是在农药紧缺的情况下；②重治轻防，在最有效的虫卵盛孵或幼虫始发期，未及时用药，不见病虫草不用药，难以有效治理病虫草，还影响了环境；③随意加大浓度或长期使用单一农药，不仅造成浪费，还容易发生药害，使病虫草产生抗药性，并污染环境；④混淆高效与高毒的概念，缺乏安全观念。

（3）农田灌溉对程海湖生态环境的影响。程海湖流域种植的粮食作物、蔬菜、经济林果等，对水需求量较大，最直接的影响就是消耗了大量的水资源，会使下游湖泊储水量下降，过度开发还会造成湖泊干涸和河道断流。田间灌溉工程使区域生态系统发生转变，土著物种栖息地改变，生物群落发生演替，并使生物量增加、物种趋向单一；不合理的灌溉使地下水位升高，形成土壤次生潜育化或盐碱化，导致还原物质积累，土壤微生物活性差，有机物难以分解，土壤中速效养分淋失；灌溉退水和雨季退水中含有肥料、农药和土壤盐分，带入水网致使水体水质变差，形成农业面源污染，影响下游地表水水质；部分采用污水灌溉会带入重金属、病原体等污染物影响土壤质量和农产品质量。

（4）农田建设工程（垦殖、低产田改造和坡改梯工程）对程海湖生态环境的影响。开垦山林草地，破坏山林（草地）植被，致使地表裸露，易造成水土流失；改变土地利用格局和区域水资源平衡；改变原有的生态系统，破坏动植物的栖息地；改变区域生物种群的多样性为单一性。

（5）种植业开发引发的主要环境问题。开荒扩种破坏生态系统；为了提高粮食生产能力，大面积、不适当地开荒耕种，造成严重的生态破坏恶果，同时农业发展无法持续，一旦荒废，就会发生荒漠化；区域开发会破坏生态系统的完整性，影响野生动植物的栖息地，危及珍稀动植物生存；改变区域水资源平衡，地表水和地下水位变化，局部气候变化，带来土壤沼泽化和盐渍化、土壤沙化等间接影响。

综上所述，种植业生产管理措施包括整地、播种或育苗、施肥、中耕除草、病虫害防治、收获和秸秆处理等。种植业生产管理措施对程海湖的有利影响主要是农作物秸秆可以提供肥料、畜牧养殖业用部分饲料等。但是，其也会带来很多不利影响，引入外来物种造成生物安全隐患，引入新品种有可能造成新病虫害发生，有生物入侵的风险；不适当的整地造成土壤的风蚀或水蚀；不合理的灌溉引起土壤盐渍化；农药喷洒过程中，部分形成细小的液滴悬浮在空气中，直接危害人畜健康，有风时影响范围会扩大；农药通过多种途径进入水体，危及水生生物；农药在作物体内残留会影响农作物品质，同时也会对人畜产生不利影响；持久性农药进入土壤，污染土壤，生物富集作用又会使作物受害，并通过食物链危害人体健康；杀灭天敌，破坏生物多样性；废弃农药瓶及其残留的农药污染地表水及土壤环境。

7.3.3　畜牧业结构及其对程海湖生态环境的影响

1. 程海湖流域畜牧业结构特点

由表 7.8、表 7.9 可见，程海湖流域畜牧业以养殖牛、马、猪、羊、家禽为主，已经成为稳定当地农村经济收入的重要产业之一。2019 年，全镇境内存栏生猪

18 523 头，出栏生猪 28 121 头；存栏牛 9 115 头，出栏牛 5 973 头；存栏肉羊 24 407 只，出栏肉羊 24 709 只；马属动物存栏 3 746 匹，出栏 1 410 匹；家禽存笼 57 998 羽，出笼 79 814 羽。畜牧业产值达 7 061 万元。全镇共有登记备案畜禽规模养殖场（户）33 户，其中，生猪养殖场（户）8 户，肉牛养殖场（户）14 户，肉羊养殖场（户）4 户，驴养殖场（户）1 户，肉鸡养殖场（户）4 户，梅花鹿养殖户 2 户，养殖比较零散。

表 7.8　2019 年程海湖流域畜牧业主要养殖方式

养殖种类	数量/万头（只、匹）	产量/t	主要养殖方式	对水系或湖泊的影响
猪	2.812 1	4 218	规模养殖、散养	大
牛	0.597 3	2 986	规模养殖、散养	大
羊	2.470 9	9 883	规模养殖、散养	大
马	0.141 0	—	散养	大
家禽	7.981 4	224	规模养殖、散养	大

表 7.9　2019 年程海湖流域畜禽养殖情况

养殖场/村	养殖种类	存栏/（头/只）	备注
永胜胜源畜牧良种养殖有限公司	猪	1 647	程海镇马军罗家山
海凤云猪场	猪	305	程海镇莨峨
周凤养殖大户	猪	243	程海镇兴义村
群兴养殖合作社	猪	240	程海镇兴义村
永胜县凤凰山农业开发有限公司	猪	204	程海镇马军罗家山
永胜海清生猪养殖专业合作社	猪	146	程海镇潘莨村
永胜振兴养殖合作社	猪	86	程海镇潘莨村
个人养殖户	野猪	24	程海镇莨峨村
个人养殖户	牛	48	程海镇季官村
个人养殖户	牛	48	程海镇季官村
个人养殖户	黄牛	36	程海镇星湖村
个人养殖户	黄牛	83	程海镇星湖村
个人养殖户	黄牛	43	程海镇星湖村
个人养殖户	黄牛	46	程海镇星湖村
个人养殖户	牛	37	程海镇凤羽村
个人养殖户	黄牛	35	程海镇兴义西湾村
个人养殖户	黄牛	76	程海镇兴义青春湾
个人养殖户	黄牛	56	程海镇莨峨大河
个人养殖户	黄牛	32	莨峨下海甲

续表

养殖场/村	养殖种类	存栏/（头/只）	备注
个人养殖户	黄牛	46	莨峨下海甲
个人养殖户	黄牛	32	莨峨下海甲
个人养殖户	牛	62	程海镇吉福
个人养殖户	山羊	205	程海镇马军
个人养殖户	山羊	150	程海镇凤羽
王晓波养羊户	山羊	138	程海镇兴仁
关志华养羊户	山羊	78	程海镇东湖
个人养殖户	驴	80	程海镇星湖红砖场
个人养殖户	成鸡	4 320	程海镇吉福村
个人养殖户	脱温鸡	4 000	程海镇星湖村
杨如辉养禽户	脱温鸡	3 500	程海镇星湖红砖场
华荣杨梅种养专业合作社	成鸡	1 150	程海镇兴仁村
兰英养殖专业合作社	梅花鹿	20	程海镇凤羽村
个人养殖户	梅花鹿	10	程海镇海腰村

2. 畜牧业（养殖业）对程海湖的生态环境影响

畜禽排泄物中的主要成分是含氮化合物、钙、磷、可溶无氮物、粗纤维、其他微量元素、某些药物，各种成分的含量随畜禽品种、饲料、饲养方式等不同而不同，各主要成分随粪便排出后将对空气、水源、土壤等造成污染。废弃物包括蛋壳、内脏、毛发、血液和下脚料，这些废弃物及时回收加工后可成为有用物质，如不及时处理，与粪便一同丢弃，那么也会与排泄物一同成为污染物。

家畜粪尿及畜产品加工场污水排放极易造成水体的富营养化。这些污物不经处理直接排入自然水体，如水库、湖泊、稻田等水域。水中的水生生物（如藻类）获得氮、磷、钾等丰富的营养后立即大量繁殖，消耗水中的氧，威胁鱼类生存，甚至导致鱼类死亡。在媒体上常见的是工业污水引起鱼类死亡，在实际中畜禽场旁的鱼塘鱼类死亡常有发生；家畜粪尿及畜产品加工厂污水排放到稻田里会使禾苗徒长、倒伏、稻谷晚熟或不熟，使水稻绝收。由于水生生物大量繁殖，水中的有机物在水底层厌氧分解，产生硫醇等恶臭物质，使水体变黑变臭，富营养化的水体很难再净化和恢复生机，这也是畜牧业生产污染的一个主要对象。

7.3.4　螺旋藻养殖与加工对程海湖生态环境的影响

程海湖周边主要有螺旋藻养殖场。经过多年发展，目前程海湖流域已经成为世界上最大的螺旋藻养殖生产基地之一，现有程海保尔公司和云南绿 A 生物工程有限公司两家螺旋藻养殖企业正常生产。在前几年，每年在养殖过程中所产生的污水等在未经安全处理的情况下被直接排入湖中，导致湖中磷、硫、氮等元素的含量严重超标，水体富营养化，湖内生物的生长受到抑制。

7.3.5　宾馆餐饮服务行业对程海湖生态环境的影响

由表 7.10 可见，程海湖流域还存在宾馆餐饮服务行业，全镇共有登记备案宾馆、餐饮企业 22 家。之前因监管不到位，存在一定的污染风险，但是，近年来，相关部门加强了监管力度，各宾馆、餐饮企业都安装了污水处理设备，大大降低了程海湖的污染风险。

表 7.10　2019 年程海湖流域宾馆餐饮服务业统计表

单位名称	是否营业	地址	是否安装污水处理设备	处理能力/t	备注
程海镇渔家情调休闲园	是	永胜县程海镇程海河口村委会程海管理局旁	已安装	5	餐饮
程海镇永联庄园	是	永胜县程海镇河口金兰村	已安装	10	餐饮
程海镇福森度假山庄	是	永胜县程海镇潘岚村委会洱良村	已安装	3	餐饮、住宿
程海镇天湖饭店	是	永胜县程海镇潘岚村委会洱良村	已安装	5	餐饮、住宿
程海镇碧海蓝天酒店	是	永胜县程海镇潘岚村委会洱良村	已安装	3	餐饮、住宿
程海镇桥鑫宾馆	是	永胜县程海镇潘岚村委会洱良村	已安装	3	餐饮、住宿
程海镇汝昌鱼家宾馆	是	永胜县程海镇潘莨村委会南潘浦村	已安装	5	餐饮、住宿
程海第一湾	是	永胜县程海镇兴仁村委会东岩村 142 号	已安装	3	餐饮
橄榄岛自然生态园	是	永胜县程海镇兴仁村委会青草湾	已安装	3	餐饮
情缘港渔家乐	已过期	永胜县程海镇浦米村	已安装	3	餐饮
在水一方	无	永胜县程海镇浦米村	已安装	3	餐饮、住宿
程海镇程龙商务酒	是	永胜县程海镇河口村委	已安装	15	餐饮、住宿
程海镇茂源酒店	是	永胜县程海镇河口村委	已安装	15	餐饮、住宿
碧岸假日大酒店	是	—	已安装	15	餐饮、住宿
洱崀度假山庄	停业	—	已安装	3	餐饮、住宿
幸福里假日酒店	是	永胜县程海镇兴仁村委会	已安装	20	餐饮、住宿
程海绿源渔村（蓝天白云）	停业	程海镇河口村委会	—	—	餐饮
程海生态鱼	停业	程海镇河口村委会	—	—	餐饮
程海镇潘浦鱼庄	停业	程海镇潘莨村委会潘浦村			餐饮、住宿
程海镇又一村休闲园	停业	程海镇潘莨村委会			餐饮、住宿
永胜丽东农业开发有限公司	停业	程海镇潘莨村委会洱崀村 93 号			餐饮、住宿
程海镇金兰饭店	停业	程海镇河口村委会金兰村			餐饮

7.4　程海湖水质及面源污染程度分析

7.4.1　程海湖水位变化特点

程海湖水质的变化与水量的多少密切相关，程海湖是一个内陆封闭型湖泊，水量补给途径有限，主要依靠降水和地下水补给。程海湖地处云南省第一少雨中心区，多年平均降水量为 725.5mm，流域多年平均蒸发量为 2 269.4mm，蒸发量是降水量的 3.13 倍，水资源总量少。年内降水分布不均，6～10 月降水量占降水总量的 85%，11 月至翌年干旱少雨。流域暴雨以历时短、梯度大的单点暴雨为主，多为单日非连续性暴雨，易发生气象灾害。流域 47 条大小河沟一年中大部分时期处于干涸状态，生态用水得不到保障。

程海湖大约形成于新生代第三纪中期（距今 1200 万年以前），喜马拉雅期造山运动形成断裂地堑，中陷低凹之处聚水成湖，曾经是一个外流湖，湖水通过程河（又名期纳河）向南 30 余 km 流入金沙江。据《永胜县志》记载，当时水深 72m，但在 1690 年前后，程海湖水位突然快速下降，形成了现在的内陆湖。根据历史资料记载，自 1690 年以来，程海湖水位一直处于下降趋势，其中，1690～1965 年水位下降 37.8m，年平均下降 0.137m；1961～2001 年水位下降 1.52m，年平均下降 0.038m；2018～2020 年水位下降 0.86m，年平均下降 0.029m，水量亏空 3.93 亿 m^3，湖面缩小 1.93km^2。

依据《云南省程海管理条例》，法定控制水位为 1 499.2～1 501.0m，水位变幅 1.8m，程海湖的水域及最高水位线外水平距离 30m 内的岸滩为程海湖的一级保护范围，面积为 77.2km^2，其中陆地面积为 1.4km^2，水面面积为 75.8km^2。

近年来程海湖降水较正常年份明显偏少，2019 年降水量与正常年份平均降水量相比减少并且降水极不均匀，形成北部相对较多、南部较少，高山多、坝区较少的情况，程海镇至片角镇沿线，降水仅为正常年的 1/3。据河口水文站数据表明，至 2020 年 4 月程海湖水位为 1 495.61m，比 2019 年的 1 496.17m 下降了 0.56m，比最低水位控制线（1 499.2m）下降了 3.59m；2020 年 1～4 月水文数据分别为 1 495.89m、1 495.79m、1 495.71m、1 495.61m，平均每月下降 0.09m。2018 年程海湖平均水位变化见图 7.1。

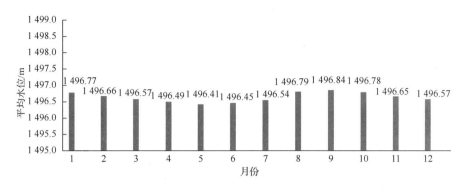

图 7.1　2018 年程海湖平均水位变化

7.4.2　程海湖水质变化特点

1. 程海湖水体 pH

程海湖水体 pH 常年平均值在 9 以上（图 7.2），呈现特有的碱性水质。该指标为劣 V 类水质标准。

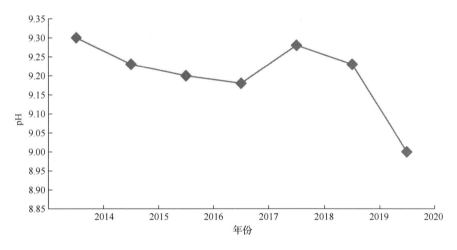

图 7.2　2014～2020 年程海湖水体 pH

2. 程海湖水体氟化物含量

程海湖水体氟化物含量常年平均值在 2mg/L 以上（>1.5mg/L），见图 7.3。该指标为劣 V 类水质标准。

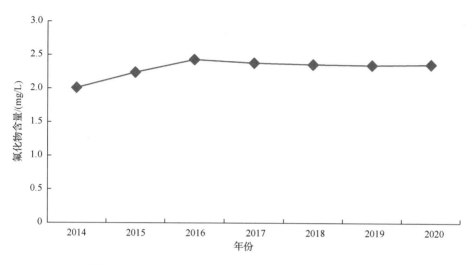

图 7.3 2014～2020 年程海湖水体氟化物含量（以 F-计）

3. 程海湖水体主要面源污染指标特征

程海湖的污染以面源污染为特征，主要污染物指标包括 COD、BOD₅、TN、TP、氨氮等，66%～91%来源于面源污染。

（1）水体 COD 含量。根据 2014～2020 年的统计数据来看（图 7.4），COD 呈现出降低-升高-降低的趋势，2014～2016 年其含量有明显降低的趋势，但 2017 年成为趋势转折的拐点，2017～2019 年 COD 含量明显升高，从截至 2020 年上半年的统计数据来看，上升趋势已经被打破，逐渐回归下降趋势。该指标为 IV 类水质标准（≤30mg/L）。

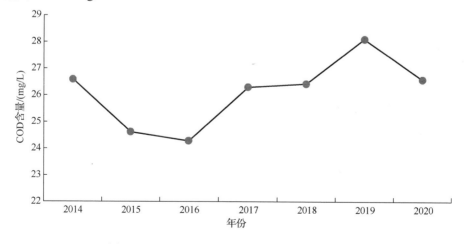

图 7.4 2014～2020 年程海湖水体 COD 变化趋势

（2）BOD₅含量。2014～2017 年 BOD₅含量是逐渐升高的（图 7.5），从 2017年开始 BOD₅含量迅速降低，2018～2020 年水体 BOD₅同样呈现下降趋势，但降速放缓。该指标为 Ⅲ 类水质标准（≤4mg/L）。

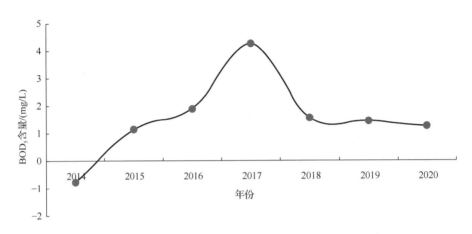

图 7.5　2014～2020 年程海湖水体 BOD₅变化趋势

（3）水体 TN 和氨氮含量。2014～2016 年，程海湖水体 TN 和氨氮含量的变化趋势表现出分歧（图 7.6），这 3 年间 TN 含量是在逐渐增加的，而氨氮含量却是在逐年降低的。TN 指标为 Ⅲ 类水质标准（≤1.0mg/L），氨氮指标为 Ⅱ 类水质标准（≤0.5mg/L）。

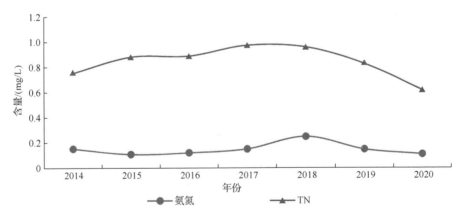

图 7.6　2014～2020 年程海湖水体氮素含量变化趋势

（4）水体 TP 含量。TP 含量从 2014 年直至 2020 上半年呈现出波段变化的规律（图 7.7），反复变化的原因或是由于当年环程海湖区种植作物改变带来的化肥投入变化而引起水体磷素含量变化。该指标总体为 Ⅲ 类水质标准（≤0.05mg/L）。

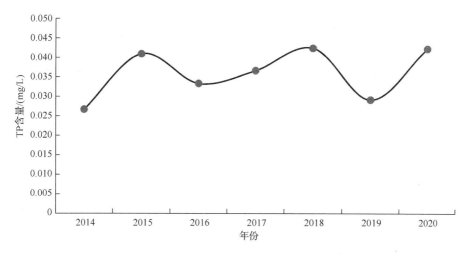

图 7.7 2014～2020 年程海湖水体 TP 变化趋势

4. 程海湖水体重金属指标特征

就重金属而言，含量均低于 I 类水质标准，统计年间含量均不曾超标，总体对水质的影响可以忽略，见表 7.11。

表 7.11 2014～2017 年程海湖水质重金属含量 单位：mg/L

年份	砷	汞	镉	铬	铅
I 类水质标准	≤0.05	≤0.000 1	≤0.001	≤0.01	≤0.01
2014	0.010 617	0.000 005	-0.000 41	-0.002	-0.005
2015	0.011 371	0.000 00	-0.000 34	-0.002	-0.005
2016	0.010 942	0.000 001	-0.000 52	-0.002	-0.005
2017	0.007 234	-0.000 02	-0.000 37	-0.002	-0.001

综上，程海湖水体质量特色主要表现为以下 3 个方面。①程海湖水位急剧下降，严重缺水。程海湖降水集中在 7～9 月，流域多年平均降水量为 725.5mm，蒸发量为 2 269.4mm；湖面年平均降水量为 733.6mm。②特有碱性水质、氟化物含量严重超标。程海湖水 pH 常年平均值为 9.28（>9），氟化物含量（以 F-计）常年平均值为 2.36mg/L（>1.5mg/L），此两个指标为劣 V 类水质标准。③程海湖水体 COD、BOD_5、TN、TP、氨氮等主要面源污染指标总体上为 III 类水质标准，重金属含量为 I 类水质标准。

7.5　程海湖流域绿色生态农业特色、发展布局和建议

7.5.1　程海湖流域绿色生态农业内涵和特色

生态兴衰决定文明兴衰，生态环境是人类生产、生活之基。生态环境是人类生存最为基础的条件，是我国持续发展最为重要的基础。目前，程海湖资源、环境、生态恶化形势十分严峻，已经严重影响人民群众正常的生产、生活。解决资源、环境、生态问题，亟须建设绿色生态、实现生态美丽。

程海湖绿色生态内涵就是要探索生态优先、绿色发展道路，就是要发展绿色生态、绿色生产、绿色生活，形成绿色生态、生产、生活方式，构建绿色生态、生产、生活体系，营造绿色生态、生产、生活环境，实现生态美丽、生产美化、生活美好，让人民群众在绿水青山中共享生态之美、生产之美、生活之美；生态优先、绿色发展道路是一条生态优先、"三生"共赢、"三美"合一、人民幸福的新时代生态文明发展之路。

程海湖流域绿色生态特色主要表现为3个方面。①产业结构特点表现为：最主要的产业为种植业、畜牧业和螺旋藻养殖与加工业；第一产业以种植业为主，以牧业、渔业为辅；第二产业以螺旋藻养殖与加工为特色，没有其他工业；第三产业近年来才得到逐步发展，但发展缓慢，主要是餐饮业、宾馆酒店服务业等个体企业。②程海湖水位急剧下降，严重缺水。③特有碱性水质、氟化物含量严重超标。

7.5.2　程海湖流域绿色生态农业发展布局和建议

根据程海湖流域特色，我们将程海湖定位为湖泊保护型农业区，按生态农业节水农业区、湖泊绿色产品产业区进行布局。

以产业结构调整、优化为核心，以经济、资源、环境和谐发展为目标，通过科技进步、结构优化、管理创新等途径，大力发展低消耗、低排放、高科技、高产出产业，加快形成节约、环保、高效的产业体系，实现程海湖流域绿色生态发展。

以解决程海湖补水稳位、节水治水、生态用水为根本，实施节水减排工程，提高水资源利用效率，可从源头上减少污水排放，缓解水资源供给压力，减轻水污染负荷，因此在程海湖流域防范水质下降风险中有必要以节水防污为重点，推广应用节水新技术，鼓励企业实现零排放，循环用水、串联用水。从用水的源头减少点源和面源污染物排放，改善程海湖流域水资源生态状况。

依托程海湖特有碱性水质进行螺旋藻养殖与加工。利用程海湖内生长的种类繁多、味道鲜美的20多个土著鱼品种，尤其是红翅鱼、白鲦等珍稀土著品种和鲜银鱼进行养殖与加工。

1. 湖泊保护型农业区

1）种植业结构调整及配套保护性技术

全面推广农业清洁生产技术，开展经济林果和作物保护性栽培技术创新，提高肥料利用率，有效减少化肥、化学农药施用量和水土流失率，降低面源污染风险。主要采用措施如下：果园水、肥、药一体化（耦合）+滴管或喷灌+循环高效利用技术，横坡垄作+果园生草或秸秆覆盖+植物篱技术，机械深施+长效缓释或控释肥技术，果园和绿肥或其他填闲作物轮作，套种+有机肥替代化肥+绿色综合防控，测土配方+套餐专用肥+生物有机无机平衡+氮、磷、钾配比平衡+中微量元素平衡施用技术。

2）畜禽养殖产业结构优化及配套环保技术

在政策层面，对流域内畜牧生产进行科学规划、合理布局、分区管理，划定畜禽禁止养殖区、限制养殖区和适度养殖区。环程海湖 1km 及主要入湖河道范围为一级保护区，内设畜禽禁养区，取缔或迁移所有畜禽养殖个体（场）。二级保护区内禁止新建畜禽养殖场，对现有养殖场完善干湿分离、雨污分流等环保设施，实行粪污无害化处理和农牧结合，达到零排放；对不符合环保要求的畜禽养殖场，限期治理或强制关闭。

在技术层面，按照"减量化、无害化、资源化、生态化"要求，以农牧结合、可持续循环生态链为原则，进一步提高畜禽养殖污染治理的技术水平，重构养殖业发展和废弃物综合利用模式，强化水分循环利用、养分高效利用。在养殖环节推行精准投料、节水工艺、雨污分流等，减少粪污产生量；在粪污收集处理环节，根据污染物最终去向完善各节点的收集、处理及贮存等措施，推行干清粪、干湿分离、固液分集、避雨贮存等减排措施，减少污染物的排放量；在利用环节，以农田利用为目标，健全、完善粪污的无害化处理设施、农田粪污利用设施，提高利用效率。结合农田养分管理，无害化后养殖粪便部分替代化肥。

在程海湖流域，针对不同养殖方式，进行养殖污染分类治理，技术措施如下。①庭院养殖污染环保治理技术措施。在原有圈舍基础上，配套干湿分离设施、污水厌氧收集设施、粪便避雨堆贮设施，增加圈舍的干湿分离、固液分集及粪便的避雨贮存等功能，实现养殖污水从无序排放转变为有序收集处理；养殖粪便从露天堆放转变为避雨堆贮，有效减少养殖污染。养殖污水收集率大于 90%，养殖粪便避雨堆贮率大于 90%。②养殖专业户（大户）养殖污染环保治理技术措施。在原有圈舍基础上，提升牲畜饮水、清粪冲圈工艺，节约用水，大幅削减污水产生量；完善雨污分流设施，按照养殖规模配套完善建设相应的粪污收集、处理及贮存设施，实现污染物的排放。养殖污水收集处理率大于 95%，养殖粪便避雨堆贮率大于 95%。③规模化养殖污染环保治理技术措施。禁养区的养殖场应全部取缔。

非禁养区内的养殖场，根据养殖规模配套充足的农田消纳养殖粪污，并配套建设、健全农田粪污利用设施。农田不足的养殖场，有条件的地方宜委托第三方处理多余部分养殖粪污；无条件的地方可建设有机肥厂、基质化厂等进行资源化利用；既不能委托第三方，也不能建设有机肥厂的养殖场应削减养殖规模至合理范围。养殖场完善雨污分流设施，养殖舍提升牲畜饮水工艺、清粪冲圈工艺，节约用水，减少污水产生量。健全相应的粪污收集、处理及贮存设施，减少污水排放量。养殖粪污避雨收集、贮存及利用率大于 98%。

3）生态湖滨带及防护林体系保护

在环程海湖一、二级保护区内建设隔污缓冲林带工程，选择耐水吸污能力强、净化隔污效果好的树种，科学造林、合理配置、乔灌草结合，加大封山育林和中幼林抚育力度；在主要出入湖河道两侧及河口等地建设通湖水质净化林工程，选择种植吸污能力强、净化隔污效果好的树种，促进河道水质的根本好转；在程海湖流域主要饮用水源地开展清水涵养林工程，逐步在饮用水源地周边建立一个稳定、高质、高效的森林生态系统。在程海湖流域全面开展封育造林、封山管护、人工造林、湖滨林带建设工作，形成高效生态隔离带，阻隔、吸附、消解和过滤进入程海湖的各类污染物质。

4）强化程海湖沿岸环境卫生管理

认真落实程海湖主要入湖河道保洁周活动实施方案和责任到人的长效保洁、管理、监督全覆盖成果，在 2020 年 6 月全面组织开展一次程海湖沿岸清洁河道、村庄、湖滩和田园的"四清"保洁活动，避免和减少雨季来临时农业、农村垃圾固体废弃物入湖污染。

2. 生态农业节水农业区

（1）五小水利工程及其网络化集雨补灌系统。针对程海湖流域夏秋季雨水流失多、冬春季干旱缺水的特点和旱作区面积大、分布广、灌溉水源与设施缺乏而制约生产的实情，根据程海湖流域典型山区的地形地貌、降水特点，合理配置布局与建设五小水利工程，因地制宜地采用措施（如自然径流场、公路路面和边沟、人工集雨场、农业示范园区棚面等），收集雨水和地表径流；根据集雨利用目的和灌溉方式，配备不同的简化净化设施；存储设施则采用水窖、蓄水池、塘坝等，并将净化设施、存储设施、提取设施和节灌设施与集雨设施组装配套，在程海湖山区形成较为完整的网络化小水利工程，实现旱作区雨水收集、储存与高效利用，减少地表径流，降低农业面源污染。

（2）基于农艺节水的雨水资源高效利用技术。根据程海湖山区季风气候特点、降水干旱发生规律和作物需水特性，因地制宜选择耗水少而水分利用效率高的作物，通过调整作物布局，建立适应型高效种植制度。将低纬高原山区集雨补灌技术体系建设与农艺节水技术相结合，开源的同时节流，提高单位水体的效益产出率。

（3）山地抗旱灌溉技术。根据程海湖主要抗旱作物需水规律及不同阶段对水分利用效率特点，建设基于不同种植模式条件下的综合节水灌溉关键技术体系。针对旱作物生长发育关键期季节性干旱频繁发生的现状，集成研究成套满足抗旱作物需水规律的节水播种、抗旱保苗灌溉、生长发育关键期的补偿节水灌溉、地膜覆盖保墒抗旱灌溉等关键技术，集成程海湖旱粮作物节水高效灌溉综合配套技术体系。

（4）节水型灌区建设工程。加强灌排渠系建筑物与田间建筑物的配套工程改造，实施灌区节水技术改造和设施农业建设，建设灌溉计量工程，实现渠首计量供水，实现灌区全面建成节水型灌区。实施节水农业技术推广工程。全面推广水稻"浅、湿、控"和"旱育秧"等节水灌溉技术，实施渠道防渗与精确定量栽培技术相结合；推广耕作保墒、覆盖保墒、抗旱作物品种筛选、化学制剂保水等技术，提高土壤保墒能力。

（5）田面水面源污染物输移阻控技术。在水稻生长期，利用稻田湿地功能，根据降雨时期分布特点，优化肥料和农药施用时期、灌溉时期，避免暴雨前灌溉、施肥、施药，杜绝晒田期人为排水，建设稻田氮、磷农药节流减排技术体系，提高稻田蓄水保肥能力，减少高风险期田面水氮、磷农药浓度，降低面源污染。实施稻田尾水面源污染物景观生态阻控技术。在水旱交替期，针对程海湖滨区农田生态系统脆弱、自净功能低下等问题，以丰富农田生物多样性、提升农田面源污染自净能力为目标，根据湖滨区排灌沟渠的类型、流量、截流坝设置、最佳缓冲带宽度及人工湿地布局，选择本土水生植物或耐涝植物，在农田沟渠、道路等非耕地上，开展生物田埂、生态沟渠、植物缓冲带与人工湿地景观生态廊道构建等农田尾水输移综合阻控技术集成与示范，最大限度地减少农田尾水的排放量，降低氮、磷农药污染物的外排。

（6）螺旋藻养殖节水减排措施。沿湖螺旋藻养殖企业要加强对现有生产工艺的技术改造，最大限度地降低生产用水量。确保现有污水设施正常、安全运行，提高中水回用率，提高用水循环率。实现沿湖污水资源化利用。完成流域内现有沿湖生活污水收集与处理设施建设、运行。污水收集率达 70%以上，污水处理率达到 95%以上，污水 100%资源化利用。

（7）建立健全流域水环境监测预警体系。加大水质监测力度，科学分析水质变化原因，维护程海湖南北水质自动监测站运行。加强永胜县环境监测站能力建设。建设程海湖流域水环境管理综合信息平台。整合环保、水务、气象、农林、建设、渔政等部门的数据资源，实现部门间数据与信息共享。

（8）加强引水工程，保障清水来源、稳定程海湖水位。置换程海湖流域生产、生活用水，直接向程海湖生态补水，增加程海湖入湖清洁水量，有效遏制程海湖水位持续下降趋势，增强程海湖水体循环和水动力，改善程海湖水生态环境。

3. 湖泊绿色产品产业区

（1）沿湖螺旋藻养殖与加工。程海湖盛产的天然螺旋藻是地理标志保护产品，其蛋白质含量达 50%以上，含有人体必需的 8 种氨基酸、维生素 B_{12} 和胡萝卜素等，周边建有云南施普瑞生物工程有限公司（以下简称"施普瑞公司"）、程海保尔公司等几家公司的螺旋藻养殖基地，生产干藻粉规模达 800t。程海湖东南岸有施普瑞公司螺旋藻养殖场等几家螺旋藻生产企业，年产干藻粉约 500t，并研制生产了螺旋藻干粉、片剂、胶囊、饮料、化妆品等螺旋藻系列产品，远销国内外。经过多年发展，目前程海湖流域已经成为世界上最大的螺旋藻养殖生产基地之一。

（2）活性微藻营养液养殖及生物肥料产品加工。利用程海湖特有的碱性水质和光热资源，引进国际先进的藻类活性细胞分离鉴定技术、光自养与培养基异养结合技术、包囊符合技术、扩大繁殖和工厂生产化技术等活性微藻（蓝藻、小球藻、绿藻、红藻）培养关键技术及国内成熟的生物肥料产品加工技术，同时结合云南三七、小粒咖啡、甘蔗、云茶、云花及程海湖流域软籽石榴、沃柑、葡萄等高原特色作物各生育期作物生长特点和作物主产区产地环境、土壤养分供应特征关系，以农业生物资源高效循环利用和耕地保育为抓手，以创建绿色食品牌为发展目标，推荐开发云南不同作物特色专用生物有机无机复合肥、土壤生物修复液等生物肥料产品，进行产品产业化推广应用。

程海湖土著鱼及鲜银鱼养殖及产品加工。推荐进行红翅鱼、白鲦等珍稀土著品种和鲜银鱼养殖与产品加工。

第8章 异龙湖流域绿色生态农业农村发展模式研究

异龙湖流域涉及异龙、宝秀、坝心3个镇、57个村（社区）、460个自然村，有耕地面积 11.57 万亩。近年来，通过调整种植业结构，从源头控制和减少农业生产面源污染，切实做好异龙湖流域绿色生态农业的发展工作。按照"一控两减三基本"要求，抓好以异龙湖流域为重点的农业面源污染治理，通过实施种植业结构调整、削减化肥负荷和削减农药负荷，深入开展种植业面源污染治理。以划定畜禽养殖禁养区，开展禁养区内畜禽规模养殖场清理整顿，实施异龙湖沿湖村庄牲畜全面禁养、家禽限养，以畜禽粪污资源化利用为抓手，稳步推进畜禽养殖污染防治工作。围绕清退异龙湖周边占用龙潭水养殖及城河入湖河道 50m 范围内有污染的鱼塘，实现清水入湖。

8.1 异龙湖流域自然生态情况

8.1.1 地理区位及地形地貌

1. 地理区位

石屏县位于云南省东南部，红河州的西部，地理坐标为 102°08′~102°43′E，23°19′~24°06′N，东与建水县接壤，南与红河县隔江相望，西与元江县、新平县毗邻，北接通海县、峨山两县。东西宽 59km，南北长 88km。国土面积为 3 037km²，山区占 94.6%，"九分山有余，一分坝不足"。

异龙湖位于石屏县城东侧 2km，海拔为 1 420m，是石屏县的母亲湖，是云南九大高原湖泊中面积最小的湖泊。异龙湖呈东西向条带状，微向东南倾斜，占地 31km²，成因属断陷溶蚀湖积盆地。平均水深 2m，最深处约 7m，蓄水量约 1 亿 m³。异龙湖吐口在东，称湖口河，位于新街，湖口河向东流经建水，汇旷野河而为泸江，汇南盘江流入珠江。

2. 地形地貌

石屏县是由喜马拉雅造山运动形成的山间断陷盆地，水系发育，沟谷深切，有大面积的流水浸蚀地貌、溶蚀地貌及现代水文网。大桥河以南、五郎沟河以北为中山湖盆地貌，五郎沟河以南属岩溶山原地貌。北、西、南三面受河流强烈切割，多高山深谷，群峰突起，山势陡峻。曲溪、石屏、建水、红河一带属 6～8级地震区。全县北高南低、西南东低中间凹，总地形为"三山夹两河"，即大桥河北以尼白木山系为主的北部地区，大桥河以南、五郎沟河以北、以砚瓦山系为主的中部地区，五郎沟河以南、元江以北的南部地区大冷山。最高点大冷山主峰老母白山海拔为 2 551.3m，最低点为东南端元江边，海拔为 259m。

异龙湖整个湖区呈东西向条带状，为一断陷溶蚀湖积盆地，湖盆中为一长30km、宽 2～6km、面积为 92km² 的冲积平原。湖区内地势平坦，沿北西—南东向展布，呈半封闭状态，盆内积水成湖，周围均为构造侵蚀中、低山地。盆地周围山峦起伏，从而构成了异龙湖汇水区典型的中山湖盆地貌。异龙湖是受喜马拉雅山运动影响形成的断层侵蚀湖泊。北岸靠乾阳山，湖岸线平直，岸坡较陡，一般为 35°以上的高坡，岩溶比较发育，属三叠系石灰岩层，岩性坚硬，冲沟较少，堆积层厚度小于 0.5m。南岸为五爪山，山峦丘陵起伏，沟谷发育形如五爪伸入湖中，形成大小 72 个湾，现已围湖成田；湖湾不复存在，岸坡地势低缓，坡度在20°以下，坡积厚度一般在 20m 左右。湖东、西两面地势平缓，均已开垦为农田；湖西为冲积坝，石屏县城坐落在这个冲积坝上。

8.1.2　水系概况

石屏县境内的河流分为南盘江、红河两大水系。境内共有 16 条河流和 2 个天然湖泊，其中，隶属红河水系的河流有大桥河、白花龙河、甸中河、五郎沟河、八抱树河、大塘河、记母白河、高川河、扇尾河、小河底河 A、小河底河 B，共11 条，总长 291.7km，径流面积为 2 107.7km²，隶属南盘江水系的河流有大练庄河、邑堵河、小路南河、新街海河、芦子沟河 5 条，总长 97.5km，径流面积为929.3km²，2 个天然湖泊分别为异龙湖、赤瑞湖，见表 8.1。

石屏全县水资源总量为 6.254 亿 m³，人均水资源占有量为 1 974m³。截至 2018年底，全县累计建成中型水库 3 座，总库容为 3 974.2 万 m³；小（1）型水库 8 座，总库容为 1 412 万 m³；小（2）型水库 52 座，总库容为 1 484.6 万 m³；小坝塘 598个，总库容为 1 009 万 m³。

表 8.1　石屏县河流统计表

流域水系	河流名称	起点	海拔/m	终点	海拔/m	河长/km	积水面积/km²		
							县内	县外	合计
南盘江（庐江）	新街海河	宝秀·关口	1 430	坝心·四家	1 390	36.4	363.5	—	363.5
	芦子沟河	坝心·何宝寨	1 490	坝心·庐江口	1 350	7.5	32.5	—	32.5
	大练庄河	哨冲·水瓜冲	1 950	龙武·峨脖子	1 640	31.2	195.4	7.5	202.9
	邑堵河	哨冲·邑乃黑	1 910	龙武·三家村	1 400	15.1	73.3	—	73.3
	小路南河	哨冲·邑都田房	1 730	龙朋·小路南	1 500	7.3	33.9	0.9	34.8
红河（小河底河）	大桥河	龙朋·铜厂	1 230	大开门汇口	890	22.1	250.3	—	250.3
	白花龙河	建水·红坡脚	1 800	哨冲·邑都田房	1 230	37.4	240.4	1.0	241.4
	甸中河	龙朋·龙尾冲	1 950	哨冲·邑都田房	1 230	30.9	206.1	—	206.1
	五郎沟河	建水·红坡脚	1 520	牛街·羊奶菜坡	600	37.4	303	13.8	316.8
	八抱树河	宝秀·龙口	1 500	宝秀·岔河	740	15.7	98.1	—	98.1
	大塘河	冒合·银柱塘上寨	1 560	杨家田	610	16.0	87.6	—	87.6
	记母白河	龙武·清水寨	1 900	大岭干	1 260	15.7	68.7	—	68.7
	高川河	宝秀·长岭干	1 650	小河底汇口	750	14.5	58.9	—	58.9
	扇尾河	宝秀·他达	1 400	小河底汇口	630	12.0	56.0	—	56.0
	小河底河（A）	大桥河汇口	900	五郎沟河汇口	600	68.0	474.0	495.0	969.0
	小河底河（B）	五郎沟汇口	600	元江干流汇口	327	22.0	136.0	88.2	224.2

注：表内河流长即指最长一源至终点的长度，径流面积不包括封闭区。

异龙湖地处珠江支流的源头，紧靠珠江支系南盘江与红河两大流域分水岭，属珠江水系，流域面积为 360.4km²，湖泊面积为 31km²，最大水深 6.55m，平均水深 2.75m，正常蓄水位为 1 414.17m（国家 85 基准高程，下同），对应水量约为 11 600 万 m³，最低运行水位为 1 412.67m，对应水量约为 6 870 万 m³，异龙湖是中国最南端的高原湖泊，具有蓄水防洪、农田灌溉、调节气候等多种功能。

2011～2018 年九大高原湖泊年末容水量见表 8.2。

表 8.2　2011～2018 年九大高原湖泊年末容水量　　单位：亿 m³

年份	程海湖	泸沽湖	滇池	阳宗海	星云湖	抚仙湖	杞麓湖	异龙湖	洱海	合计
2011	18.17	20.72	14.89	4.910	1.630	189.20	0.990 0	0.530 0	27.05	278.1
2012	17.65	20.72	14.86	4.690	1.530	187.90	0.660 0	0.300 0	28.68	277.0
2013	17.37	20.72	15.78	4.688	1.551	200.70	0.719 9	0.301 1	28.98	290.8
2014	16.78	20.72	15.54	4.971	1.765	200.90	0.964 0	0.584 0	28.60	290.8

年份	程海湖	泸沽湖	滇池	阳宗海	星云湖	抚仙湖	杞麓湖	异龙湖	洱海	合计
2015	16.71	20.72	15.82	5.406	2.050	201.40	1.194 0	0.615 4	29.03	292.9
2016	16.53	20.72	15.75	5.588	1.981	201.70	1.513 0	0.933 7	28.28	293.0
2017	16.52	20.72	15.41	5.899	1.955	203.00	1.714 0	0.959 2	27.80	294.0
2018	16.23	20.72	15.32	5.924	1.844	203.20	1.646 0	0.936 9	27.51	293.4

8.1.3　土壤与植被

异龙湖流域内共有红壤、水稻土、冲积土和紫色土 4 个土类，8 个亚类，16 个土属，35 个土种，以红壤分布最广，约占 72.0%，水稻土次之，约占 16.8%。红壤主要分布于山区、半山区和坝子边缘的丘陵地带；水稻土主要分布于坝区、半山区、山区和河谷地区；冲积土主要分布于异龙湖周围的坝区，少部分分布于山区和河谷的冲道中；紫色土是在紫红色成土母岩上形成的特殊土壤类型，分布于异龙镇和坝心镇。

异龙湖径流区内植被复杂、类型多样，有乔木树种 101 科，800 余种。主要乔木树种有云南松、栎类、柏树、木荷、西南桦、油杉等；主要灌木有车桑子、萌生栎、小石积等；主要草木有黄茅、紫茎泽兰等；主要森林植被群落 15 个，常见的有云南松纯林和松栎、松阔混交林、栎类及车桑子灌木纯林等。

由于交通便利，人口密度大，山上植被较早遭到破坏，植被稀疏。目前异龙湖流域森林覆盖率仅 30% 左右，且资源分布不均，受人为活动的干扰，原始林遭到破坏，大多演替为次生林或其他次生植被类型。调查显示，次生林占原有林地的 95% 以上，原始林仅集中保存在宝秀镇小官山一带，面积很小。此外，由于次生林多在近 10 年种植，树木林龄以幼、中居多，近、成、过熟林偏少，龄组结构不合理，导致林地生产力低，生态效益不高。以异龙湖南岸的五爪山为例可说明上述情况：南岸五爪山山形秀丽，为湖盆中山，土壤以红壤最多，由于紧邻农耕区，开发较早，原生植被早已消失殆尽。在南岸近湖和近村庄的低山坡地，经济林造林占有较大比重，造林树种趋多样化，有杨梅、柑橘、板栗、梨、核桃、石榴、枇杷等 28 个树种，其中杨梅、柑橘种植面积较大，相对集中形成了一定规模。但由于山体基本上被单一的云南松林和经济林覆盖，植物群落缺乏层次，物种多样性丧失，森林存在退化的可能，近年来大量种植阔叶桉树，其快速的生长须大量吸取地下水，山体植被涵养地下水的功能也发生退化。

8.1.4　气候条件

石屏县属亚热带高原山地季风气候，县内立体气候特点突出。石屏县内地势西高东低，最高海拔为 2 521m，最低海拔为 259m。有资料记载以来，多年年均气温 18℃，最冷月（1 月）月均气温为 11.6℃，最热月（6 月）月均气温为 22.2℃。极端最高气温为 34.5℃（1960 年 8 月 10 日），极端最低气温为-2.4℃（1974 年 1月 2 日）。无霜期为 317 天，初霜期为 12 月 14 日左右，终霜期为 1 月 30 日左右。年均降水量为 786～1 116mm，年均降水日为 134 天。偶有降雪，年最大降雪量为32.5mm。年均日照时数为 2 308.4h。年均相对湿度为 75%。以东南风居多，平均风速为 1.9m/s。石屏县日照充足，具有开发热带和亚热带作物的优势。2019 年石屏县各月平均气温及降水量分别见图 8.1 和图 8.2。

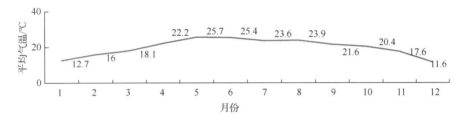

图 8.1　2019 年石屏县各月平均气温

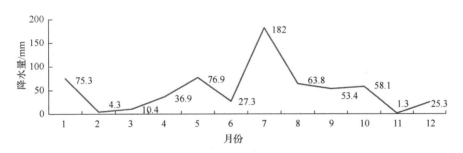

图 8.2　2019 年石屏县各月降水量

　　由于地面植物变化较大，地表水面积逐年减少，加之厄尔尼诺现象影响频繁，天气异常现象增多，气候要素值波动大，气象灾害频繁发生。2000 年以来，石屏县各月气温平均值与多年同期平均值相比，1 月、2 月偏高 0.1℃，3 月持平，4月偏高 0.1℃，5 月偏低 0.2℃，6 月偏高 0.4℃，7 月持平，8 月偏高 0.2℃，9 月持平，10 月偏高 0.3℃，11 月持平，12 月偏低 0.1℃。1986～2000 年石屏县主要气象资料见表 8.3。

表8.3　1986～2000年石屏县主要气象资料

年度	平均气温/℃			年极端气温/℃		降水			日照时数		年蒸发量/mm	霜期/日
	年均	最高	最低	最高	最低	日数	降水量/mm	雨季始终期	年时数	日照占比/%		
1986	18.0	23.7	13.6	31.7	-0.3	169	1 080.4	6月20日～11月11日	2 349.4	53	1 817.2	74
1987	18.5	24.1	14.1	33.0	2.7	167	811.9	5月17日～10月11日	2 237.1	51	1 879.5	40
1988	18.3	23.9	14.0	31.8	4.3	159	647.0	5月2日～10月1日	2 086.9	47	1 843.7	73
1989	18.0	23.8	13.6	31.6	1.5	177	776.5	5月5日～10月1日	2 195.7	50	1 790.3	67
1990	17.8	23.8	13.5	31.8	2.9	206	1 057.4	5月11日～10月1日	2 064.1	47	1 679.8	78
1991	18.3	24.0	14.1	31.2	2.0	203	821.0	5月8日～10月1日	2 088.8	47	1 757.5	71
1992	17.5	23.4	12.9	31.8	1.6	165	723.1	5月20日～10月26日	2 212.9	50	1 882.5	70
1993	17.8	23.8	13.5	31.0	-2.4	182	1 064.3	5月24日～11月1日	2 214.9	50	1 864.7	90
1994	18.3	24.2	13.7	32.2	3.9	182	1 037.3	5月11日～10月1日	2 104.9	48	1 868.5	50
1995	18.1	23.9	13.9	32.0	1.2	166	950.4	6月5日～10月1日	2 018.3	46	1 961.1	59
1996	18.0	23.7	13.6	31.5	0.8	170	828.7	5月11日～10月1日	1 967.3	44	1 835.4	68
1997	17.7	23.7	13.4	32.0	3.2	180	972.6	6月15日～10月11日	2 073.4	47	1 913.8	52
1998	18.8	24.8	14.4	32.5	1.5	173	884.9	6月17日～10月1日	2 136.0	48	2 076.2	29
1999	18.5	24.1	14.2	31.9	-2.2	172	1 146.9	5月26日～10月1日	2 044.1	46	1 960.0	41
2000	17.9	23.6	13.7	30.2	0	187	993.9	5月18日～10月6日	2 128.2	49	1 860.1	11

8.1.5　生态环境

石屏县地处低纬高原地带，季风气候典型，立体气候显著。石屏县有植物 11 类 48 科 336 种，林木以云南松和松栎混交林为主。珍贵树种有椿、香樟、油杉、楠木等；油料作物有核桃、油柚子、蓖麻、乌柏等；药材有三七、杜仲、黄连、茯苓；林产品有松脂、紫胶等；珍稀动物有猴面鹰、孔雀、画眉、鸳鸯、白鹇、豹、獐、熊等。

2014 年 12 月 10 日，异龙湖国家湿地公园申报成功。2019 年 12 月 25 日，异龙湖国家湿地公园通过国家林业和草原局 2019 年试点国家湿地公园验收，正式成为国家湿地公园。

异龙湖年平均水温 18℃，极端最高气温 34.5℃，极端最低气温-2.4℃，年温差小于 11℃；异龙湖属重富营养型湖泊，污染因素有 TP、氨氮、透明度、COD、BOD_5、色度等；全年全湖平均指标：高锰酸盐指数、COD 均值分别为 9.06mg/L、42.61mg/L，11 月、12 月全湖平均水质达到 V 类。主要超标项目为高锰酸盐指数和 COD；藻类优势种群为束丝藻，藻细胞平均密度处于高含量水平，极大值出现于 10 月，在九大高原湖泊中藻细胞密度位居第三。

1. 点源污染

（1）城镇生活污水。据统计，异龙镇有城镇人口 25 116 人，按用水量每人每天 90L、排放系数 0.8 计算，异龙镇产生生活污水 66.0 万 m^3，主要污染因素 TN 为 19.8t、COD_{Cr} 为 171.6t。目前，异龙镇大部分工业废水和生活污水通过污水处理厂处理后排入异龙湖，县污水处理厂设计污水处理量为每天 1 万 m^3，按 80% 污水均排入污水处理厂进行处理计算，主要污染物经削减后，年排污量为主要污染物（COD_{Cr}）82.67t、TN 6.59t、TP 0.46t。

（2）工业废水。流域内各乡镇从事豆制品加工、酿酒的乡镇企业、个体户共 676 家，年产豆制品（以豆腐皮为主）10 930t、白酒 857.5t，年产废水 9.4 万 m^3，主要污染物（COD_{Cr}）188.0t、TN 14.1t、TP 0.012t。

2. 面源污染

（1）农村生活污水。流域内未纳入污水处理的农村（流域内 33 个村）人口数按 107 722 人计算，农村生活用水需求量为每人每天 50L，排放系数为 0.8，年排放量 157.27 万 m^3。参考云南省中小城镇生活污水污染负荷水平，结合当地实际情况，选取农村生活污水浓度为 BOD_5 120mg/L、COD_{Cr} 200mg/L、TN 20mg/L、TP 2mg/L，农村生活污水污染负荷为 COD_{Cr} 314.54t、TN 31.45t、TP 3.14t。

（2）渔业生产废水。异龙湖周围共有鱼塘面积约 $300hm^2$，年投入饲料 2 000 多 t，每年鱼塘置换排水进入异龙湖的水量达 1 152 万 m^3。

（3）过量施用化肥农药造成的流失。异龙湖流域农业用地 2004 年施用化肥总量为 13 502.7t，其中，施用氮肥约 7 842.7t、磷肥 4 920.3t、有效钾 660.6t，平均有效利用率为 30%，氮肥利用率为 40%~50%，磷肥利用率为 10%~20%。

（4）农村固体废弃物。农村固体废弃物主要包括农村生活垃圾、人畜粪便和秸秆等。农村生活垃圾：流域内人均日产生活垃圾按 1kg 计算，每年流域内至少还有 2.15 万 t 垃圾未收集处理，污染负荷为 TN 22.85t、TP 25.88t。人畜粪便：按人均日排泄粪便 1.2kg 计，猪日均排泄粪便 15kg、大牲畜 25kg、羊 3kg、家禽 0.05kg，未利用量以 15% 计算。秸秆：流域内年产生秸秆 36 136.9t，该区秸秆堆捂还田，流失量同人畜粪便，按 15% 计，规划区内秸秆污染负荷为 TN 21.14t、TP 2.71t。农村固体废弃物年产总量为 TN 116.33t、TP 43.50t。

8.1.6　农村人口

石屏全县辖 7 镇 2 乡，115 个村委会（社区），946 个村民小组。7 镇 2 乡分别为异龙镇、宝秀镇、坝心镇、龙朋镇、龙武镇、哨冲镇、牛街镇及新城乡、大桥乡。2000 年，全县总人口为 284 590 人，其中，汉族、彝族、傣族、哈尼族、回族居民分别占 46.12%、49.97%、2.8%、0.57%、0.36%，人口密度为 93 人/km^2。2019 年末，总户数为 109 826 户，总人口为 318 546 人。全县有汉族、彝族、傣族、哈尼族、回族等 20 多个民族，少数民族人口为 198 817 人，占总人口的 62.4%。2019 年末，全县耕地面积 265 110 亩，人均 1.2 亩。

8.2　异龙湖流域农业农村经济发展情况

2020 年，异龙湖流域（异龙镇、坝心镇、宝秀镇）总人口为 184 982 人，粮食总产量为 56 678t、水果总产量为 121 128t、烤烟总产量为 2 518t、甘蔗总产量为 44 203t，大牲畜出栏 17 345 头、生猪出栏 271 362 头，实现农、林、牧、渔业总产值 319 333 万元。在流域内的 3 个乡镇中，异龙镇的农业农村经济最为发达，其农业产值占异龙湖流域农业产值的 60.8%。

2018 年，石屏县城镇居民人均可支配收入 31 749 元，职工平均工资为 72 485

元，农村居民人均可支配收入 12 547 元，分别较 2017 年增长 8.4%、10.0%、9.4%。

2018 年石屏县水利建设完成投资 9.5 亿元，建成水利工程 835 项。异龙湖补水及主要入湖河道治理、杉老林水库等重点工程全面竣工。小箐水库、赤瑞水库、甸中河综合治理和大练庄水库至赤瑞湖连通工程加快推进。治理水土流失面积 43km²，山区“小水网”、农田水利高效节水、农村安全饮水巩固提升等民生水利建设项目有效实施，完成库塘蓄水 4 463 万 m³。交通设施完成投资 4.2 亿元，完成双龙路、范牛路、石坝路等道路改造工程，硬化村组道路约 500km，异龙湖环湖国际马拉松赛道、石屏和坝心高速公司收费改扩建项目稳步推进。新建改造通信基站 121 个，全县所有村委会（社区）、卫生院、学校所在地实现有线宽带全覆盖。完成电网设备升级改造项目 55 个。

8.2.1　耕地及作物播种面积

2020 年，异龙湖流域有耕地面积 11.57 万亩，农作物播种面积 43.94 万亩，主要种植粮食作物、经济作物、蔬菜等，一年三熟，复种指数高达 379%。粮食作物种植面积 15.77 万亩，占总播种面积的 35.9%，其中，小麦种植面积 2.89 万亩、薯类种植面积 2.08 万亩（冬马铃薯种植面积 1.85 万亩）、水稻种植面积 4.81 万亩、玉米种植面积 4.49 万亩、其他种植面积 1.5 万亩。经济作物种植面积 4.52 万亩，占总播种面积的 10.3%，其中，甘蔗种植面积 1.26 万亩、烤烟种植面积 2.43 万亩、其他种植面积 0.83 万亩。蔬菜种植面积 10.4 万亩，占总播种面积的 23.7%，其中，茨菇种植面积 0.99 万亩、辣椒种植面积 2.17 万亩，叶菜类种植面积 3.24 万亩，瓜果类种植面积 2.16 万亩，豆类种植面积 1.08 万亩，其他种植面积 0.76 万亩。果园面积 13.25 万亩，占总播种面积的 30.2%，其中，杨梅种植面积 9.8 万亩，其他果树种植面积 3.45 万亩。2020 年异龙湖流域主要种植业情况见表 8.4。

表 8.4　2020 年异龙湖流域主要种植业情况

种植作物	面积/万亩	总产/t	单产/（kg/亩）	亩均收入/元
水稻	4.82	21 690	450	1 350
小麦	2.88	10 080	350	700
玉米	4.52	18 080	400	800
马铃薯	2.08	62 400	3 000	6 000
烤烟	0.99	1 485	150	4 050
蔬菜	10.40	208 000	2 000	4 000
杨梅	9.80	98 000	1 000	8 000

8.2.2　养殖业

石屏县畜牧业以养殖猪、牛、羊、家禽为主，是当地农村经济收入的重要来源之一。2020 年，全县生猪存栏 36.1 万头，牛存栏 11.86 万头，羊存栏 11.52 万只，家禽存笼 185.13 万只（表 8.5）；生猪出栏 59.7 万头，牛出栏 4.5 万头，羊出栏 8.4 万只，家禽出笼 226 万只，肉类总产量为 4.67 万 t，禽蛋产量为 2 638t。实现畜牧业产值 20.8 亿元。

表 8.5　2020 年异龙湖流域主要养殖业情况

养殖种类	数量/万头（只）	产量/t	主要养殖方式
生猪	36.1	52 408	规模养殖+散养
牛	11.86	5 467	放养
羊	11.52	1 465	放养
家禽	185.13	3 531	规模养殖+散养

8.2.3　渔业

20 世纪 60 年代中期，由于异龙湖水位下降，破坏了鱼类产卵场所，致使有名的土著鱼种拟嫩、异龙白鱼、花鱼相继灭绝；1981 年全湖干涸后，鱼类几乎绝迹；复水后，沿湖塘坝提供了鱼类种源，其中鲫鱼生长繁殖较快，逐渐形成优势种群，其产量占鱼产品的 80%以上。异龙湖引进鱼类有草鱼、鲤鱼、白鲢、鳙鱼、高背鲫鱼和团头鱼等。2018 年，石屏县水产养殖面积 9.564 1 万亩，水产品产量 8 797t，渔业产值 1.120 4 亿元。在宝秀、异龙、坝心、龙朋等乡镇推广大闸蟹、青鱼、观赏鱼、鲟鱼、石蛙、鲇鱼、鲫鱼、乌鱼、罗非鱼、淡水白鲳等特色水产品养殖面积 2 139 亩，实现产量 682.8t，产值 1 783.4 亿元。

8.2.4　特色资源

石屏县特色产业较多，生猪养殖、中药材、蓝莓、杨梅、火龙果、蔬菜等产业均有一定规模，有数十个三品一标产品，拥有 2 个地理标志产品，但缺乏叫得响的名片式拳头产品。已有农产品品牌的价值和社会认知度有待进一步提高，亟须大力实施品牌战略，构建以中国驰名商标、国家地理标志产品、云南名牌产品、省州著名商标等为主的农产品品牌体系，打造区域性高端农产品品牌，提升农产品知名度。异龙湖流域农业特（优）异物种资源调查表见表 8.6。

表 8.6　异龙湖流域农业特（优）异物种资源调查表

物种名称	取样点	当地适宜自然生态条件（描述生长海拔、气温、湿度、降雨水分、土壤等）	生产栽培方式（描述繁种、播种、栽培、收获）	物种产品（描述农产品品质、特殊功效、加工、食用方式）	产业发展潜力（市场情况、规模化基地条件）
石屏山楂	异龙镇他腊村	海拔：1 912.59m；土壤：红壤	3 月播种，9 月收获，多年生，有性繁殖	可鲜食，加工和入药	—
慈姑	异龙镇弥太柏村	海拔：1 402.73m；土壤：稻田土	7 月播种，12 月收获，一年生，无性繁殖	石屏特色蔬菜，地下球茎食用。高产、优质	产业发展潜力好
凤山紫谷（水稻）	宝秀镇凤山村	海拔：1 418.4m；土壤：稻田土	2 月播种，8 月收获，一年生，有性繁殖	地方品种，食用。质量优质	—
花豆	宝秀镇许刘营村	海拔：1 429.93m；土壤：红壤	4 月播种，7 月收获，一年生，有性繁殖	地方品种，种子食用，叶可加工为腌菜。质量优质	—
拐枣	宝秀镇立新村	海拔：1 454.6m；土壤：红壤	3 月播种，11 月收获，多年生，有性繁殖	食用，保健药用	—
鸡嗉果	坝心镇邑北孔村	海拔：1 829.43m；土壤：红壤	3 月播种，12 月收获，多年生，有性繁殖	本地野生水果，可食用，也可供观赏	—
腰子豆	坝心镇邑北孔村	海拔：1 969.54m；土壤：红壤	5 月播种，9 月收获，多年生，有性繁殖	地方品种，种食用，质量优质	—

8.2.5　异龙湖保护情况

石屏县地处红河州西部，多山区。从坝区到山区海拔跨度大，地形结构复杂，生态环境优越，自然资源丰富。但在社会经济发展过程中，由于诸多因素，环境污染严重、生态遭到破坏、湖水面积减少、水质变差渐趋严重。环境问题已成为制约经济发展的主要因素之一。如何在保护好环境的前提下加快经济发展，已成为目前重点关注的问题。

石屏县通过 2016～2018 年的精准治湖水体达标 3 年行动，累计投资 13.15 亿元，完成异龙湖 27 个规划项目，成效显著。完成"全面启动三年水体达标提速行动、城乡全面截污行动、清河堵口行动、湿地系统联动增效行动、面山生态修复行动、科学管理保障行动"等 10 项专项行动 50 个问题整改。清退沿湖沿河鱼塘和鱼庄，实施临湖 57 个村组牲畜全面禁养和家禽限养，全面取缔园区外豆腐加工企业。完成异龙湖南岸 1 800 亩杨梅清退休耕，持续实施退耕还湖和湖滨湿地建设，完成退耕还湖 5 700 余亩，建成湿地近 8 000 亩。持续开展城乡截污治污行动，建成县城区排污管网 173km，污水处理规模达 2.5 万 t/天。环湖沿河 34 个村庄"两污"综合治理成效显现，新增污水处理规模 1 133t/天。向异龙湖实施工程性补水 4 000 万 m³，向外排水 9 000 万 m³，湖泊蓄水量保持在 9 000 万 m³ 以上。制定实施《异龙湖保护管理条例实施办法》，完成一、二级保护区划定，执法监管力度加大和能力水平不断提升。

石屏县实施畜禽粪污资源化利用整县推进项目，建设 2 个有机肥加工厂、2 个种养一体化工程、3 个区域性畜禽粪污集中处理中心工程，在全县九乡镇建设畜禽粪污收集点系统工程，提升改造全县规模养殖场及部分散养户粪污收集处理设施，进一步提高畜禽粪污综合利用率和规模养殖场粪污处理设施装备配套率，提升畜禽养殖污染防治水平，2018 年末全县畜禽规模养殖场粪污设施配套率达 100%，粪污综合利用率达 94%。

开展禁养区内畜禽规模养殖场清理整顿工作。按照《石屏县异龙湖流域畜禽养殖禁养限养区域划定方案》（石政办发〔2017〕101 号）要求，2016～2018 年关闭畜禽养殖禁养区内 20 个生猪规模养殖场和 4 个蛋鸡规模养殖场，其中 7 户为 2018 年扩大养殖规模达规模养殖场须关闭，截至 2018 年末，异龙湖流域禁养区内已无规模养殖场。

异龙湖沿湖村庄实施牲畜禁养、家禽限养。对异龙湖临湖一线异龙镇大水、大瑞城、豆地湾、冒合 4 个村委会 11 个自然村 45 个村民小组和坝心镇海东、王家冲、老街、白浪 4 个村委会 11 个自然村 12 个村民小组实施牲畜全面禁养和家禽限养 50 只以内，成立了领导小组和 13 个工作小组，各工作小组进村入户稳步有序推进禁限养工作，2018 年末已完成 7 万余头（只、羽）退养工作。

开展水产养殖污染整治工作。一是清退坝心镇国道新 323 线以下 5 个养殖鱼塘 89.09 亩；二是清退异龙镇城南河上游两侧 50m 范围内 13 户养殖鱼塘 68 亩；三是完成异龙湖流域异龙镇肖家海、吴家庄、姚家寨、寺脚底、符家营片区 75 户 343.1 亩鱼塘清退工作（红河州异龙湖水污染整治专人专班工作组污染源排查问题整改清单）；四是拆除坝心镇国道新 323 线两侧孙家乐鱼庄、兄弟鱼庄、杨红亮鱼庄、大龙井鱼庄、大龙潭鱼庄、坝心青鱼庄 6 个鱼庄，清退面积 76.04 亩，拆除建筑面积 13.46 亩。截至 2018 年末，异龙湖周边共清退鱼塘 500.19 亩，其中，清退占用龙潭水养殖 432.24 亩。

严格贯彻执行《石屏县加强异龙湖流域畜禽养殖污染防治长效监管工作方案》（石政发〔2019〕38 号），建立健全了县、乡、村 3 级畜禽养殖污染监管体系，对规模化养殖场实行定点监控，规范畜禽污染处理方式，促进养殖污染监管由被动治理向主动管理转变，逐步形成畜禽养殖污染防治常态化动态监管的长效管理体系，适时组织对异龙湖流域畜禽养殖禁养限养成果进行跟踪问效。

8.3　异龙湖流域农业农村产业结构对湖泊生态环境的影响分析

8.3.1　异龙湖流域产业结构

异龙湖流域传统施肥水平较高，化肥减量增效工作压力较大。2015 年化肥总使用量折纯 10 569.5t；2016 年化肥总使用量折纯 10 774.4t；2017 年化肥总使用量折纯 11 041.04t；2018 年化肥总使用量折纯 10 978.95t；2019 年化肥总使用量折纯 10 146.7t。2020 年主要农作物的施肥情况（折纯，表 8.7）：水稻的施肥量为 708 540kg，14.7kg/亩；小麦的施肥量为 488 160kg，16.95kg/亩；玉米的施肥量为 761 168kg，16.84kg/亩；马铃薯的施肥量为 538 720kg，25.9kg/亩；烤烟的施肥量为 409 464kg，41.36kg/亩；蔬菜的施肥量为 3 762 720kg，36.18kg/亩；杨梅的施肥量为 1 660 050kg，21.7kg/亩；其他农作物施肥量为 2 247 341kg。主要农作物的化肥总用量从大到小的排序为蔬菜>杨梅>玉米>水稻>马铃薯>小麦>烤烟。

表 8.7　区域内农业种植与生产方式调查表（2020 年 12 月）

作物	面积/万亩	总产/t	单产/kg	亩均收入/元	施肥量/（kg/亩）	生产方式
水稻	4.82	21 690	450	1 350	14.70	半机械化
小麦	2.88	10 080	350	700	16.95	半机械化
玉米	4.52	18 080	400	800	16.84	传统
马铃薯	2.08	62 400	3 000	6 000	25.90	半机械化
烤烟	0.99	1 485	150	4 050	41.36	传统
蔬菜	10.40	208 000	2 000	4 000	36.18	半机械化
杨梅	9.80	98 000	1 000	8 000	21.70	传统

8.3.2　化肥施用情况

　　石屏县近年对各主要农作物实施测土配方施肥，合理施用化肥。2020 年化肥总使用量折纯 9 406.8t，比 2015 年减少 1 162.7t，减少 11%，主要农作物测土配方施肥技术覆盖率达 91%，化肥利用率达 43%，实现化肥使用量负增长。2018 年全县在各乡镇的水稻、杨梅、蔬菜等作物上都推广测土配方施肥，见表 8.8 和表 8.9。

表 8.8　2018 年石屏县测土配方施肥完成情况　　　　　　　　　单位：亩

地点	水稻	玉米	马铃薯	杨梅	烤烟	白萝卜	小铁头甘蓝	合计
异龙	28 305	21 445	11 376	30 160	11 090	—	2 900	105 276
宝秀	8 760	15 640	2 003	19 752	5 840			51 995
大桥	1 320	6 560	—	3 011	1 360			12 251
龙武	3 600	8 130	2 126	0	7 000	24 286	7 000	52 142
哨冲	5 930	5 390	—	0	10 000	14 800	5 548	41 668
龙朋	7 800	8 740	7 896	7 241	11 300	5 960	9 300	58 237
新城	2 960	3 800	—	6 527	1 900	—	802	15 989
坝心	4 207	6 520	2 016	22 053	2 410		1 120	38 326
牛街	3 830	27 100		0	27 100		1 220	59 250
小计	66 712	103 325	25 417	88 744	78 000	45 046	27 890	435 134

表 8.9　2018 年石屏县测土配方施肥效益统计表

作物名称	推广面积/亩	配方肥面积/亩	调查点/组	平均单产/kg	对照单产/kg	亩增产/kg	增长/%	增农肥/(kg/亩)	增纯N/(kg/亩)	增纯P₂O₅/(kg/亩)	增纯K₂O/(kg/亩)	总增农肥/t	总增纯N/t	总增P₂O₅/t	总增K₂O/t	总增产/万kg	总增产值/万元	新增成本/万元	总纯增/万元	亩纯增/元
水稻	66 712	21 170	27	524.74	504.09	20.65	4.10	36.71	-0.74	-0.57	1.32	2 449.28	-49.37	-38.03	88.06	137.76	385.80	177.68	208.14	31.20
玉米	103 325	27 920	27	441.00	415.75	25.26	6.08	20.13	-0.45	-0.36	1.30	2 080.07	-46.50	-37.20	134.32	261.00	521.93	174.74	347.17	33.60
烤烟	78 000	78 000	27	144.74	142.47	2.27	1.59	58.75	-0.65	-0.79	0.84	4 582.78	-50.70	-61.62	65.52	17.71	511.18	242.06	269.10	34.50
马铃薯	25 417	7 060	15	3 160.47	3 115.55	44.92	1.44	48.15	-1.87	-1.61	2.91	1 223.76	-47.53	-40.92	73.96	114.17	214.74	139.25	75.49	29.70
杨梅	88 744	28 400	15	1 055.26	1 016.62	38.64	3.80	72.17	-0.78	-0.86	3.59	6 405.02	-69.22	-76.32	318.59	342.91	1 140.96	852.87	288.06	32.46
白萝卜	45 046	—	9	5 183.09	5 102.15	80.93	1.59	0	-0.76	-1.36	1.45	0	-34.23	-61.26	65.32	364.56	182.28	17.84	164.46	36.51
小铁头甘蓝	27 890	—	18	3 698.88	3 644.68	54.20	1.49	61.09	-1.97	-1.29	0.50	1 703.93	-54.94	-35.98	13.95	151.16	175.06	59.42	115.63	41.46
合计	435 134	162 550	138	1 384.6	1 352.70	31.93	2.36	42.39	-0.81	-0.81	1.75	18 444.84	-352.46	-352.46	761.48	1 389.38	3 131.95	1 663.87	1 468.14	33.74
蔬菜	72 936	0	27	4 615.54	4 544.83	70.71	1.56	23.36	-1.22	-1.33	1.09	1 703.93	-88.98	-97.00	79.50	515.73	357.34	77.26	280.07	38.40

8.3.3　存在的问题

（1）基础设施滞后，发展基础薄弱。目前，异龙湖流域农业产业发展最大的制约因素为基础设施建设滞后，产业发展基础薄弱，主要体现在以下 4 个方面。一是可利用资源较少，土地瘠薄。虽然规划区域内面积较大，但绝大部分为高山荒坡。二是水利设施较差，工程性缺水严重。由于山高坡陡特殊的地势，加之水利工程建设严重滞后，虽然拥有红河和支流约 1 万 km² 的流域，但由于水利设施建设不足，农业产业"望水兴叹"。三是交通建设滞后。道路等级较差，总体表现出公路网等级结构不合理，二级以上高等级公路比例偏低。四是农田水利基础薄弱。目前，规划区农田水利基础十分薄弱，高标准农田不多，虽然政府相关部门及部分经营主体实施了改造项目，但效果十分有限，特别是一些适宜水果种植的区域，多为山地或荒地，农田水利依然是制约产业发展的关键因素。

（2）经济基础较差，产业发展能力不足。相较北部区域，红河谷区域经济基础较差，加之山高坡陡，土地资源开发困难，虽然政府部门在基础设施方面投入了大量的资金，但基础设施改善十分有限。近年来，也有一批新型农业经营主体涉足红河谷农业产业开发，但总体来看，大多数经营主体规模较小，技术落后，特色优势农产品深度开发、综合利用水平和资源配置能力较低，产业集约化程度不高，产业特色不鲜明，产品加工特别是精深加工比重小，尤其缺乏按照产业链的思路来整合相关资源形成优势产业的理念，农业产业集群尚未形成。

（3）企业创新水平有限，产品竞争能力不强。区域内大多数经营主体自有资金有限，技术创新和新产品研发能力还处于较低水平，缺少核心技术，产品竞争能力不强，产业链延伸困难。许多优质农产品处于冷链—销售的初级阶段，附加值较低。早熟水果、荔枝、枇杷、猕猴桃、杨梅等水果大多数是以鲜食为主，深加工产品较少。

（4）农业从业人员不足，缺乏人才，综合素质普遍偏低。由于地理位置、交通、经济发展等方面的原因，青壮年外出务工较多，本地农业从业人员综合素质普遍偏低。

8.3.4　产业结构对湖泊的生态环境影响分析

异龙湖水质情况。2020 年 12 月 27～28 日云南省农业科学院调研组在异龙湖入湖口共采集水样 8 份，见表 8.10，水样检测了 TN、TP 和 COD。对照《地表水环境质量标准》（GB 3838—2002）分级（表 8.11），水样的 TN 为 2.98～47.1mg/L，均为 V 类，没有 I 类、II 类、III 类、IV 类；TP 为 0.06～9.07mg/L，3 份水样品为 II 类，3 份水样品为III类；2 份水样品超出地表水环境质量标准。COD 为 20.6～265.0mg/L，2 份水样品为IV类，6 份水样品超出地表水环境质量标准。

表 8.10　异龙湖水质调查

地点	异龙镇小水村委会毛木咀段	异龙镇小水村委会毛木咀段农田灌溉河水	异龙湖湖滨路城南河入湖口	异龙湖大瑞城村委会小瑞城村灌溉井水	异龙湖坝心镇栗树	异龙湖中段坝心镇白浪村委会白浪湾	异龙湖管理房段	异龙湖湿地公园西岸
海拔/m	1 415.2	1 409.8	1 422.8	1 425.7	1 422.3	1 430.7	1 414.3	1 403.8
经度/E	102.511 993	102.511 194	102.510 002	102.515 067	102.622 977	102.528 983	102.514 036	102.504 90
纬度/N	23.676 364	23.676 578	23.700 391	23.707 873	23.652 648	23.691 452	23.680 365	23.685 28
TN/(mg/L)	4.71	47.10	3.08	32.50	3.64	3.40	3.50	2.98
TP/(mg/L)	3.15	9.07	0.14	0.13	0.15	0.07	0.07	0.06
COD/(mg/L)	20.6	265.0	41.0	25.9	63.9	58.1	54.9	55.7

表 8.11　《地表水环境质量标准》（GB 3838—2002）分级　　　单位：mg/L

序号	项目标准值分类		I 类	II 类	III 类	IV 类	V 类
1	COD	≤	15	15	20	30	40
2	TP（以 P 计）	≤	0.02	0.1	0.2	0.3	0.4
	TP（以 P 计）（湖、库）	≤	0.01	0.025	0.05	0.1	0.2
3	TN（湖、库，以 N 计）	≤	0.2	0.5	1.0	1.5	2.0

各样品检测结果参照《地表水环境质量标准》（GB 3838—2002）分级明细见表 8.12。

表 8.12　异龙湖水样检测结果（2020 年）　　　单位：mg/L

送样编号	取样地点	TN	TP	COD
YL-1（异龙湖）	石屏县异龙镇小水村委会毛木咀段	4.71	3.15	20.6
评价结果		—	—	IV 类
YL-2（异龙湖）	石屏县异龙镇小水村委会毛木咀段农田灌溉河水	47.1	9.07	265.0
评价结果		—	—	—
YL-3（异龙湖）	石屏县异龙湖滨路城南河入湖口	3.08	0.14	41.0
评价结果		—	III 类	—
YL-4（异龙湖）	石屏县异龙湖大瑞城村委会小瑞城村灌溉井水	32.5	0.13	25.9
评价结果		—	III 类	IV 类

续表

送样编号	取样地点	TN	TP	COD
YL-5（异龙湖）	石屏县异龙湖坝心镇栗树	3.64	0.15	63.9
评价结果	—	—	III类	—
YL-6（异龙湖）	石屏县异龙湖中段坝心镇白浪村委会白浪湾	3.40	0.07	58.1
评价结果	—	—	II类	—
YL-7（异龙湖）	石屏县异龙湖管理房段	3.50	0.07	54.9
评价结果	—	—	II类	—
YL-8（异龙湖）	石屏县异龙湖湿地公园西岸	2.98	0.06	55.7
评价结果	—	—	II类	—

异龙湖的流域点源污染主要有城镇生活污水及工业废水；面源污染包括农业生产污水、农村生活废水和降水地面径流造成的污染。依据地表水水域环境功能和保护目标，按功能高低依次将其划分为5类：I类主要适用于源头水、国家自然保护区；II类主要适用于集中式生活饮用水地表水源地一级保护区、珍稀水生生物栖息地、鱼虾类产卵场、仔稚幼鱼的索饵场等；III类主要适用于集中式生活饮用水地表水源地二级保护区、鱼虾类越冬场、洄游通道、水产养殖区等渔业水域及游泳区；IV类主要适用于一般工业用水区及人体非直接接触的娱乐用水区；V类主要适用于农业用水区及一般景观要求水域。对应地表水上述5类水域功能，将地表水环境质量标准基本项目标准值分为5类，不同功能类别分别执行相应类别的标准值。水域功能类别高的标准值严于水域功能类别低的标准值。同一水域兼有多类使用功能的，执行最高功能类别对应的标准值。实现水域功能与功能类别标准为同一含义。2021年异龙湖水质监测统计评价结果与2007年异龙湖水质监测统计评价结果（表8.13）相比水质有所下降，2007年异龙湖的水质是V类，主要因子TN和COD见表8.13。

表8.13　异龙湖水质监测统计评价结果（2007年）

项目	pH	溶解氧/(mg/L)	BOD$_5$/(mg/L)	氨氮/(mg/L)	TP/(mg/L)	TN/(mg/L)	透明度/m	叶绿素/(mg/m³)	阴离子洗涤剂/(mg/L)	COD/(mg/L)
一季度	8.67	4.19	4.14	0.46	0.12	2.71	0.44	25.67	0.09	57.14
评价结果	I	III	III	I	III	>V	—	—	II	>V
二季度	8.67	5.55	4.49	0.46	0.1	2.19	0.43	29.74	0.12	60.45
评价结果	I	II	IV	II	IV	>V	—	—	III	>V
三季度	8.73	5.1	5.14	0.27	0.1	2.71	0.37	53	0.05	58.42
评价结果	I	II	IV	II	IV	>V	—	—	I	>V
四季度	8.68	6	6.21	0.22	0.13	2.92	0.34	63.89	0.072	77.51
评价结果	I	II	IV	II	V	>V	—	—	I	>V

续表

项目	pH	溶解氧/ (mg/L)	BOD₅/ (mg/L)	氨氮/ (mg/L)	TP/ (mg/L)	TN/ (mg/L)	透明度/ m	叶绿素/ (mg/m³)	阴离子洗涤 剂/ (mg/L)	COD/ (mg/L)
全年平均	8.69	5.4	5	0.3	0.1	2.6	0.4	45.3	0.1	63.4
评价结果	I	II	I	II	IV	>V	—	—	I	>V
国家标准	6～9	2	10	2	0.2	2	—	—	0.3	40

异龙湖周边农业种植土壤情况。2020 年 12 月 27～28 日,调研组在异龙湖周边农作物种植地共采集土壤样品 10 份,土壤样品测定结果 pH 为 7.4～8.1,属微碱性土壤。有机质含量为 19.8～352.0g/kg,样品中仅一个样品(19.8g/kg)在低水平,其余样品均在中偏高水平;TN 含量为 1.11～6.66g/kg,整体在中偏高水平;水解性氮含量为 65～233mg/kg,样品中仅一个样品(65mg/kg)在低水平,其余样品均在中偏高水平;TP 含量为 0.83～2.41g/kg,整体在高偏丰水平;有效磷含量为 16.6～154.9mg/kg,整体在中偏高水平(表 8.14)。

表 8.14 异龙湖流域土壤样品检测结果(2020 年)

送样编号	取样地点	种植作物	pH	有机质/ (g/kg)	TN/ (g/kg)	水解性氮/ (mg/kg)	TP/ (g/kg)	有效磷/ (mg/kg)
YL-1 (异龙湖)	石屏县异龙湖异龙镇李 家寨村委会	蔬菜(豌豆、马铃 薯、油菜、香菜等)	7.5	35.8	2.13	151	0.83	16.6
YL-2 (异龙湖)	石屏县异龙镇小水村委 会毛木咀段	蔬菜(豌豆、马铃 薯、油菜、香菜等)	7.7	352.0	6.66	233	2.41	112.1
YL-3 (异龙湖)	石屏县异龙镇小水村委 会毛木咀段	蔬菜(豌豆、马铃 薯、油菜、香菜等)	7.4	245.0	6.33	219	1.89	154.9
YL-4 (异龙湖)	石屏县异龙湖大瑞城村 委会小瑞城村白马庙段	蔬菜(豌豆、马铃 薯、油菜、香菜等)	8.0	34.7	2.13	130	1.27	35.4
YL-5 (异龙湖)	石屏县异龙湖大水村委 会左所村	蔬菜(豌豆、马铃 薯、油菜、香菜等)	7.9	55.0	2.27	151	0.87	31.6
YL-6 (异龙湖)	石屏县异龙湖坝心镇海 东村委会海东下寨	蔬菜(豌豆、马铃 薯、油菜、香菜等)	8.1	29.2	1.78	152	1.21	114.6
YL-7 (异龙湖)	石屏县异龙湖坝心镇王 家冲村委会小河村	蔬菜(豌豆、马铃 薯、油菜、香菜等)	7.9	19.8	1.23	111	1.59	128.1
YL-8 (异龙湖)	石屏县异龙湖坝心镇白 浪村委会南岸	杨梅	5.5	20.9	1.11	65	1.15	72.1
YL-9 (异龙湖)	石屏县异龙镇罗色山庄 杨梅示范区	杨梅	6.4	44.6	1.96	137	1.44	52.8
YL-10 (异龙湖)	石屏县异龙镇豆地湾村 委会美丽家园示范村	蔬菜(豌豆、马铃 薯、油菜、香菜等)	7.4	120.0	4.10	211	1.26	30.1

土壤养分分级参考（全国第二次土壤普查分级）见表 8.15。

表 8.15　土壤养分分级参考（全国第二次土壤普查分级）

项目	丰	高	中	低	缺	甚缺
pH	>8.5 碱	7.5～8.5 微碱	6.5～7.5 中性	5.5～6.5 微酸	4.5～5.5 酸	< 4.5 强酸
有机质/（g/kg）	>40	30～40	20～30	10～20	6～10	< 6
TN/（g/kg）	>2.0	1.5～2.0	1.0～1.5	0.75～1.00	0.50～0.75	< 0.50
水解性氮/（mg/kg）	>150	120～150	90～120	60～90	30～60	< 30
TP/（g/kg）	>1.0	0.8～1.0	0.6～0.80	0.4～0.6	0.2～0.4	< 0.2
有效磷/（mg/kg）	>40	20～40	10～20	5～10	3～5	<3

2020 年 12 月，异龙湖流域内有生猪 36.85 万头，牛 11.95 万头，羊 11.54 万头，家禽 188.81 万只，养殖规模和数量总体偏大，要考虑流域内土地对养殖业的承载能力和对水体污染的影响，做到以地定养、畜禽粪污资源化利用和绿色循环养殖（表 8.16）。

表 8.16　异龙湖流域内主要畜牧业养殖方式调查表（2020 年 12 月）

养殖种类	数量/万头（只）	产量/t	主要养殖方式	对水系或湖泊的影响	备注
生猪	36.85	52 408	规模养殖+散养	无	
牛	11.95	5 467	放养	无	
羊	11.54	1 465	放养	无	
家禽	188.81	3 531	规模养殖+散养	无	

8.4　异龙湖流域绿色生态农业内涵和发展空间构架

8.4.1　指导思想

按照"五位一体"总体布局，牢固树立"创新、协调、绿色、开放、共享"的发展理念，以提高质量效益和竞争力为中心，以推进农业供给侧结构性改革为主线，以多种形式适度规模经营为引领，以特色产业、生态农业、农产品精深加工和观光旅游为重点，以农民增收为目标，尊重生态，保护环境，发挥红河谷气候、环境、民俗文化等优势，加快创新推动，促进产业融合，将红河谷经济开发开放带建设成为我国重要的高效特色农业生产基地和云南绿色经济走廊。

8.4.2　发展思路

围绕红河谷流域建设特色产业、绿色经济的战略目标,抓住中央、国务院大力发展现代农业,省委、省政府大力发展高原特色农业的机遇,红河州委、州政府确定"北部百万亩高原特色现代农业示范区,南部山区综合开发,中部红河谷经济开放开发带"三大板块,采取"生态建设"和"特色产业发展"的"双轮驱动"发展思路,充分利用红河谷热能资源、水能资源、土地资源和生物资源,以保护和恢复红河谷生态环境为前提,以推动特色产业发展为核心,以市场为导向,以标准化、产业化、品牌化、安全化建设为主要内容,大力改善水利、交通等基础设施,建设适度规模农产品生产基地,打造农产品加工园区,发展休闲度假观光旅游农业带,促进农业内部"三次"产业融合。

8.4.3　红河谷片区异龙湖区域内规划

在红河州红河谷整体规划的 15 个片区围绕六大特色产业(水果、蔬菜、花卉、梯田红米、规模养殖、中药材)共布局 33 个园区,园区中设置 125 个核心区。石屏县异龙湖各片区和核心区规划布局如下。①大桥河流域片区,覆盖石屏县的大桥乡和新城乡,主导产业为早熟水果(火龙果)、冬早蔬菜和畜禽养殖(肉羊)。片区布局 2 个园区,3 个核心区。具体为:大桥乡团山、六美尼、三树底村委会布局 0.6 万亩火龙果和年肉羊出栏 2 万只的六美尼村园区,其中,在团山村、大桥村建设 0.4 万亩火龙果核心区,六美尼、三树底村建设年出栏 0.8 万只肉羊养殖核心区。②在新城乡新城、下新寨村委会布局 1.5 万亩冬早蔬菜的白花龙河园区,其中在下新寨村建设 0.3 万亩冬早蔬菜核心区。规划建设重点项目 9 项,其中基础设施建设 6 项,产业培植 1 项,新型业态培植与发展工程 1 项,品牌打造与市场拓展工程 1 项。③计划总投资 12 088 万元,其中基础设施建设 7 888 万元,产业培植 1 000 万元,新型业态培植与发展工程 2 000 万元,品牌打造与市场拓展工程 1 200 万元。

小河底河流域片区覆盖石屏县的宝秀镇、异龙镇、坝心镇和牛街镇,主导产业为特早熟水果(猕猴桃)、冬早蔬菜和畜禽养殖(生猪、肉牛)。规划布局为片区布局 2 个园区,6 个核心区。具体为异龙镇马鞍山村委会、牛街镇牛街、扯直村委会布局 1 万亩冬早蔬菜和年出栏 1 万头肉牛的五郎沟河园区,其中在马鞍山村建设 0.5 万亩冬早蔬菜核心区,牛街、他腊村建设年出栏 0.2 万头肉牛养殖核心区;在坝心镇王家冲、新河村委会、宝秀镇绵花冲、杨新寨、亚花寨村委会布局 1 万亩猕猴桃和年出栏 8 万头生猪的八抱树河园区,其中在王家冲村建设 0.3 万亩猕猴桃核心区,新河、白浪村建设年出栏 1.5 万头生猪养殖核心区,绵花冲、杨新寨村建设年出栏 1.5 万头生猪养殖核心区,新街、芦子沟、坝心村建设年出栏 2

万头生猪养殖核心区。规划建设重点项目 10 项，其中基础设施建设 3 项，产业培植 4 项，新型业态培植与发展工程 1 项，生态保护 2 项；计划总投资 125 380 万元，其中基础设施建设 780 万元，产业培植 76 600 万元，新型业态培植与发展工程 30 000 万元，生态保护 18 000 万元。

8.4.4　规划目标

红河州通过 13 个片区中的 21 个园区和 40 个核心区的规划和建设。到 2020 年，园区面积发展到 78.6 万亩，年产量达 95 万 t，产值达 32 亿元，带动规划区种植面积达 92 万亩，总产量达 110.6 万 t，总产值达 40 亿元；结合核心区建设，打造 10～15 个水果庄园。特色水果现状与发展目标见表 8.17。

表 8.17　特色水果现状与发展目标

产业		2015 年面积/万亩	2020 年目标面积/万亩	新增目标任务面积/万亩	各片区（县市）2020 年目标/万亩								
					个旧市	建水县	石屏县	元阳县	红河县	金平苗族瑶族傣族自治县	蒙自市	屏边苗族自治县	河口瑶族自治县
合计		31.1	92	60.9	5	2	5	22	18	10		20	10
特早熟水果	猕猴桃	1.9	13	11.1	—	1	2	—	—	—		10	—
	葡萄	0.1	2	1.9	—	—	—	2	—	—		—	—
	杨梅	0.1	2	1.9	—	—	—	2	—	—		—	—
	荔枝	4.9	15	10.1	—	—	—	—	5	—		10	—
早熟水果	柑橘类	1.9	15	13.1	2	—	—	—	3	—		—	10
	柠檬	0.8	10	9.2	3	—	—	7	—	—		—	—
	香蕉	9.0	8	-1.0	—	—	—	—	—	8		—	—
	火龙果	3.7	9	5.3	—	1	3	5	—	—		—	—
	杧果	8.7	18	9.3	—	—	—	6	10	2		—	—

依据发展方向和目标，特色水果产业主要布局在贾沙-普洒河流域片区、火把冲-卡房河流域片区、玛琅-养马河流域片区、大桥河流域片区、小河底河流域片区、者那-排沙河流域片区、马龙-逢春岭河流域片区、勐龙河片区、麻子河流域片区、勐桥片区、新现-绿水河流域片区、南溪河流域片区、达沟河流域片区，共 13 个片区中的 21 个园区，并设置 40 个核心区。红河谷异龙湖流域特色水果产业区、园区和核心区规划见表 8.18。

表 8.18　红河谷异龙湖流域特色水果产业片区、园区和核心区规划

片区名称	覆盖乡镇	名称	建设地点	建设规模
大桥河流域片区	石屏县大桥乡、新城乡	六美尼村园区	大桥乡团山村委会	火龙果 0.6 万亩
小河底河流域片区	石屏县宝秀镇、异龙镇、坝心镇、牛街镇	八抱树河园区	坝心镇王家冲	猕猴桃 1 万亩
小河底河流域片区	王家冲村	猕猴桃核心区	王家冲村	3 000 亩

8.5　异龙湖流域绿色生态农业农村的发展意见和建议

8.5.1　发展思路

贯彻"创新、协调、绿色、开放、共享"的新发展理念，坚持稳中求进工作总基调，以推动高质量发展为主题，以深化供给侧结构性改革为主线，以改革创新为根本动力，以满足人民日益增长的美好生活需要为根本目的，立足我县资源禀赋，转变发展方式，发展农业适度规模经营，加快建设农业现代化体系，促进一二三产融合发展，走出一条符合我县山区特色的农业现代化发展之路，为全面建设社会主义现代化国家开好局、起好步。

8.5.2　发展意见和建议

水资源利用要开源与节流并举，以控制新环境问题发生，抑制环境问题恶化，最终使流域生态环境走向良性循环。遵循环境经济大系统、生产过程控制、废物资源化、减量化、无害化的思路，走综合治理之路。从宏观调控对策、具体的环境保护和污染治理工程措施两个层次上抓住环境问题的主要方面和主要导致因素，保证规划方案的经济可承受性，实现经济效益、社会效益和环境效益的统一。要从根本上解决异龙湖流域生态环境恶化、开发与保护矛盾突出、水资源紧缺等问题，单靠工程措施难以达到环境目标的要求，经济上也难以承受，要合理布局产业结构，调整土地利用方式、农业肥料结构和改进施肥方法。

1. 开展异龙湖流域防护林体系建设，进行小流域综合治理

重点在流域区内开展退耕还林、人工造林和封山育林工程。防护林工程的建设将从根本上解决异龙湖生态环境的恶化，提高抗御自然灾害的能力，促进生态环境的良性循环和经济社会的可持续发展。

小流域综合整治是陆域生态环境建设的主要内容之一，重点实施弥太柏、大沙河、蔡营水库、凤山水库、秀山水库 5 个小流域水土保持综合治理工程，减少入湖泥沙，遏制湖泊沼泽化。

2. 抓好土地流转，转变农业发展方式

在土地经营权不变的前提下，通过土地流转，实施适度规模经营，实现以工业理念经营农业，发展高效农业、低碳农业、观光休闲农业、休闲渔业、生态养殖，促进传统农业向现代农业转型。积极采取政府引导、政策扶持、服务带动等措施，鼓励农民通过转包、转让、入股、合作等方式，实现土地向农业公司、专业大户、合作社等高效农业规模化流转，通过土地流转，农民从土地上解放出来，发展多种经营，增加农民收入。

3. 在湖周边建设 10 万亩异龙湖绿色有机地理标志农业区

在异龙湖周边全面推广测土配方施肥技术、水肥一体化技术推广应用，有机肥替代化肥，实施耕地地力保护秸秆还田。在异龙杨梅专业合作社、宝秀镇杨梅种植园开展杨梅病虫害绿色防控工作，安装太阳能杀虫灯、悬挂果实蝇诱捕器、果蝇诱袋和各类粘虫板。

通过长期开展化肥农药零增长行动，农药减量施用，推广应用绿色防控技术，安装太阳能杀虫灯、推广黄蓝板等诱杀板、悬挂各类性诱桶（盆、瓶、袋），减少农药用药次数；推广应用统防统治技术，提升科学用药水平。

长期、适时开展农业生态环境治理监测，建设绿色生态农业示范区，重点发展早熟水果（火龙果）和特早熟水果（猕猴桃），以点带面，以面带全，示范引领，全面引领异龙湖流域生态农业建设新局面。

第9章 泸沽湖流域绿色生态农业农村发展模式研究

9.1 泸沽湖流域自然生态情况

9.1.1 泸沽湖流域概况

泸沽湖流域云南部分包括宁蒗县永宁镇，所属流域面积为107km²，湖泊水面面积为30.3km²；四川部分包括盐源县泸沽湖镇，所属流域面积为140.71km²，湖泊水面面积为20km²。

9.1.2 地质地貌

泸沽湖地区在大地构造上属于横断山块断带和康滇台背斜交界地带，为第四纪中期新构造运动和外力溶蚀作用形成。泸沽湖由一个西北东南向的断层和两个东西向的断层共同构成，湖区古生代及中生代地层发育，第四纪地层仅见湖边沙砾层，无典型的湖相沉淀，由于受构造运动的影响，湖盆四周群山环抱，湖岸多半岛、岬湾。湖中有大小岛屿7个，都是石灰岩残丘。东部湖底有长形深槽，北部和长岛两侧的湖坡陡峻，周围群山主要岩石为石灰岩和页岩，分布于狮子山一带。湖西岸分布泥岩、砂岩，夹少量泥灰岩，南岸及西南岸为砂页岩、硅质岩。

9.1.3 气候气象

泸沽湖流域地处西南季风气候区，属低纬高原季风气候区，具有暖温带山地季风气候的特点。光照充足，冬暖夏凉，降水适中，由于湖水的调节功能，年温差较小。流域内地形复杂，群山连绵起伏，呈现出明显的立体气候特点，气温随海拔升高而递减。区内干湿季分明，6~10月为湿季，11月至翌年5月为干季，1~2月有少量雨雪，干季降水占全年降水的11%，湿季降水占89%，多年平均降水量为1 000mm，年相对湿度为70%。湖水温度为10.0~21.4℃，泸沽湖是一个不冻结的湖泊，常年平均气温为12.8℃，极端最高气温为31.5℃，极端最低气温为-9.7℃。区域内光能资源丰富，全年日照时数为2 260h，日照率为57%。

9.1.4 土壤类型

泸沽湖流域土壤共有7个类型、9个亚类。土壤水平分布变化不明显，而具有一定的垂直分布规律：海拔2 800m以下为兼有北亚热带与南温带特点的云南松林红壤带；2 800～3 600m 为南温带针阔混交林棕壤带；3 600m 以上为温带冷杉林暗棕壤带。

9.1.5　水文水系

泸沽湖是一个外流淡水湖，属雅砻江水系，湖面海拔为 2 690m。湖泊呈北西走向，南北长 22.3km，东西宽（最宽处）7.6km；流域面积为 247.71km^2，湖面面积为 57km^2；最大水深 105.3m，平均水深 38.4m，蓄水量为 21.17 亿 m^3，见表 9.1。根据 2018 年 11 月云南省水文水资源局丽江分局《丽江市泸沽湖法定水位校准论证报告》显示，泸沽湖最高运行水位为 2 690.8m（黄海高程，下同），最低蓄水水位为 2 689.80m。通过核准，换算为 1985 国家高程基准后，泸沽湖最高水位为 2 692.02m，最低水位为 2 691.02m。

表 9.1　泸沽湖流域基本情况

流域面积/km^2	最高运行水位/m	湖面面积/km^2	蓄水量/亿 m^3	平均水深/m	最大水深/m	湖周长/km	湖长/km	湖宽/km	年均降水量/mm	年均蒸发量/mm
247.71	2 690.8	57	21.17	38.4	105.3	71.6	22.3	7.6	1 000	1 170

泸沽湖流域面积小，集水面积与湖泊面积的比值（湖泊补给系数）仅为 3.35，入湖河流源近流短，呈现出明显的季节性，湖水主要靠地下水补给。泸沽湖主要入湖河流有 6 条，由北到南分别是小落水村河、大渔坝河、乌马河、三家村河（幽谷河）、蒗放河、山垮河，其中乌马河流经旅游聚集区。

9.2　泸沽湖流域农业农村经济发展情况

泸沽湖流域行政区划包括云南省宁蒗县永宁镇落水村委会、四川省盐源县泸沽湖镇，共涉及 2 省、2 县、2 镇、9 个村委会，见表 9.2。云南流域的落水村委会（除竹地自然村外）共涉及 10 个自然村，见表 9.3。

表 9.2　泸沽湖流域行政区划

省	县	镇	村委会
云南	宁蒗县	永宁镇	落水村
四川	盐源县	泸沽湖镇	木垮村
			多舍村
			海门村
			匹夫村

续表

省	县	镇	村委会
四川	盐源县	泸沽湖镇	布树村
			山南村
			直普村
			舍垮村

表 9.3　泸沽湖流域云南部分行政区划

乡镇	村委会	自然村
永宁镇	落水村	山垮村、普洛村、蒗放村、王家湾村、吕家湾村、三家村、落水村、里格村、小落水村、老屋基村

9.2.1　农业生产条件

1. 乡村人口与从业人员情况

泸沽湖流域沿岸居住有彝、汉、纳西、藏、普米、白、壮 7 个民族。2017 年，泸沽湖流域常住总人口为 16 561 人，人口密度为 84 人/km², 总计 3 258 户，全部为农业人口；泸沽湖流域云南部分常住人口为 3 304 人，约占流域总人口的 20%。2017 年泸沽湖流域人口分布和云南部分常住人口分布见表 9.4 和表 9.5。2019 年落水村委会乡村户数 1 175 户 4 117 人，乡村劳动力资源 2 555 人，乡村从业人员 2 350 人，其中农业从业人员 2 050 人。

表 9.4　2017 年泸沽湖流域人口分布

省	县	镇	村委会	户数/户	总人口/人	农业人口/人
云南	宁蒗县	永宁镇	落水村	712	3 304	3 304
四川	盐源县	泸沽湖镇	木垮村	536	2 918	2 918
			多舍村	428	2 441	2 441
			海门村	195	969	969
			匹夫村	235	1 208	1 208
			布树村	203	1 111	1 111
			山南村	308	1 635	1 635
			直普村	326	1 618	1 618
			舍垮村	315	1 357	1 357
合计				3 258	16 561	16 561

表 9.5　2017 年泸沽湖流域云南部分常住人口分布

乡镇	村委会	村民小组	户数/户	总人口/人	农业人口/人
永宁镇	落水村	山垮村	107	480	480
		普洛村	120	523	523
		蒗放村	69	358	358
		王家湾村	60	243	243
		吕家湾村	41	181	181
		三家村	48	210	210
		落水村	109	598	598
		里格村	52	196	196
		小落水村	45	237	237
		老屋基村	60	276	276
合计			711	3 302	3 302

2. 土地利用情况

根据 2013 年高清影像判定,泸沽湖流域土地利用类型以林地为主,占 51.77%;其次为湖泊,占 23.08%;第三为灌木林地,占 11.57%;全流域森林覆盖率为 64.56%。云南流域森林覆盖率为 64.64%。2017 年末,流域内实有耕地面积 21 821 亩,人均耕地面积 1.32 亩,其中落水村(云南流域)耕地面积 3 341 亩,耕地类型全部是旱地,人均耕地面积 1.01 亩;泸沽湖镇(四川流域)实有耕地面积 18 268 亩,也均为旱地,人均耕地面积 1.377 亩。泸沽湖流域土地利用现状统计见表 9.6。

表 9.6　泸沽湖流域土地利用现状统计

土地利用类型	面积/km²	比例/%	云南流域面积/km²	占云南流域比例/%
旱地	23.91	9.65	4.74	4.77
有林地	128.25	51.77	59.36	59.72
其他林地	0.97	0.39	0	0
疏林地	0.09	0.04	0.11	0.11
灌木林地	28.66	11.57	0.86	0.87
湖泊	57.18	23.08	30.33	30.51
河渠	0.06	0.02	0.05	0.05
湿地	0.88	0.36	0.29	0.29
水库坑塘	0.15	0.06	0.04	0.04
农村居民用地	2.46	0.99	1.02	1.03
其他建筑用地	1.83	0.74	0.92	0.93

续表

土地利用类型	面积/km²	比例/%	云南流域面积/km²	占云南流域比例/%
草地	1.96	0.79	1.01	1.02
裸土地	1.31	0.53	0.67	0.67
合计	247.71	100	99.40	100

3. 农业主要能源及物耗情况

2019 年，落水村村委会有乡、村办水电站 1 个（发电量为 10 万 kW），农村用电量为 150 万 kW·h，农用塑料薄膜使用量为 7t，其中，地膜使用量为 5t，地膜覆盖面积为 700 亩，农用柴油使用量为 11t，农药使用量为 0.7t。根据泸沽湖流域 2017 年经济统计报表及实地入户调查结果，当地以施尿素和复合肥为主，流域云南部分平均施肥量（尿素）为 25kg/亩，四川部分平均施肥量（尿素）为 83kg/亩。2017 年泸沽湖流域化肥施用量统计见表 9.7。

表 9.7　2017 年泸沽湖流域化肥施用量统计　　　　单位：t

省	村委会	化肥用量	氮肥	磷肥	复合肥
云南	山垮村	36.93	25.18	3.36	8.39
	普洛村	38.61	26.86	3.36	8.39
	蒗放村	21.82	15.11	1.68	5.04
	王家湾村	10.07	6.71	1.68	1.68
	吕家湾村	10.07	6.71	1.68	1.68
	三家村	15.11	10.07	1.68	3.36
	落水村	43.64	30.21	3.36	10.07
	里格村	5.04	3.36	0.00	1.68
	小落水村	18.46	11.75	1.68	3.36
	老屋基村	13.43	10.07	1.68	3.36
	小计	213.18	146.03	20.16	47.01
四川	木垮村	233	164	20	49
	多舍村	233	157	19	47
	海门村	59	42	5	13
	匹夫村	378	266	32	80
	布树村	106	75	9	23
	山南村	177	125	15	38
	直普村	708	498	60	150
	舍垮村	271	191	23	58
	小计	2 165	1 518	183	458
合计		2 378.18	1 664.03	203.16	505.01

9.2.2　农作物种植情况

农作物种植主要以粮食作物种植为主，包括玉米、马铃薯、大豆、荞麦、燕麦等。除粮食作物外，当地主要出产白瓜子、油菜籽、松茸、香菇等特产。全流域复种指数为 1.81，是以大春为主的农业生产模式；小春期间，大多耕地均处于闲置状态。2019 年，落水村村委会种植马铃薯 1 700 亩、荞麦 300 亩、燕麦 220 亩、绿肥 120 亩、青饲玉米 100 亩；核桃产量 30t、花椒产量 40t。表 9.8 为 2017 年泸沽湖流域耕地面积统计表。

表 9.8　2017 年泸沽湖流域耕地面积统计　　　　　　　　单位：亩

省	村委会	耕地面积	人均耕地面积
云南	山垮村	514.0	1.28
	普洛村	529.2	1.23
	蒗放村	367.0	1.09
	王家湾村	179.0	0.74
	吕家湾村	168.0	0.93
	三家村	238.0	1.14
	落水村	721.0	1.22
	里格村	93.2	0.48
	小落水村	293.0	1.24
	老屋基村	238.0	0.86
	小计	3 340.4	1.02
四川	木垮村	1 974	0.7
	多舍村	894	0.8
	海门村	500	0.5
	匹夫村	3 200	2.7
	布树村	900	0.8
	山南村	1 500	0.9
	直普村	6 000	3.8
	舍垮村	2 300	1.7
	小计	17 268	1.5
合计		20 608.4	1.3

9.2.3　畜禽养殖情况

泸沽湖流域畜禽养殖以散养为主，2017 年流域内大牲畜养殖总数 7 180 头，猪 16 201 头，羊 17 580 只，家禽 75 896 只，主要集中在四川部分，见表 9.9。大牲畜和猪多为圈养的方式，家禽多为放养的方式。其中生猪和肉牛养殖以家庭饲养为主，其中生猪家庭养殖主要以本地黑猪为主；肉牛家庭养殖以本地黄牛为主，养殖场多以西门塔尔、短角牛为主。2019 年落水村村委会肉牛存栏 554 头，能繁母牛 210 头，出栏肉牛 70 头；生猪存栏 2 600 头，能繁母猪 321 头，出栏 1 735 头。

表 9.9　2017 年流域散养畜禽统计

省	村委会	大牲畜/头	猪/头	羊/只	家禽/只
云南	山垮村	50	693	61	1 976
	普洛村	25	745	9	2 067
	蒗放村	25	443	204	1 296
	王家湾村	25	337	242	933
	吕家湾村	6	276	56	696
	三家村	12	178	23	285
	落水村	29	1 420	16	431
	里格村	18	131	0	314
	小落水村	15	111	17	267
	老屋基村	65	297	596	731
	小计	270	4 631	1 224	8 996
四川	木垮村	400	900	1 500	20 000
	多舍村	680	2 400	1 206	4 800
	海门村	360	1 200	400	1 300
	匹夫村	1 320	2 400	8 400	25 000
	布树村	150	1 550	30	3 000
	山南村	400	1 800	20	8 000
	直普村	400	620	600	2 500
	舍垮村	3 200	700	4 200	2 300
	小计	6 910	11 570	16 356	66 900
合计		7 180	16 201	17 580	75 896

9.2.4　第三产业发展状况

泸沽湖风景名胜旅游区是丽江玉龙雪山国家级风景名胜区的重要组成部分，

为省级自然保护区及旅游开发区。依据《泸沽湖风景名胜区总体规划》，旅游区范围北从泥塞岛，南至三家村沿线，东到泸沽湖省界，西至竹地，总面积为 11.57km²。旅游区共分五大区，即综合服务娱乐区、民族接待区、摩梭民俗观光保护区、娱乐活动区和湖边风景游览区。

2017 年，进入泸沽湖景区的游客人数达到 189 万人，门票收入 1.64 亿元。其中，从丽江方向进入景区的游客人数为 106.5 万人，门票收入 1.015 亿元；从四川方向进入景区的游客人数为 82.5 万人，门票收入 6 257.45 万元。

2018 年 1~12 月，从丽江方向进入泸沽湖景区的游客人数达到 163.68 万人，同比增长 53.69%；门票收入 1.32 亿元，同比增长 30.50%。从四川方向进入景区的游客人数为 61.51 万人，门票收入 4 328.36 万元。

2019 年 1 月 1 日~12 月 31 日，从丽江方向进入泸沽湖景区的游客人数达到 209 万人，同比增长 27.69%；门票收入 1.27 亿元，同比减少 3.79%（受门票降价 30%影响）。从四川方向进入景区的游客人数为 69.27 万人，门票收入 3 446.80 万元。

据初步统计，泸沽湖景区（云南片区）注册公司 27 家，共有经营户 524 户（未包括永宁镇政府所在地数据），其中宾馆、客栈和民居接待户 232 家（有客房 4 375 间，总床位数 7 870 张），餐饮店 220 家，其他经营店 62 户。四川片区宾馆、客栈和民居接待户 225 家，床位数共 5 723 张。即泸沽湖景区共有宾馆、饭店和民居接待户 457 家，床位共计 13 593 张，云南床位数占 58%。泸沽湖景区及宁蒗县共有旅行社 6 家，餐饮门店 220 余家。

旅游经济的发展对当地居民生产、生活方式的改变是直接而显著的，经济模式已由种植业向旅游服务业转变，变化较为明显和突出的村落包括落水村村委会的小落水村、落水村、里格村和三家村等，旅游服务业的收入逐渐成为泸沽湖周边村落家庭的主要收入来源。

9.3　泸沽湖流域主要产业结构对湖泊生态环境的影响分析

9.3.1　泸沽湖流域河流湖泊水质变化分析

1. 泸沽湖水质变化

2010~2017 年，泸沽湖全湖 TP 值在 I 类水质限值以下波动，并在 2014 年以前基本维持在一条水平线上，但从 2015 年开始有上升趋势。2010~2017 年，泸沽湖全湖 TN 值在 I 类水质限值以下波动，并且波动幅度不大，波动范围为 0.1~0.15mg/L。2010~2017 年，泸沽湖全湖 COD_{Mn} 值均在 I 类水质限值以下波动，且波动范围较小，2013 年及以前基本平稳保持在 1mg/L，2014~2017 年最小值为 2015 年的 0.7mg/L，最大值出现在 2016 年，为 1.13mg/L。2010~2017 年，泸沽湖全湖 BOD$_5$ 值均在Ⅰ类水质限值以下波动，波动范围较小，2014 年及以前基本平稳保持在 1mg/L，2015～2017 年最小值为 2015 年的 0.4mg/L，其余在 1mg/L 以下，呈现下降趋势。泸沽湖全湖水质周年变化趋势详见图 9.1。

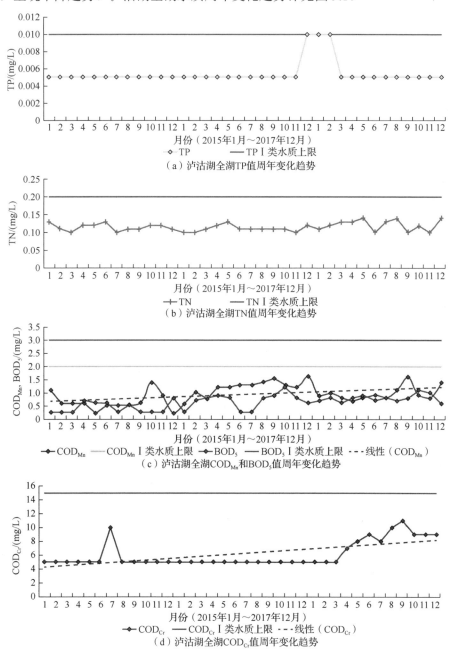

图 9.1　泸沽湖全湖水质周年变化趋势

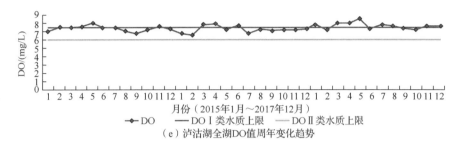

（e）泸沽湖全湖DO值周年变化趋势

图 9.1（续）

资料来源：《云南省泸沽湖保护治理规划（2018—2035 年）》。

2. 主要入湖河流水质变化

泸沽湖主要入湖河流大渔坝河、山垮河、乌马河、三家村河上各设 1 个监测断面，4 个监测断面点位均为省控点，自 2013 年开始对入湖河流开展水质监测。根据 2013～2017 年水质监测数据，大渔坝河、山垮河、三家村河、乌马河 4 条河流 TP 值均在Ⅱ类水质上限下波动，其中大渔坝河流波动较大，其余 3 条河流波动较小，但总体呈现上升趋势；4 条河流 COD_{Mn} 均在Ⅰ类水质上限下波动，波动明显；4 条河流 COD_{Cr} 均在Ⅱ类水质上限下波动，其中山垮河、乌马河、三家村 3 条河流在 2014 年达到最大值；4 条河流 BOD_5 值均在 1.5mg/L 下波动，且波动不大（图 9.2）。

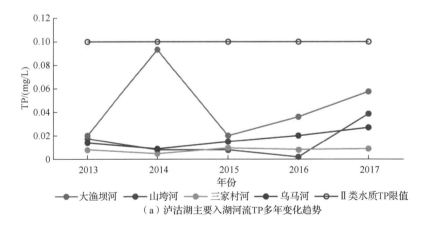

（a）泸沽湖主要入湖河流TP多年变化趋势

图 9.2　泸沽湖流域主要入湖河流水质变化趋势

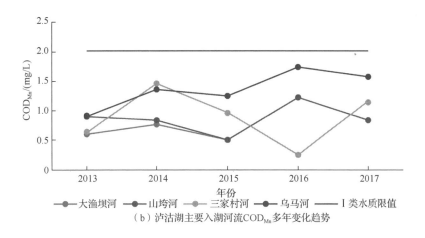

（b）泸沽湖主要入湖河流COD$_{Mn}$多年变化趋势

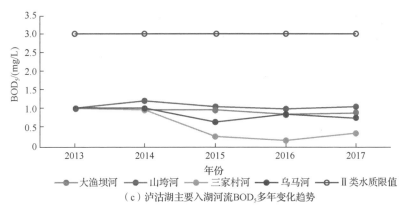

（c）泸沽湖主要入湖河流BOD$_5$多年变化趋势

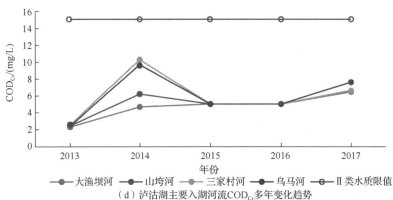

（d）泸沽湖主要入湖河流COD$_{Cr}$多年变化趋势

图 9.2（续）

资料来源：《云南省泸沽湖保护治理规划（2018—2035 年）》。

3. 主要入湖河流水质对泸沽湖水质的影响

2017 年，泸沽湖 4 条主要入湖河流中，大渔坝河监测 12 次，达标率为 83.3%
（TP 超标）；山垮河监测 12 次，达标率为 83.3%（TN、TP 分别超标）；三家村河
7 个月断流，监测 5 个月中 4 个月达标，达标率为 80%（TN 超标）；乌马河 9 个
月断流，监测 3 个月，1 个月不达标（TN 超标），达标率为 66.7%。入湖河流综
合达标率为 78.3%，2017 年综合水质为 II 类，达到规划水质目标。从河流入湖水
质指标来看，主要入湖河流水质指标部分超标。泸沽湖流域内主要入湖河流共 7
条，云南区域内 6 条，由于流域气候干旱，各河流有水期缩短，常年有水入湖的
河流有 5 条，云南省 4 条，山垮河和大渔坝河常年有地表水进入湖泊，三家村河
和乌马河地表水部分地段中断，入湖口有泉水涌出。从流域污染层次看，泸沽湖
河流上游（出山口）水质较好，中游水质变差，入湖水质低于湖体水质。泸沽湖
流域入湖径流水质体现出氮、磷污染特征，氨氮普遍达到 II 类水质标准；TN 本底
浓度普遍较高，入湖河流 TN 平均浓度大于等于 0.2mg/L，对湖泊水质能否稳定保
持 I 类造成了压力；入湖河流 TP 浓度达到 II～III 类水质标准；在干季主要入湖
河流水质基本能维持在 II 类，到了湿季下降为III类，对湖泊水质能否稳定保持 I
类具有潜在的威胁。泸沽湖主要入湖河流干季、湿季水质状况详见表 9.10。

表 9.10　泸沽湖主要入湖河流干季、湿季水质状况　　　　单位：mg/L

项目	河流	悬浮物	氨氮	COD	BOD$_5$	TP	TN	类别	超标因子
干季入湖河流	大渔坝河	4.23	0.067	1.96	0.63	0.012	0.067	I	—
	山垮河	3.94	0.036	3.01	0.59	0.016	0.062	I	—
	三家村河	5.30	0.100	3.80	1.00	0.008	0.200	I	—
	乌马河	5.35	0.113	6.46	1.27	0.024	0.198	II	TP
湿季入湖河流	大渔坝河	239.20	0.300	4.80	1.40	0.114	0.200	III	TP、氨氮
	小落水河	52.20	0.200	6.10	1.20	0.062	0.500	II	TP、氨氮
	山垮河	15.60	0.384	3.30	1.00	0.046	0.520	II	氨氮
	三家村河	8.80	0.100	4.60	1.00	0.023	0.200	II	TP
	乌马河	124.60	0.158	5.80	1.00	0.148	0.240	III	TP

资料来源：《泸沽湖流域水环境承载力研究》。
注：TN 未参加评价，小落水河旱断流。

9.3.2　泸沽湖流域产业结构对湖泊水质的影响

从流域内人口增长看，2012 年流域总人口为 16 176 人，人口密度为 70 人/km²，

总计 3 512 户。其中，农业人口为 14 846 人，占流域总人口的 92%；云南部分人口为 3 136 人，占流域总人口的 19%。根据永宁镇落水村村民委员会对人口统计的结果，2013 年泸沽湖流域（云南部分）人口为 3 629 人。

从旅游人数增长方面看，泸沽湖旅游人数呈温和上升趋势（张寿香，2014）。1992～2010 年泸沽湖（云南）游客量和旅游总收入统计情况见图 9.3。根据泸沽湖景区旅游管理委员会旅游人数的统计结果，2013 年泸沽湖景区接待游客 216.8 万人次，旅游人数增长率参照《泸沽湖景区"十二五"及 2020 年项目规划》中旅游人数增长率，即年增长率为 15%。泸沽湖是宁蒗县旅游收入的主要来源，景区门票收入达 4 880.4 万元，旅游综合收入达 20.38 亿元。自 1996 年泸沽湖被列为以生态旅游和摩梭文化为依托的省级旅游区以来，旅游业成为宁蒗县的经济支柱。2010 年泸沽湖景区成为国家 4A 级旅游景区，区内既有优美的自然环境，又有丰富的人文景观。其独特质朴的原始自然美，具有极高的欣赏价值和研究价值。泸沽湖景区正日益成为旅游的热点地区。近年来，随着旅游人数的不断增加，旅游总收入也随之增加，因此在泸沽湖流域范围内，特别是云南部分，当地居民的生产、生活方式也逐渐改变，正逐渐由以种植业为主的经济模式变为以旅游服务业为主的模式。

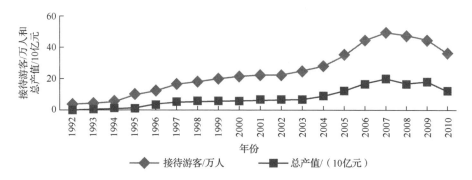

图 9.3　1992～2010 年泸沽湖（云南）游客量和旅游总收入统计情况

2017 年，泸沽湖旅游人数超 170 多万人次，呈井喷式增长，其中从云南部分进入泸沽湖景区的为 110 万人次，从四川部分进入泸沽湖景区的为 61 多万人次。2013～2015 年，进入泸沽湖景区的旅游人数分别为 89.43 万人次、87.1 万人次、119.73 万人次，增长幅度约为 30%（图 9.4）。

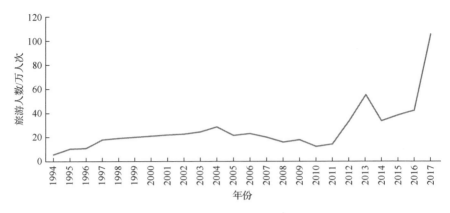

图 9.4　从云南部分进入泸沽湖景区的旅游人数周年变化

资料来源:《云南省泸沽湖保护治理规划 (2018—2035 年)》。

　　旅游业发展引发的次生污染物增加迅速。近年来,随着交通设施的改善,泸沽湖成为云南重要的旅游景点之一。随着旅游业的发展,旅游带来的污染逐年增加,并成为泸沽湖主要污染源。泸沽湖游客主要集中于云南部分,位于湖泊西北边沿三家村以上的落水村、里格村一带,该区域用水方式和消费方式逐步向城市靠近,由此产生的污染物是逐渐增多的。通过对近年污染负荷的核算,每年污染物的产排量以 12% 以上的速率增长,旅游业逐渐成为流域内的主要污染源。但由于部分旅游片区内污水收集管网不完善、垃圾收集转运设施不健全等问题,旅游污染并未得到有效处理。

　　生活方式的转变也导致了农村生活污染负荷逐渐增大。随着泸沽湖经济旅游区的开发,当地居民收入逐渐增多,村民生活水平逐步提高,生活方式上由传统的旱厕逐渐转变为水冲式厕所,洗浴室用水改为喷水式,相应增加了污水的产生量及生活污水的排放量;大量包装食品饮料及其他塑料包装产品进入村落,产生的垃圾量明显增多,导致农村生活污染负荷逐渐增大。

　　旅游区缓冲带土地空间承载力不合理,双重污染压力突出。旅游和农业生产、生活的压力集中于环湖 300m 范围内,其中旅游污染大部分集中于近岸带,云南部分 300m 范围内湖滨带陆地径流 COD、TN、TP 分别占云南陆地径流污染负荷总量的 15.81%、15.9%、25.04%;四川部分 300m 范围内湖滨带陆地径流 COD、TN、TP 分别占四川陆地径流污染负荷总量的 11.58%、11.85%、14.84%,对湖泊污染的压力很大。在云南部分 50m 范围内 $133hm^2$ 土地面积,占云南部分土地面积的 2%,容纳了云南部分 20% 的果园、7% 的旱地、9% 的居民地、20% 的水田。云南部分 50m 范围内湖滨带陆地径流 COD、TN、TP 分别占云南陆地径流污染负荷总量的 2.45%、3.57%、5.64%。流域云南部分废水、COD、TN、TP 排放量分别为 25.84 万 t、264.79t、35.77t、3.99t,旅游污染对 COD 排放量的贡献率为 54%,

对 TN 的贡献率为 28%。

9.3.3　泸沽湖流域种养业对湖泊水质的影响

1. 泸沽湖流域种植业对湖泊水质的影响

从表 9.11 中可以看出，2019 年泸沽湖流域（云南片区）耕地类型全部是旱地，粮食作物总播种面积为 4 800 亩，粮食作物主要为玉米、马铃薯、大豆、荞麦、燕麦等，总产量为 1 118t。除粮食作物外，经济作物主要以蔬菜为主，有油菜、菠菜、大白菜、白萝卜、胡萝卜、黄瓜、四季豆、茄子、辣椒、番茄、葱头等，其余有少量中药材，如附子、重楼等，为提高旱地肥力，冬季也会种植一定面积的绿肥，全部经济作物总产量为 1 406t。近年来，虽然有部分村民有发展设施农业的势头，但环保部门已明文规定，流域内禁止发展塑料温棚等设施农业。经济林果地面积为 641.7 亩，主要种植苹果和酸梅。

表 9.11　2019 年泸沽湖流域（云南片区）不同作物耕地面积及产量

粮食作物	播种面积/亩	总产量/t	经济作物	播种面积/亩	总产量/t	设施作物	播种面积/亩	总产量/t
冬小麦	30	6	油菜籽	30	33	黄瓜	1.2	2.4
玉米	2 300	562	附子	60	70	番茄	2.0	4.0
大麦	20	3	重楼	50	35	辣椒	1.2	2.4
燕麦	220	22	油菜	20	40			
荞麦	300	26	菠菜	65	130			
大豆	100	15	大白菜	210	420			
芸豆	130	25	白萝卜	95	192			
马铃薯	1 700	459	胡萝卜	29	60			
			黄瓜	50	100			
			四季豆	15	30			
			茄子	11	21			
			辣椒	18	26			
			番茄	12	24			
			葱头	50	95			
			青饲料		130			
合计	4 800	1 118	合计	715	1 406	合计	4.4	8.8

2. 泸沽湖流域养殖业对湖泊水质的影响

从表 9.12 中可以看出，2019 年泸沽湖流域（云南片区）牲畜发展主要以饲养猪和山羊为主，均为家庭养殖，其余还有黄牛、水牛、牦牛、马、骡、绵羊等，全年有牲畜出栏 2 445 头，存栏 4 410 头，能繁殖的母畜 1 161 头，当年生仔畜 590 头，肉产量 161.25t。流域内的家禽主要以鸡、鸭为主，当年出栏的家禽合计 5 200 只，存栏 4 500 只，可产肉 9t。

表 9.12　2019 年泸沽湖流域（云南片区）不同畜禽发展情况

畜禽类别	当年出栏数/（头/只）	期末存栏数/（头/只）	能繁殖的母畜/头	当年生仔畜/头	肉产量/t
黄牛	46	335	100	20	4.60
水牛	4	40	10	3	0.40
牦牛	20	179	100	9	2.00
马	15	36	30	8	2.00
骡	5	20	—	—	0.25
猪	1 735	2 600	321	250	143.00
山羊	560	850	500	250	8.00
绵羊	60	350	100	50	1.00
鸡	4 200	4 200	—	—	8.00
鸭	1 000	300	—	—	1.00
牲畜合计	2 445	4 410	1 161	590	161.25
家禽合计	5 200	4 500	—	—	9.00

资料来源：农林牧渔业综合统计年报表（2019 年 12 月 25 日）。

9.3.4　泸沽湖流域土壤养分的变化

不同土地利用方式下，土壤容重由大到小顺序为农田>草地>林地，土壤含水量由大到小顺序为农田>林地>草地，表明农田的孔性较草地、林地差，但含水量相对较高（表 9.13）。不同土地利用方式下土壤质地由大到小的顺序都是粉粒>砂粒>黏粒。

表 9.13　不同土地利用方式下土壤的物理性状

土地利用方式	容重/（g/m³）	含水量/%	颗粒组成		
			0.02~2mm	0.002~0.02mm	<0.002mm
农田	1.41	31.37	34.68	41.28	24.04
草地	1.36	23.05	41.01	46.17	12.82
林地	1.21	27.64	34.00	45.35	20.66

对泸沽湖流域土壤养分进行测定（表 9.14），发现泸沽湖流域土壤全钾偏低，只相当于全国土壤养分含量分级标准的第五级，但其有效钾含量较高。泸沽湖流域农田 TN 和有效氮均居全国土壤养分含量分级标准的第二位。TP 居全国土壤养分含量分级标准的第四位，而有效磷却居第一位。

表 9.14　不同土地利用方式的土壤养分状况（孔红梅 等，2010）

土地利用方式	面积/hm²	样本数量/个	有机质/(g/kg)	TN/(g/kg)	TP/(g/kg)	全钾/(g/kg)	有效氮/(mg/kg)	有效磷/(mg/kg)	有效钾/(mg/kg)
农田	855.8	3	25.60c	1.49c	0.90d	6.34e	141.85b	122.27a	148.80b
草地	869.4	4	30.20b	1.41c	1.59c	6.80e	124.12b	64.54a	112.94c
林地	12 747	7	33.90b	1.40c	1.46c	6.42e	121.29b	30.52b	145.58b

2021 年 1 月 28 日，对泸沽湖流域内的农田土壤养分进行测定（表 9.15）。从表 9.15 中可以看出，TN 居全国土壤养分含量分级标准的第一位，而有效氮除丽江市宁蒗县永宁镇落水村（蒗放河）居全国土壤养分含量分级标准的第二位外，其余 3 个取样点均居全国土壤养分含量分级标准的第一位。

表 9.15　2021 年泸沽湖流域农田土壤养分

采样地点	pH	有机质	TN/（g/kg）	有效氮/（mg/kg）	TP/（g/kg）	有效磷/（mg/kg）
丽江市宁蒗县永宁镇落水村	6.5	62.45	2.88	192.04	1.97	35.5
盐源县泸沽湖镇舍垮村	5.3	39.65	2.56	155.62	1.22	5.51
丽江市宁蒗县永宁镇落水村（幽谷瀑布溪水）	7.2	82.14	3.92	248.33	1.23	6.79
丽江市宁蒗县永宁镇落水村（蒗放河）	6.0	41.59	2.83	123.33	1.28	9.1

数据来源：云南省农业科学院检测（2021 年 1 月 28 日）。

TP 除丽江市宁蒗县永宁镇落水村居全国土壤养分含量分级标准的第二位外，其余 3 个取样点均居全国土壤养分含量分级标准的第三位；丽江市宁蒗县永宁镇落水村有效磷居全国土壤养分含量分级标准的第二位，其余 3 个取样点均居第四位。

9.3.5　泸沽湖流域农业面源污染空间分布特征

2004 年初，中央电视台等媒体以"谁在污染泸沽湖"为主题做了系列报道。2004 年 10 月，云南省政府在泸沽湖景区召开泸沽湖保护现场办公会，决定用 3 年时间实施环境保护整治"八大工程"，不让旅游污水进入泸沽湖。"八大工程"即编制《泸沽湖流域综合规划》，实施环湖截污和垃圾处理工程、拆迁改造工程、沿湖生态环境整治工程、环湖道路工程、竹地游客服务中心工程、农村面源污染治理工程、"禁磷"和"禁白"工程。2005年初,"八大工程"正式分解实施。在整个整治过程中始终坚持"保护第一、开发第二,先规划、后建设"的原则,切实加强对资源、生态环境、民族文化保护及环卫设施的科学规划工作。

根据旅游资源特点和环境承载力,丽江先后投资1 000多万元,借助国内一流的规划设计单位和科研院所的力量,先后完成了多个研究报告和设计方案的编制。一系列保护、管理、开发建设规划编制的完成,为泸沽湖的环境保护管理和生态旅游的可持续发展奠定了坚实的基础。在实施"八大工程"的同时,丽江又先后成立了多个景区管理机构,完善了景区内自然资源保护、环境卫生等方面的日常管理,确保了景区保护管理和开发建设的有序进行。

针对一些地方湖滨带狭窄,农业区与村落区太靠近湖边,湖滨缓冲带已被人为开垦利用,丧失污染缓冲控制能力,以及一些民居邻湖而建,污水直接进入湖内等情况,丽江与中国科学院生态环境研究中心合作开展了国家"863计划"项目,即里格村"典型高原湖泊初期污染控制技术研究与示范",中国科学院生态环境研究中心充分利用自己的学科优势及综合治理污水前沿技术,有效地解决了里格村的污水处理和生态修复问题。该项目的实施可为高原旅游型湖泊水体保护和污染控制提供经济实用且可行的途径。

在实施"八大工程"的过程中,少数人的经济利益受到影响在所难免,比如在实施里格民族旅游文化生态示范点项目工程过程中,需要对整个村落往后搬迁80m。社区在与政府、旅游企业等利益集团发生冲突和调适中,除让群众明白不进行搬迁后移将严重破坏泸沽湖旅游资源的可持续利用,同时环境污染也将危害到村民自身利益外,宁蒗县和泸沽湖省级旅游区管理委员会也充分将社区自主权的理念纳入其中进行考虑,规定任何外来经商人员必须得到村委会的允许,村委会控制着社区商业类型,以及外来者在社区内的场地出租,而且一切都必须遵守村规民约。这主观上避免了与外来企业或机构竞争,客观上维护了社区居民商业经营和决策权力。社区参与是实现少数民族旅游业及其区域经济可持续发展宏观系统中不可或缺的机制。

随着游客数量的不断提升,新的问题又开始出现。"十二五"规划项目中,按预期要求设计的部分工程已不能解决井喷式增长的游客数量带来的污染问题,比如垃圾转运及处理系统已接近满仓。泸沽湖流域排污干管已基本做到全覆盖,但雨水管网不健全,部分区域没有进行雨污分流,造成提升泵超负荷运行。2012~2015年,泸沽湖连续4年开展了农业面源污染治理,实践过程中,以测土配方施肥技术的应用为主体,整合工程技术、生物快腐技术、绿肥种植技术、土壤有机质提升技术等综合集成同步应用于农业面源污染治理,能最大限度地减轻农田污染负荷,推进化肥零增长,逐步实现精准施肥,打造农田的良好生态环境。但项目结题后,当地村民又恢复了以往传统的耕作和施肥模式。这一问题一直存续到

"十三五"也没有从根本上解决,湖泊水体及入湖河流水质的保护压力已越来越大。

另外,川滇污染治理工作不协调也是湖泊水质稳定保持的一大压力。云南省的水质保护目标为Ⅰ类水质标准,而四川省的水质保护目标为Ⅱ类水质标准;虽然目前云南省人民政府、四川省人民政府已经达成一致协议,将泸沽湖按Ⅰ类水质标准进行保护,但从法规层面将四川省的水质保护目标提升到Ⅰ类水质标准还有许多工作要做。

表 9.16 表明,以 2015 年为例,云南部分农村生活污水入湖量 TN 6.81t/年、TP 0.59t/年;畜禽养殖污染入湖量 TN 11.44t/年、TP 1.78t/年;农业化肥污染入湖量 TN 6.43t/年、TP 0.57t/年;生活垃圾入湖量 TN 0.62t/年、TP 0.06t/年;农业固体废弃物入湖量 TN 3.12t/年、TP 0.88t/年;水土流失入湖量 TN 18.85t/年、TP 2.62t/年;湖面干湿沉降入湖量 TN 17.45t/年、TP 2.05t/年;水产养殖入湖量 TN 0.07t/年、TP 0.02t/年;宾馆餐饮入湖量 TN 1.78t/年、TP 0.25t/年;游客垃圾入湖量 TN 0.62t/年、TP 0.06t/年。

从总体上看,云南部分的 TN、TP 的入湖量基本上小于四川部分。云南部分 TN 入湖量合计 67.19 t/年、四川部分 TN 入湖量合计 311.22 t/年;云南部分 TP 入湖量合计 8.88 t/年、四川部分 TP 入湖量合计 36.06 t/年。

表 9.16　2015 年流域污染负荷总量表(按污染类型)　　　　单位:t/年

污染类别	项目	TN		TP		COD$_{Cr}$		NH$_3$-N	
		云南	四川	云南	四川	云南	四川	云南	四川
农村生活污水	产生量	10.37	46.52	0.89	3.96	48.86	231.52	7.58	33.32
	排放量	9.70	41.14	0.84	3.51	45.24	202.39	7.12	29.60
	入湖量	6.81	37.03	0.59	3.16	30.65	182.15	5.06	26.64
畜禽养殖污染	产生量	17.44	122.61	2.68	16.85	116.84	663.41	12.21	85.82
	排放量	16.56	116.16	2.58	16.01	111.05	869.17	11.59	99.21
	入湖量	11.44	104.54	1.78	14.41	76.96	563.20	8.01	73.18
农业化肥污染	产生量	6.74	114.90	0.59	9.77	3.82	64.67	5.39	91.92
	排放量	6.43	114.90	0.57	9.77	3.65	64.67	5.15	91.92
	入湖量	6.43	114.90	0.57	9.77	3.65	64.67	5.15	91.92
生活垃圾	产生量	6.25	25.35	0.61	2.49	43.97	178.38	4.40	17.84
	排放量	6.25	25.35	0.61	2.49	43.97	178.38	4.40	17.84
	入湖量	0.62	5.07	0.06	0.50	4.40	35.68	0.44	3.57
农业固体废弃物	产生量	20.83	107.56	5.89	30.40	64.53	333.21	0	0
	排放量	3.12	16.13	0.88	4.56	9.68	49.98	0	0
	入湖量	3.12	16.13	0.88	4.56	9.68	49.98	0	0

续表

污染类别	项目	TN		TP		COD_Cr		NH_3-N	
		云南	四川	云南	四川	云南	四川	云南	四川
水土流失	产生量	18.85	11.64	2.62	1.64	79.86	41.10	0	0
	排放量	18.85	11.64	2.62	1.64	79.86	41.10	0	0
	入湖量	18.85	11.64	2.62	1.64	79.86	41.10	0	0
湖面干湿沉降	产生量	17.45	15	2.05	1.00	—	—	—	—
	排放量	17.45	15	2.05	1.00	—	—	—	—
	入湖量	17.45	15	2.05	1.00	—	—	—	—
水产养殖	产生量	0.07	0	0.02	0	0.46	0	0	0
	排放量	0.07	0	0.02	0	0.46	0	0	0
	入湖量	0.07	0	0.02	0	0.46	0	0	0
宾馆餐饮	产生量	22.29	5.93	3.19	1.06	529.73	219.27	13.75	3.25
	排放量	17.84	4.74	2.55	0.85	423.78	175.42	11.00	2.60
	入湖量	1.78	4.27	0.25	0.76	42.38	157.88	1.10	2.34
游客垃圾	产生量	7.37	15.62	0.61	1.29	43.73	92.76	4.37	9.28
	排放量	6.21	13.18	0.61	1.29	43.73	92.76	4.37	9.28
	入湖量	0.62	2.64	0.06	0.26	4.37	18.55	0.44	1.86

　　湖泊主要污染因子为 TN 和 TP，全流域污染负荷主要来源为畜禽养殖、农业固体废弃物、农业化肥、农村生活污水及旅游垃圾，全流域污染负荷入湖主要来源为畜禽养殖、农业化肥、农业固体废弃物和农村生活污水。云南部分污染负荷主要来源为旅游垃圾、农业固体废弃物、畜禽养殖污染和水土流失，经过治理后入湖污染主要来源为水土流失、畜禽养殖污染和农村生活污水。

9.4　泸沽湖流域绿色生态农业内涵和发展空间构架

9.4.1　指导思想

　　牢固树立"绿水青山就是金山银山"的绿色发展理念，坚持人与自然和谐共生的基本方略。以改善水环境质量和加强自然保护区管理为核心，坚持"节水优先、空间均衡、系统治理、两手发力"的治水思路，按照"一湖一策"，把握共性、突出个性、分类治理，统筹山水林田湖草系统治理，全面提升湖泊保护治理能力，全面推行绿色发展方式，促进湖泊流域经济社会绿色可持续发展。

9.4.2　泸沽湖流域绿色生态农业内涵

绿色生态环境建设是中国可持续发展战略的重要内容，也是中国西部大开发战略的重点建设项目。在国务院颁布的《全国生态环境建设规划》中，明确指出我国绿色生态环境建设要紧紧围绕我国生态环境面临的突出矛盾和问题，以改善生态环境、提高人民生活质量、实现可持续发展为目标，以科技为先导，以重点地区治理开发为突破口，把生态环境建设与经济发展紧密结合起来，处理好长远与当前、全局与局部的关系，促进生态效益、经济效益与社会效益的协调统一。绿色生态环境建设是我国乃至全世界一项长期的任务。

泸沽湖流域以高原湖泊为中心的自然景观和以摩梭母系民族文化为中心的社会文化系统的巧妙结合，构成了当今世界上罕见的自然文化耦合体，在国内外掀起了民族文化旅游热潮，极大地促进了当地社会、经济和文化等的繁荣。同时不容忽视的是，当地的传统农业与旅游业在推动流域经济发展与社会繁荣的同时，也给当地自然生态带来了不可避免的冲击和破坏。

1. 泸沽湖流域的环境生态困境

泸沽湖属于构造湖，表现为断陷半封闭湖泊，湖泊水深岸陡，流域面积小，入湖径流主要依靠降水，补给量少，湖泊换水周期长，流动性差，抗污染能力差，加上湖泊海拔较高，如果湖泊水体被污染，很难在现有经济社会及自然条件下予以解决，是典型的生态脆弱区域。近年来传统农业和旅游业的粗放发展给泸沽湖闭塞脆弱的生态环境带来了巨大的压力。

（1）水体污染加重。尽管泸沽湖水质总体上是 Ⅰ 类，但局部水域特别是临岸湖水，污染负荷呈加重态势。泸沽湖流域内的旅游接待设施主要位于湖泊云南境内沿落水、里格一带及四川境内泸沽湖镇草海一带，形成了旅游与农业协同发展的区域，用水方式逐步向城市化靠近，游客聚集程度较高，旅游污染迅速增加。泸沽湖流域的传统粗放农业也对流域内水质造成了大量污染，农业面源污染主要包括非旅游接待地的农村生活污水、农村生活垃圾、农村畜禽养殖污染、农田化肥流失污染、农田固体废弃物污染。

（2）湖滨带减少。近年来，泸沽湖沿岸居民用房、旅游客栈、沿湖筑路等建筑用地发展过快，严重挤压湖滨生态用地，弱化了湖滨的自净能力。水是泸沽湖的灵魂，恶化的水质对泸沽湖水生态系统造成恶劣后果。千百年来，泸沽湖的自然生态系统与摩梭人的饮食起居、风俗习惯、宗教信仰息息相关，相辅相成，如果泸沽湖自然生态环境遭到破坏，曾经的灿烂文明将消失殆尽。

2. 泸沽湖旅游发展中的文化困境

泸沽湖地区由于地理和历史的原因造就了今天独特的摩梭文化，在与自然环境相适应的过程中形成了独具特色的饮食、建筑、服饰、节日、宗教信仰等原生态的人文景观和文化内容，具有鲜明的民族性、地方性、完整性、异质性、质朴性等特色。旅游业的开发促进了当地社会、经济和文化的繁荣与发展，但当地传统文化的稳定性、完整性、延续性因此受到一系列的冲击和挑战。

传统民族文化的淡化和异化。旅游业的开发干扰了摩梭文化原有的秩序和发展进程，使该地区遭遇外来文化的冲击，如宣传过度、低格调猎奇，致使民风民俗庸俗化；在民居建设、摩梭传统服饰和生产、生活方式等方面，存在被异化的趋势。当地居民思想行为的混乱和盲目效仿淡化了民族原有的文化特征，进而从长远角度看，破坏了旅游资源特征，从而影响民族文化生态旅游资源的可持续发展。

传统价值观的退化。价值观是民族文化的核心。随着旅游业的开发，落水、里格、红崖子等重要景区和旅游接待地的民族文化价值观出现了明显的退化甚至遗失。民族文化正朝着商品化和表征化的趋势发展。

3. 农旅融合发展的绿色生态农业内涵

生态环境是旅游业和绿色农业发展的基础和物质载体，旅游业和绿色农业的发展则为生态环境保护提供支撑，形成了相辅相成的统一体。旅游业和农业是典型的环境依托型产业，生态环境的优劣不仅影响着二者的发展质量，同时制约着二者的发展进程。旅游业与绿色农业的发展会为生态环境保护与建设提供资金与技术支持，二者互为基础，相互促进，协调发展。农旅融合绿色生态发展模式是泸沽湖地区实现可持续发展的必然选择，有利于传统产业升级换代，通过优化产业结构，开辟农业生态观光园、农家乐、农业乡村旅游等以旅带农的方式提升农业经济效益，提高农业附加值；大力发展农旅融合产业，降低传统农业比重，促进流域经济的转型和发展，有利于更好地保护泸沽湖的自然生态环境。树立长远发展理念，坚持"保护优先、预防为主、防治结合、协同管理"的农业面源污染治理原则，发展绿色现代农业，在提高当地主要种养殖业产值和产能的同时，不让一滴污水流入泸沽湖，保持泸沽湖Ⅰ类水质，稳固泸沽湖国家 4A 级景区、国家级风景名胜区、省级自然保护区地位，提升农业对旅游业的支撑力度，用现代绿色农业丰富泸沽湖旅游资源，形成以农促旅的发展格局。有利于进一步发掘民族文化和湖泊生态的稀缺性、价值性。寻求生态-文化-经济三方协调发展的模式和利益支撑点，实现泸沽湖流域的可持续绿色发展。

9.4.3　发展空间构架

在优化国土空间的开发格局过程中提出，促进生产空间集约高效、生活空间宜居适度、生态空间山清水秀，建立空间规划体系，划定生产、生活、生态空间开发管制界限。科学规划生产、生活、生态空间，协调好资源环境承载力与国土空间规划的关系，调节发展与资源环境，使资源环境能够更新、更可持续，甚至增加资源环境的承载力，对做好泸沽湖生态环境保护的空间布局，保护资源环境，与土地利用合理有效结合，保障湖区经济发展、人民生活的要求具有重要的导向作用。

按照"量水发展、以水定人"的原则，针对少数民族边远地区，流域旅游监管薄弱的问题，统筹解决好流域水环境、水资源、水生态问题，以水环境质量改善、水生态质量提升为核心，通过生态空间规划，划定生态红线，守住必要的生态空间，对旅游业、农业进行优化布局和调整升级。

1. 生产空间

生产空间主要包括农业、旅游发展空间。为了优化生产空间构架，需要强化泸沽湖流域农地保护，推动土地整理，促进农地规模化、标准化建设。在允许农业发展的土地上实施以下措施进行空间管控。①农业用水治理，进行田间排灌渠系、田间道路、肥窖肥池、沉淀池建设，实现农业用水灌排分开，定向定位排放入排污管道；②针对农业用肥带来的渗透性、流失性水体污染问题，大力应用推广测土配方施肥技术，调整用肥结构，提高肥料利用率，减控化肥使用量；③主要对田间作物秸秆、杂草、人畜禽粪便、农村生活有机垃圾进行氨化处理，推广种植绿肥及绿肥压青还田、根茬还田、过腹还田技术，集造增施有机肥。

2. 生活空间

生活空间主要包括乡村空间。为了优化生活空间构架，需要提高泸沽湖流域土地集约利用水平，提升单位面积的投资强度和产出效率；控制各类开发区的用地比例，促进产城融合和低效建设用地的再开发；优化开发区域的村落空间、旅游发展空间，进一步控制开发强度，促进存量空间的优化调整。

3. 生态空间

加强山体、林地、草地、河流、湖泊、湿地等生态空间的保护和修复，提升生态产品服务功能；实行严格的产业和环境准入制度，严控开发强度；对其中的禁止开发区域划定生态保护红线，实施强制性保护。

9.5　泸沽湖流域绿色生态农业的发展情况

9.5.1　泸沽湖流域绿色生态农业发展中存在的问题

1. 泸沽湖流域农业种植结构不合理，生产力低下

泸沽湖流域主要种植农作物以玉米、马铃薯等粮食作物为主，种植种类相对单一、效益低、规模化程度不高、产业链短，无特色产业，农产品生产成本高，农业产值低，农业产业结构须进一步优化。农业从业者多以留守妇女及老人为主，种植水平整体偏低，生产技术落后；土壤、耕作条件不平衡，靠近水体区域土壤及耕作条件较好，靠近山区土壤及耕作条件较差；农田水利设施较差，沟渠灌溉系统与山泉水、溪水、林地等地表径流的地表水错综贯通，排水不利。

2. 泸沽湖流域农业面源污染分散，湖体环境压力大

目前，泸沽湖流域云南地区正积极采取措施开展缓解泸沽湖生态环境压力的"控湖转坝"工作；四川地区正在建立泸沽湖区域"四无三生"（无工业企业、无规模化畜禽养殖、无湖面面积萎缩、无未处理生活污水排入、生态旅游业完善、生态农业发达、生物多样性良好）的湖泊生态环境保护模式。但一湖两地含氮、磷化肥和高毒高残留农药仍普遍使用、测土配方施肥等现代农业技术推广较少，病虫害绿色防控、农作物绿色生态种植及畜禽标准化养殖等相关工作进展缓慢。

3. 泸沽湖流域畜牧业发展较快，环境风险加大

随着近年来畜产品价格上涨，泸沽湖养殖业发展较快，湖区周围山区放牧和农户散养逐渐增多。泸沽湖流域虽然森林覆盖率较高，但长期放牧导致植被结构改变，进而影响水土保持，而山地是泸沽湖流域的主要地形，坡度陡、高差大等特点使流域存在较大的水土流失潜在风险；泸沽湖流域周边村庄畜牧业依然以农户散养为主，在设施条件较差的条件下，无法及时清理的牲畜粪便就会在自然环境中释放，这些粪便与地下水接触时，其中的磷、钾、碳和其他元素会被水中的藻类完全吸收，藻类繁殖从而导致富营养化。这种情况不仅会改变当地水循环情况，而且会导致鱼类和虾等大量死亡甚至灭绝。

4. 泸沽湖流域农业承载压力大，缺乏调控机制

泸沽湖流域本地人口密度较大，农业自给已明显不足，而随着游客日益增多，当地农业承载压力越显增加。泸沽湖流域可耕作土地面积有限，四川地区泸沽湖镇紧靠泸沽湖，农业发展受限；云南地区永宁镇与泸沽湖相隔20km，且土地资源较好，但农业发展缓慢，长期以来对泸沽湖农业和旅游承载贡献较小，不能很好地承担泸沽湖流域农业和旅游压力。

5. 泸沽湖流域农旅结合度不高，农业发展单一

泸沽湖流域旅游过度依赖自然生态景观，旅游资源不足，而农业并没有发挥泸沽湖流域特殊立地条件的作用，造成泸沽湖流域旅游发展进入瓶颈期，绿色生态农业发展滞后。泸沽湖流域传统的农业发展方式已不能适应社会和经济的发展需要，亟待拓展农业功能、创新农业发展方式、促进农业产业结构转型升级。随着旅游消费的不断升级，旅游市场的品位也在不断提升，旅游市场结构呈现出高级化发展趋势，以传统的观光游览为代表的低层次旅游形态正在逐渐被注重体验、休闲、健康、学习等追求品质的复合型旅游所取代。

6. 泸沽湖流域共享共建共防措施滞后

泸沽湖流域横跨滇川两省，各区域自然社会条件相近，相关环保政策总体相同，而泸沽湖四川流域的水质常年低于云南片区，作为跨省湖泊，湖区的日常管理工作没有统一规划和统一部署，农业生产长期处于散、弱、粗放的状态，落后的农业生产对泸沽湖景区脆弱的生态环境造成了潜在威胁。

9.5.2 泸沽湖流域绿色生态农业发展的意见和建议

1. 优化农业生产区域布局和产业结构调整

大力推广泸沽湖流域优质农产品品种种植，根据当地气候土壤条件，减少饲用玉米种植，选择种植鲜食玉米品种和晚熟马铃薯，产品就地销售，提高产品附加值，促进科学技术向先进生产力的转化；加速农业机械技术改造，逐步实现农业机械化和农业技术装备的现代化，解决当地劳动力不足问题；重视智力的开发和利用，提高当地农业劳动力的素质；适度发展需肥用药大的经济作物和果树，着力减少污染物负荷。

2. 实施绿色防控技术，推动肥药减施

泸沽湖流域农业要坚持"保护优先、预防为主、防治结合"的原则，实施以农业防治、物理防治、生物防治、生态调控技术融合及科学、合理、安全使用农药为主的全程绿色综合防控技术，通过应用杀虫灯、性诱剂、黄蓝板诱杀技术，并从种植技术、测土配方施肥技术、举办示范样板、开展田间培训、病虫害绿色综合防控等环节入手，针对农业面源污染物的类型分布，采取有针对性的综合防治措施。坚持作物无膜化栽培及产量补偿和推广应用高效肥料及肥料差价补偿等原则，促进泸沽湖流域农业向绿色生态方向发展。

3. 适度发展畜牧业，严控畜牧业环境污染

按照总量控制原则，严控泸沽湖流域山区放牧规模，全面关停规模化养殖场，

不鼓励农户分散式养殖，促进泸沽湖流域养殖业向永宁镇转移。对现有的养殖规模进行严格的畜禽粪便和排污管理，通过建设污水收集处理设施，逐步形成环保基础设施的闭合，如畜禽养殖雨污分流建设、畜禽粪便处理设施、沼气与沼气利用工程等。应严格按照政府法规，健全污染管理制度和技术设施，建设沼气发酵、生物发酵设施，确保养殖成本降低和泸沽湖"零直排"的双目标加快实现。

4. 逐步实现泸沽湖流域传统农业转移

在综合分析泸沽湖周边自然资源、社会经济、农业发展现状等的基础上，充分发挥现有优势，规避劣势，逐步实现"控湖转坝"。依据永宁镇自然环境、土地资源、基础设施等条件，推进一业主导、多业并举、差异发展，注重产业集群规模。发展以高原红米为主，冰葡萄、马铃薯、荞麦燕麦、绿肥、高原冷凉蔬菜、水果、畜牧等重点产业并举，在发展泸沽湖绿色高效农业的同时，缓解泸沽湖生态环境压力。

5. 着力打造观光农业，实现农旅融合

坚持生态优先、绿色发展的理念；坚持以旅带农、以农促旅的发展思路，实施泸沽湖流域农旅融合发展的乡村振兴之路。以泸沽湖为核心，以摩梭文化为主题，擦亮生态底色，发展休闲观光农业，呈现山水林田湖的优美生态画卷，实现村庄田园化、产品生态化、生活方式绿色化。

沿泸沽湖旅游环线，打造彩色稻、马铃薯、荞麦、绿肥、油菜花全季全线覆盖的花海景观带。利用高原红米、马铃薯、荞麦、油菜年度轮作间歇期，复种景观豆科绿肥等不同农作物，花海景观设计在水土保持生态模式下注重对生态的保护和衔接，不损害当地生态系统的完整性和稳定性，设置观光、游憩项目和游客活动，构建周年多彩花海景观带的同时，在景观序列上，依山就势、随弯就曲，形成花海游览景观。

6. 加强滇川两省共同保护治理泸沽湖

两省共同围绕保护标准、建设条件、管理措施等，做好上下对接、左右衔接，推动"一湖一标""一湖一规""一湖一策""一湖一法"等工作落实。各有侧重地实施截污、垃圾处理、入湖河道治理、面源污染处理等工作，以确保泸沽湖优质水资源（保质、保量）为前提，以修复和保护流域生态系统为核心，以农业、农村面源污染防治，污染河流治理为重点，在农业生产源头减肥减药，做好农业面源污染处理工作，防止农业污染和农田工程垃圾进入空气和湖泊产生化学危害，践行湖泊优先、生态优先、保护优先的绿色生态农业发展理念，实现流域社会经济环境可持续发展。

参 考 文 献

白甲林, 2014. 云南杞麓湖生态治理与产业规划研究[C]//中国科学技术协会湖泊保护与生态文明建设: 第四届中国湖泊论坛论文集. 合肥: 安徽科学技术出版社, 56-62.

白文忠, 王克勤, 2009. 抚仙湖典型小流域烤烟坡地产流产沙及氮磷流失特征[J]. 中国水土保持科学, 7 (3): 46-51.

白献宇, 胡小贞, 庞燕, 2015. 洱海流域低污染水类型、污染负荷及分布[J]. 湖泊科学, 27 (2): 200-207.

陈安强, 张丹, 王蓉, 等, 2021-03-30. 一种地下水—湖水互作用下湖泊近岸农田污染物入湖通量的简单计算方法: CN108051342B[P].

陈春瑜, 和树庄, 胡斌, 等, 2012. 土地利用方式对滇池流域土壤养分时空分布的影响[J]. 应用生态学报, 23 (10): 2677-2684.

陈红, 王声跃, 刘俊, 2002. 抚仙湖流域农业面源污染控制研究[J]. 云南环境科学 (3): 27-29.

陈吉宁, 李广贺, 王洪涛, 2004. 滇池流域面源污染控制技术研究[J]. 中国水利 (9): 47-50, 5.

陈健, 2008. 我国绿色产业发展研究: 以珠三角为例[D]. 武汉: 华中农业大学.

陈小华, 钱晓雍, 李小平, 等, 2018. 洱海富营养化时间演变特征 (1988—2013 年) 及社会经济驱动分析[J]. 湖泊科学, 30 (1): 70-78.

陈学凯, 刘晓波, 彭文启, 等, 2018. 程海流域非点源污染负荷估算及其控制对策[J]. 环境科学, 39 (1): 77-88.

程文娟, 史静, 夏运生, 等, 2008. 滇池流域农田土壤氮磷流失分析研究[J]. 水土保持学报 (5): 52-55.

邓丽仙, 孔桂芬, 杨绍琼, 等, 2008. 阳宗海湖泊水质与来水量的关系研究[J]. 水文 (4): 43-45, 67.

董琼, 2009. 高原湖泊杞麓湖流域土地利用变化及生态安全评价[D]. 北京: 北京林业大学.

段永蕙, 张乃明, 2003. 滇池流域农村面源污染状况分析[J]. 环境保护 (7): 28-30.

方建华, 1999. 抚仙湖水质现状、趋势及其综合整治对策[J]. 云南环境科学 (1): 18-20.

冯明刚, 2005. 玉溪市星云湖环境现状及可持续发展研究[D]. 昆明: 昆明理工大学.

付利波, 洪丽芳, 2017. 滇池流域农业面源污染防控技术模式[M]. 北京: 中国大地出版社.

高伟, 陈岩, 徐敏, 等, 2013. 抚仙湖水质变化 (1980—2011 年) 趋势与驱动力分析[J]. 湖泊科学, 25 (5): 635-642.

高阳俊, 张乃明, 2003. 滇池流域地下水硝酸盐污染现状分析[J]. 云南地理环境研究 (4): 39-42.

耿飙, 罗良国, 2018a. 农户减少化肥用量和采用有机肥的意愿研究: 基于洱海流域上游面源污染防控的视角[J]. 中国农业资源与区划, 39 (4): 74-82.

耿飙, 罗良国, 2018b. 种植规模、环保认知与环境友好型农业技术采用: 基于洱海流域上游农户的调查数据[J]. 中国农业大学学报, 23 (3): 164-174.

郭慧光, 闫自申, 1999. 滇池富营养化及面源控制问题思考[J]. 环境科学研究 (5): 48-49, 64.

郭颖, 2001. 试论少数民族地区文化旅游资源的保护与开发: 以泸沽湖地区为例[J]. 旅游学刊 (3): 68-71.

韩涛, 彭文启, 李怀恩, 等, 2005. 洱海水体富营养化的演变及其研究进展[J]. 中国水利水电科学研究院学报 (1): 73-75, 80.

何庆明, 2001. 云南泸沽湖旅游开发与生态经济问题研究[J]. 生态经济 (3): 49-51.

侯长定, 2001. 抚仙湖富营养化现状、趋势及其原因分析[J]. 云南环境科学 (3): 39-41.

侯娟, 赵祥华, 2018. 云南省高原湖泊农业面源污染防治和对策研究[J]. 环境科学导刊, 37 (6): 63-65.

胡文英, 季江, 潘红玺, 1992. 程海的水质状况及咸化趋势[J]. 湖泊科学 (2): 60-66.

胡元林, 赵光洲, 2006. 抚仙湖保护与湖区可持续发展[J]. 经济问题探索 (9): 130-133.

季克强, 2014. 程海湖水位的历史演变及影响因素分析[C]//云南省水利学会 2014 年度学术交流会论文集. 163-170.

姜忠鹤, 闫杰, 2013. 基于霍尔三维结构的创新研究[J]. 物流科技 (3): 111-112.

蒋晓辉, 2000. 滇池面源污染及其综合治理[J]. 云南环境科学 (4): 33-34.

金相灿, 胡小贞, 储昭升, 等, 2011. "绿色流域建设" 的湖泊富营养化防治思路及其在洱海的应用[J]. 环境科学研究, 24 (11): 1203-1209.

荆春燕，曾广权，2003. 异龙湖流域生态功能区划分析[J]. 云南环境科学（4）：49-51.

柯高峰，丁烈云，2009. 洱海流域城乡经济发展与洱海湖泊水环境保护的实证分析[J]. 经济地理，29（9）：1546-1551.

孔红梅，刘峰，田野，等，2010. 泸沽湖流域土地利用方式对土壤肥力的影响[J]. 生态学报，30（9）：2515-2518.

昆明市统计局，2018. 昆明统计年鉴[M]. 北京：中国统计出版社.

雷宝坤，毛妍婷，陈安强，2021-02-26. 一种生物多栖互济农田生态系统构建方法：CN112400527A[P].

雷宝坤，郑向群，梁涛，等，2021-03-16. 一种地漏式地表径流物质收集装置：CN212722194U[P].

李发荣，李晓铭，徐琼，等，2015. 阳宗海湖泊砷污染来源解析与防治[J]. 环境科学导刊，34（5）：27-31.

李军，2012. 我国现代农业发展模式相关术语研究[D]. 武汉：武汉大学.

李林红，2002. 滇池流域可持续发展投入产出系统动力学模型[J]. 系统工程理论与实践（8）：89-94.

李沈丽，2009. 异龙湖流域生态环境的综合治理[J]. 林业调查规划，34（2）：108-110.

李石华，周峻松，王金亮，2017. 1974—2014年抚仙湖流域土地利用/覆盖时空变化与驱动力分析[J]. 国土资源遥感，29（4）：132-139.

李跃勋，徐晓梅，何佳，等，2010. 滇池流域点源污染控制与存在问题解析[J]. 湖泊科学，22（5）：633-639.

李正兆，高海鹰，张奇，等，2008. 抚仙湖流域典型农田区地下水硝态氮污染及其影响因素[J]. 农业环境科学学报（1）：286-290.

李中杰，郑一新，张大为，等，2012. 滇池流域近20年社会经济发展对水环境的影响[J]. 湖泊科学，24（6）：875-882.

李转寿，杨逢贵，吴文卫，2013. 杞麓湖流域耕地畜禽养殖污染负荷及环境风险评价[J]. 江西农业学报，25（8）：127-129.

厉恩华，王学雷，蔡晓斌，等，2011. 洱海湖滨带植被特征及其影响因素分析[J]. 湖泊科学，23（5）：738-746.

梁红丽，郑欢莉，2020. 抚仙湖径流区农业面源污染控制[J]. 云南农业（6）：44-45.

刘晓海，宁平，张军莉，等，2006. 围湖造田和退田还湖对异龙湖的影响[J]. 昆明理工大学学报（理工版）（5）：78-81，94.

刘岩，张天柱，陈吉宁，等，2003. 滇池流域农业非点源污染治理的收费政策研究[J]. 厦门大学学报（自然科学版），（6）：787-790.

刘阳，吴钢，高正文，2008. 云南省抚仙湖和杞麓湖流域土地利用变化对水质的影响[J]. 生态学杂志（3）：447-453.

刘毅，陈吉宁，2006. 滇池流域磷循环系统的物质流分析[J]. 环境科学（8）：1549-1553.

刘永，阳平坚，盛虎，等，2012. 滇池流域水污染防治规划与富营养化控制战略研究[J]. 环境科学学报，32（8）：1962-1972.

刘雨，李涛，王金凤，2019. 澄江县农业面源污染现状及对策[J]. 云南农业（11）：21-24.

刘园园，陈光杰，黄林培，等，2020. 云南程海湖泊系统响应富营养化与水文调控的长期模式[J]. 应用生态学报，31（5）：1725-1734.

刘忠翰，贺彬，王宜明，等，2004. 滇池不同流域类型降雨径流对河流氮磷入湖总量的影响[J]. 地理研究（5）：593-604.

刘子飞，2016. 中国绿色农业发展历程、现状与预测[J]. 改革与战略，32（12）：94-102.

陆轶峰，李宗逊，雷宝坤，2003. 滇池流域农田氮、磷肥施用现状与评价[J]. 云南环境科学（1）：34-37.

罗玉，肖尧，张晓旭，等，2020. 抚仙湖-星云湖流域氮、磷污染防治对策研究：以2000—2015年数据为例[J]. 环境保护科学，46（01）：106-112，161.

吕亚光，吴利华，叶文，等，2016. 滇池流域近60年降水变化趋势及突变与周期分析[J]. 昆明理工大学学报（自然科学版），41（02）：33-44.

马彦华，祁云宽，刘宇，等，2013. 发展生态农业是保护抚仙湖的关键措施[J]. 安徽农业科学，41（19）：8250-8252.

毛妍婷，雷宝坤，陈安强，等，2021-04-13. 一种捕获氮磷循环利用的坡耕地构建方法：CN110741899B[P].

莫绍周，侯长定，2004. 抚仙湖污染防治与对策措施[J]. 云南环境科学（S1）：106-109.

牛远，胡小贞，王琳杰，等，2019. 抚仙湖流域山水林田湖草生态保护修复思路与实践[J]. 环境工程技术学报，9（5）：482-490.

农业部，2015. 到2020年化肥使用量零增长行动方案. http://www.moa.gov.cn/govpublic/ZZYGLS/201505/t20150525_4614695.htm[2020-9-21].

潘红玺，王云飞，董云生，1999. 洱海富营养化影响因素分析[J]. 湖泊科学（2）：184-188.

潘珉，高路，2010. 滇池流域社会经济发展对滇池水质变化的影响[J]. 中国工程科学，12（6）：117-122.

庞燕，项颂，储昭升，等，2015. 洱海流域农业用地与入湖河流水质的关系研究[J]. 环境科学，36（11）：4005-4012.

彭红松，陆林，路幸福，等，2014. 基于旅游客流的跨界旅游区空间网络结构优化：以泸沽湖为例[J]. 地理科学进展，33（3）：422-431.

彭文启，王世岩，刘晓波，2005. 洱海水质评价[J]. 中国水利水电科学研究院学报（3）：192-198.

任泽，杨顺益，汪兴中，等，2011. 洱海流域水质时空变化特征[J]. 生态与农村环境学报，27（4）：14-20.

施泽升，续勇波，雷宝坤，等，2013. 洱海北部地区不同氮、磷处理对稻田田面水氮磷动态变化的影响[J]. 农业环境科学学报，32（4）：838-846.

石屏县地方志编纂委员会办公室，2020. 石屏年鉴[M]. 潞西：德宏民族出版社.

石屏县统计局，2020. 2020 年石屏县领导干部经济工作手册[Z].

石屏县志编纂委员会，2005. 石屏县志（1986—2000）[M]. 昆明：云南人民出版社.

孙金华，曹晓峰，黄艺，2011. 滇池流域土地利用对入湖河流水质的影响[J]. 中国环境科学，31（12）：2052-2057.

汤秋香，任天志，雷宝坤，等，2011. 洱海北部地区不同轮作农田氮、磷流失特性研究[J]. 植物营养与肥料学报，17（3）：608-615.

唐波岐，赵临龙，2019. 欠发达地区绿色生态农业发展现状及对策研究：以安康市为例[J]. 湖北农业科学，59（6）：144-147.

王春雪，岳学文，李坤，等，2021. 高原湖泊杞麓湖流域典型蔬菜地土壤及周边水质特征[J]. 江西农业学报，33（12）：104-110.

王红梅，2003. 阳宗海水质现状及变化趋势分析[J]. 云南环境科学（S1）：170-171.

王红梅，陈燕，2009. 滇池近 20 年富营养化变化趋势及原因分析[J]. 环境科学导刊，28（3）：57-60.

王厚防，唐翀鹏，2010. 星云湖环境问题研究进展[J]. 安徽农学通报（上半月刊），16（11）：183-185，258.

王晋虎，2011. 星云湖流域畜禽养殖污染特征及其定量估算研究[D]. 昆明：昆明理工大学.

王涛，张超，于晓童，等，2017. 洱海流域土地利用变化及其对景观生态风险的影响[J]. 生态学杂志，36（7）：2003-2009.

王万宾，管堂珍，梁启斌，等，2020. 杞麓湖流域污染负荷及水环境容量估算研究[J]. 环境污染与防治，42（11）：1436-1442.

王文英，王立崇，2008. 异龙湖农业面源污染现状与防治对策[J]. 云南农业科技（S3）：139-141.

王云飞，潘红玺，吴庆龙，等，1999. 人类活动对洱海的影响及对策分析[J]. 湖泊科学（2）：123-128.

魏翔，唐光明，2014. 异龙湖近 20 年来营养盐与水生生态系统变化[J]. 环境科学导刊，33（2）：9-14.

闻国静，王妍，刘云根，等，2017. 阳宗海南岸流域农村及农业面源对水体磷污染的贡献[J]. 西南林业大学学报，37（1）：123-129.

吴献花，李萌玺，侯长定，2002. 抚仙湖环境现状分析[J]. 玉溪师范学院学报（2）：66-68.

项颂，庞燕，窦嘉顺，等，2018. 不同时空尺度下土地利用对洱海入湖河流水质的影响[J]. 生态学报，38（3）：876-885.

薛丽辉，2020. 异龙湖流域农业面源污染治理问题探究[J]. 中共云南省委党校学报，21（5）：117-122.

严锦屏，2013. 石屏县异龙湖水资源现状探析[J]. 红河探索（3）：47-49.

颜昌宙，金相灿，赵景柱，等，2005. 云南洱海的生态保护及可持续利用对策[J]. 环境科学（5）：38-42.

杨健强，2001. 滇池污染的治理和生态保护[J]. 水利学报（5）：17-21.

杨曙辉，宋天庆，2006. 洱海湖滨区的农业面源污染问题及对策[J]. 农业现代化研究（6）：428-431，438.

杨苏树，倪喜云，1999. 大理州洱海流域农业非点源污染现状[J]. 农业环境与发展（2）：44-45.

杨文龙，杨树华，1998. 滇池流域非点源污染控制区划研究[J]. 湖泊科学（3）：55-60.

杨晓雪，2006. 洱海总磷、总氮污染现状分析[J]. 云南环境科学（S1）：113-115，112.

杨娅楠，王金亮，陈光杰，等，2016. 抚仙湖流域土地利用格局与水质变化关系[J]. 国土资源遥感，28（1）：159-165.

尹娟，柳德江，赵敏慧，等，2018. 2000—2014 年抚仙湖流域土地利用动态变化研究[J]. 中国农学通报，34（4）：101-107.

云南省地方志编纂委员会，1998. 云南省志[M]. 昆明：云南人民出版社.

翟红娟，崔保山，赵欣胜，等，2006. 异龙湖湖滨带不同环境梯度下土壤养分空间变异性[J]. 生态学报（1）：61-69.

展晓莹，张爱平，张晴雯，2020. 农业绿色高质量发展期面源污染治理的思考与实践[J]. 农业工程学报，36（20）：1-7.

张军莉，赵磊，赵琳娜，等，2013. 杞麓湖湖滨带农田排涝区农田排水入湖污染负荷研究[J]. 环境科学导刊 32（1）：33-34，40.

张珂，赵耀龙，付迎春，等，2013. 滇池流域1974年至2008年土地利用的分形动态[J]. 资源科学，35（1）：232-239.

张乃明，余扬，洪波，等，2003. 滇池流域农田土壤径流磷污染负荷影响因素[J]. 环境科学（3）：155-157.

张寿香，2014. 旅游活动对泸沽湖水环境的影响研究[J]. 旅游纵览（下半月）（2）：245-247.

张秀敏，马生伟，1999. 抚仙湖流域综合治理规划方案研究[J]. 环境科学研究（5）：21-24.

张艳奇，潘少红，2018. 阳宗海区域水资源保护与可持续发展分析[J]. 陕西水利（5）：40-41.

张玉玺，向小平，张英，等，2012. 云南阳宗海砷的分布与来源[J]. 环境科学，33（11）：3768-3777.

张钟，张艳军，杨绍聪，等，2015. 星云湖径流区马铃薯控肥技术对产量及肥料利用率的影响[J]. 中国农学通报，31（33）：133-140.

柘元蒙，2002. 滇池富营养化现状、趋势及其综合防治对策[J]. 云南环境科学（1）：35-38.

郑国强，于兴修，江南，等，2004. 洱海水质的演变过程及趋势[J]. 东北林业大学学报（1）：99-102.

郑田甜，赵筱青，顾泽贤，等，2019. 基于种植业面源污染控制的星云湖流域种植业结构优化[J]. 生态与农村环境学报，35（12）：1550-1556.

郑田甜，赵筱青，卢飞飞，等，2019. 云南星云湖流域种植业面源污染驱动力分析[J]. 生态与农村环境学报，35（6）：730-737.

祝艳，2008. 阳宗海流域环境背景状况[J]. 环境科学导刊（5）：75-78.

邹锐，郭怀成，刘磊，1999. 洱海流域环境经济相协调的农林土地利用不确定性系统规划[J]. 环境科学学报（2）：76-83.

邹锐，张晓玲，刘永，等，2013. 抚仙湖流域负荷削减的水质风险分析[J]. 中国环境科学，33（9）：1721-1727.